实战前后端开发丛书

Vue.js 3.0 项目开发实战

张帆　绵绵的糖◎编著

北京理工大学出版社
BEIJING INSTITUTE OF TECHNOLOGY PRESS

图书在版编目（CIP）数据

Vue.js 3.0 项目开发实战 / 张帆, 绵绵的糖编著
. -- 北京 : 北京理工大学出版社, 2023.5
（实战前后端开发丛书）
ISBN 978-7-5763-2371-9

Ⅰ. ①V… Ⅱ. ①张… ②绵… Ⅲ. ①网页制作工具—
程序设计 Ⅳ. ①TP392.092.2

中国国家版本馆 CIP 数据核字(2023)第 085376 号

出版发行 / 北京理工大学出版社有限责任公司
社　　址 / 北京市海淀区中关村南大街5号
邮　　编 / 100081
电　　话 / （010）68914775（总编室）
　　　　　（010）82562903（教材售后服务热线）
　　　　　（010）68944723（其他图书服务热线）
网　　址 / http：//www.bitpress.com.cn
经　　销 / 全国各地新华书店
印　　刷 / 涿州市京南印刷厂
开　　本 / 787毫米×1020毫米　1 / 16
印　　张 / 21.5
字　　数 / 471千字
版　　次 / 2023年5月第1版　　2023年5月第1次印刷
定　　价 / 99.80元

责任编辑 / 江　立
文案编辑 / 江　立
责任校对 / 周瑞红
责任印制 / 施胜娟

图书出现印装质量问题，请拨打售后服务热线，本社负责调换

Vue.js 是一套构建用户界面的渐进式框架。与其他重量级框架不同的是，它只关注视图层，并且采用自底向上的增量开发设计，非常容易学习。由于其简单易学的特性，因而备受开发者的追捧。2020 年 9 月 18 日，尤雨溪宣布 Vue.js 3.0 正式发布。3.0 版本的开发历时 2 年多，共有 30 多个 RFC 和 2600 多次的代码提交，其中包括 628 个拉取请求及大量的开发工作和文档工作，这些开源代码的贡献来自 99 个开发者。

Vue.js 3.0 在兼容 Vue.js 2.x 的基础上实现了组合式 API（即 Composition API）。组合式 API 的最大特点在于，同一功能模块的代码不需要分散在多处书写，而是统一写在 setup() 函数的内部，这样有利于提升代码的可重用性和可维护性，并且 Vue.js 3.0 舍弃了 Vue.js 2.x 利用 Object.defineProperty() 函数实现响应的方式，而使用 Proxy 更加灵活地实现响应，从而对数据变化进行跟踪和触发。

相比 Vue.js 2.x，使用 Proxy 的优势如下：

- Proxy 能够动态监听新增属性，而 Vue.js 2.x 需要使用 $set 动态监听新增属性。
- Proxy 能够监听数组的索引变化及 length 属性，而 Vue.js 2.x 无法做到这一点。
- Proxy 可以监听到嵌套对象属性的改变，而 Vue.js 2.x 不能实现该功能。

Vue.js 3.0 的另一个明显变化是其生命周期发生了较大的改变，它的各生命周期的钩子函数的书写形式不同于 Vue.js 2.x。随着 TypeScript 的逐渐流行，Vue.js 3.0 改进了对 TypeScript 的支持与集成。

目前，图书市场上基于 Vue.js 3.0 讲解 Web 项目开发的图书还不多，于是笔者编写了本书，帮助读者系统学习 Vue.js 3.0 项目开发的相关知识。本书以实战为主旨，首先从常用的前后端开发技术讲起，然后基于一个由 Node.js 开发的完整后台制作一个电影网站，从而提高读者的项目开发水平。本书涵盖 Vue.js 3.0 的常用组件、API、布局、第三方 UI 组件库、请求与数据更新等，可以让读者在 Vue.js 2.x 的基础上，全面、深入、透彻地掌握 Vue.js 3.0 项目开发技术。

本书的学习流程如图 1 所示。即使读者是一个对 Vue.js 一无所知的"小白"，也能通过本书系统地学习 Vue.js 3.0 开发技术。

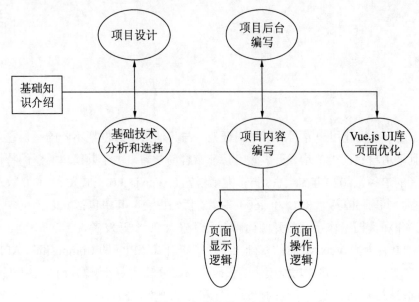

图 1　本书的学习流程

本书特色

1．内容新颖，技术前瞻

本书以当前流行的 Vue.js 3.0 展开讲述，重点突出 Vue.js 3.0 的新增特性，帮助读者快速地从 Vue.js 2.x 过渡到 Vue.js 3.0，并利用 Vue.js 3.0 进行项目开发。

2．全面涵盖Web全栈开发的常用技术

本书不仅是一本介绍 Vue.js 框架的技术图书，而且还是一本介绍 Web 全栈开发技术的图书。书中不仅有 HTML 5、CSS 3 和 JavaScript 脚本编程等 Web 开发基础知识，而且还有 NoSQL 数据库、Node.js 服务器端开发和页面优化等各种技术。

3．注重实战，详解一个完整的项目开发案例

本书通过一个完整的项目开发案例，带领读者全程参与 Web 项目开发过程，帮助读者掌握 Web 开发的完整技术链，从而提高项目开发水平。

4．详解项目设计思路和开发流程

一个优秀的程序员不仅要有良好的代码编写能力，而且要有清晰的项目设计思路和高效的开发流程把控能力，这对编写业务逻辑的程序员尤其重要。本书从第 2 章开始逐步介绍项目管理的相关知识，详解项目设计思路，展现完整的项目开发流程。

5．对核心源代码做了详细注释和讲解

本书详细介绍电影网站项目案例的实现思路，不但给出核心源代码，而且对源代码进行详细注释，帮助读者深入理解项目的实现思路，提高学习效率。

本书内容

第1篇　背景知识

本篇涵盖第 1 章，主要介绍网页开发和 Vue.js 3.0 的相关背景知识，并通过 Hello World 入门示例带领读者体验 Vue.js 的开发过程。通过本篇内容的学习，读者可以掌握 Vue.js 3.0 的安装方法，并对其主要特性有大致了解，从而给后续学习打好基础。

第2篇　项目设计

本篇涵盖第 2～4 章，主要介绍一个电影网站的项目设计过程，包括项目的 UI 设计、路由设计和数据库设计等。通过本篇内容的学习，读者可以了解一个完整的应用项目的设计思路及其包含的模块，从而提高项目设计能力。

第3篇　Vue.js应用开发

本篇涵盖第 5～8 章，主要介绍电影网站项目前后端的实现，涵盖 Node.js 以及 Vue.js 3.0 的组件和 API 等相关技术。本篇通过大量的代码展示 Vue.js 3.0 的强大功能，并对比当前流行的前端技术和传统的 Web 开发技术的差异。通过本篇内容的学习，读者可以系统掌握 Vue.js 应用开发所需要的各种技术。

第4篇　页面优化

本篇涵盖第 9 章，主要介绍如何使用已有的 UI 库或其他造好的"车轮"优化自己的页面。通过使用这些流行的 UI 组件库，可以快速地制作出非常精美的页面。通过本篇内容的学习，读者可以掌握页面优化的各种"利器"，从而开发出更加美观的页面。

配套资源获取方式

本书涉及的案例源代码文件下载地址如下：

http://www.wanjuanchina.net/forumdisplay.php?fid=111

本书读者对象

- Vue.js 入门与进阶人员；
- JavaScript 全栈开发者；
- Web 前端开发工程师；
- Web 服务器端开发工程师；
- Node.js 服务端开发工程师；
- 软件开发项目经理；
- 高等院校的学生；
- 相关培训机构的学员。

致谢

感谢本书编辑，让我有机会和本书结缘！感谢在本书写作过程中对我提供过帮助的人！更要感谢家人，正是有了你们的支持，才让我能够坚持下去，从而完成本书的写作！最后感谢各位读者，本书因你们而有价值！

售后支持

由于笔者水平和写作时间所限，因此书中可能还存在一些疏漏和不足之处，敬请各位读者批评指正。联系邮箱：bookservice2008@163.com。

编　者

目录

第1篇　背景知识

第2篇　项目设计

第 3 篇 Vue.js 应用开发

第 4 篇　页面优化

第1篇
背景知识

▸▸ 第 1 章　初探网页开发

第1章 初探网页开发

做前端开发或网页开发的朋友们肯定已经被 Vue.js 这个名词彻底"包围"了，因为它太"火爆"了！本章就来了解一下 Vue.js 的发展历史及其流行的原因。

最早的软件都是运行在大型计算机上的，使用者通过"终端"登录到大型计算机上运行软件。PC 出现后，软件主要运行在客户端的 PC 平台上，而数据库软件运行在服务器端，这种 Client（客户端）/Server（服务器端）模式简称 C/S 架构。

随着互联网的兴起，人们发现 C/S 架构不适合 Web。简单而言，虽然基本的客户端软件使用方便，但是安装和手动升级比较烦琐。而应用程序的最大优点是运行逻辑和数据都存储在服务器端，通过终端自带的浏览器作为承载对象，用户可以直接访问存储在服务器上的内容，因此 Web 应用程序的修改和升级非常便捷。而 C/S 架构需要每个客户端逐个升级桌面 App，因此 Browser（浏览器）/Server（服务器端）模式（简称 B/S 架构）开始流行。

在 B/S 架构下，客户端只需要有浏览器即可，无须在意用户使用的终端设备。浏览器只需要请求服务器获取 Web 页面，并把 Web 页面展示给用户即可。

Web 构建的页面具有极强的交互性和美观性，不用过于在意某种既定的 UI 规范，可以更快、更艺术化地展现内容和进行交互。并且，服务器端升级后，客户端无须做任何部署或更新就可以使用最新的版本，非常适合企业的版本迭代和功能增加。

1.1 网页开发的历史

简单来说，Web（World Wide Web）即全球广域网，也称为万维网，是一种基于超文本和 HTTP 的全球性动态交互的跨平台分布式图形信息系统。

网页开发的设计初衷是作为一个静态信息资源的发布媒介。通过超文本标记语言（HTML）描述信息资源；通过统一资源标识符（URI）定位信息资源；通过超文本传输协议（HTTP）请求信息资源。

HTML、URI（URL 地址是 URI 的一个特例）和 HTTP 这 3 个规范构成了 Web 的核心体系结构，它们也是一个网页不可或缺的 3 种协议体系。简单来说，用户通过客户端（浏览器）的 URL 找到网站（如 www.baidu.com），此地址可以为 IP 形式，通过浏览器发出 HTTP 请求，运行 Web 服务的服务器收到请求后将返回此客户端 URL 请求的 HTML 页面。

关于网络协议，Web 是基于 TCP/IP 的。TCP/IP 把计算机连接在一起，而 Web 在这个协议族之上进一步将计算机的信息资源连接在一起，形成现在的万维网。每一个运行的 Web 服务可以看作在万维网中提供的功能和资源。

简单来说，我们开发的 Web 应用就是为使用者提供所需的信息或功能。

1991 年 8 月 6 日，Tim Berners Lee 在 alt.hypertext 新闻组上贴出了一份关于 World Wide Web 的简单摘要，标志着 Web 页面的首次登场。最早的 Web 主要被科学家们用来共享和传递信息，当时，全世界的 Web 服务器只有几十台。第一个 Web 浏览器是 Tim Berners Lee 在 NeXT 机器上实现的，它只能"跑"在 NeXT 机器上。苹果和乔布斯的粉丝对 NeXT 的历史肯定耳熟能详。真正使 Web 开始流行起来的是 Mosaic 浏览器，它是曾经大名鼎鼎的 Netscape Navigator 的前身。

Tim Berners Lee 在 1993 年建立了万维网联盟（World Wide Web Consortium，W3C），负责 Web 相关标准的制定。浏览器的普及和 W3C 的推动，使得在 Web 上可以访问的资源逐渐丰富起来。这个时候 Web 的主要功能就是浏览器向服务器请求静态 HTML 信息。阿里早先做的黄页就是把企业信息通过 HTML 进行展示的 Web 应用。

1.1.1　传统网页开发

传统网页开发时代也称为 Web 1.0 时代。Web 1.0 非常适合创业型小项目，出产速度快。对于网页而言，Web 1.0 不分前后端，1～5 人可完成所有的开发工作，由 JSP（Java Server Pages）和 PHP 等语言在服务器端直接生成相关的数据和页面，然后通过浏览器展现出来，基本上是服务器端给什么，浏览器就展现什么。这种页面比较简单而且交互能力弱，对数据的处理和呈现方式也比较单一，对网页的显示控制一般是在 Web 的服务层（Server）上完成的，而不是交由独立的 View 层完成。

传统网页开发模式的优点是开发简单，只需要在服务器或者主机上启动一个 Tomcat 或 Apache 等类似的服务器，就能开发相关的网页甚至生产环境。因为其逻辑和代码比较简单，所以开发和调试同样简单、便捷，对于不复杂的业务，可以快速迭代和新增功能，非常适合小型公司和个人创业等应用环境。

但是业务总会越来越复杂，这点是不可避免的，需求总是没有止境的。业务复杂度的变化会让控制页面的服务层（Service）越来越多，从而造成整个系统的复杂化和多元化。同样，开发团队的扩张也导致参与人员很可能从几个快速扩展到几十个，在这种情况下会遇到一些典型的问题，如图 1-1 所示。

图 1-1　传统网页越来越复杂

- 提供的服务越来越多，调用关系变得复杂，前端搭建本地环境不再是一件简单的事。不同的人提供的页面可能会有细节上的差异，即使考虑团队协作，最后呈现的页面和想象中的也会有一些差距。

- 前端的样式更新操作变得复杂，从而导致系统不稳定。所有的页面都是基于后端自动生成的，一些前端样式的更新和更改可能需要重构整个代码逻辑，甚至重新上线一个崭新的系统。这使得系统能提供的服务变得不稳定且难度增加，而单个页面的生成出错，可能会导致所有的页面不可用。
- JSP 等代码的可维护性变差。随着一个项目的体量增大，其代码维护一定会越来越难。单一代码负责前台和后端的数据处理，导致职责不清晰，而且由于开发人员的水平和书写习惯不同，以及各种紧急需求，可能会糅杂大量业务代码和其他代码，甚至意义不明的无用代码和注释，积攒到一定阶段时会增大维护成本。

为了降低复杂度，以后端为出发点，就有了 Web Server 层的架构升级。其中，对业务、显示页面、数据的处理进行了逻辑分层，为了减少相关的重复，出现了一些后端框架，如 Structs、Spring MVC 等，这就是后端出现的 MVC 时代。

🔔**注意**：MVC 的全称是 Model View Controller，是模型（Model）、视图（View）和控制器（Controller）的缩写。它是一种软件设计典范，用一种业务逻辑、数据、界面显示分离的方法组织代码，将业务逻辑聚集到一个部件里，在改进和个性化定制界面及用户交互的同时，不需要重新编写业务逻辑。

这样的处理使得代码可维护性得到明显好转。MVC 是个非常好的协作模式，从架构层面让开发者懂得什么代码应该写在什么地方。为了让 View 层更简单、便捷，适合后端开发者书写，还可以选择 Smarty、Velocity 和 Freemaker 等模板，限制在模板里使用 Java 代码，更符合工程化的思维方式。这样虽然看起来功能变弱了，但是这种限制使得前后端分工变得更清晰。这个阶段的典型问题如下：

（1）前端开发重度依赖开发环境。在这种架构下，前后端协作有以下两种模式：

- 前端写好静态页面（Emo），让后端去套用该静态页面（模板）。这是传统网页开发的常用方式。例如，淘宝、京东等 Web 服务提供商有大量的业务线就是这种模式。这种模式的优点是可以本地开发 Web 服务的测试版，并且可以在局域网中形成完整的"开发环境"和"测试环境"；其缺点是需要后端套用模板，相当于并没有将所有的前后端逻辑分离。后端进行模板的套用时还需要前端来确定，来回沟通和调整的成本比较大，而且并不适合仅通过文档就可以完成全部开发的工作模式。
- 前端负责浏览器端的所有开发和服务器端的 View 层模板开发。这种模式的优点是 UI 相关代码都用前端去写，后端不用太关注；缺点是前端开发重度绑定后端环境，致使环境成为影响前端开发效率的重要因素。

（2）前后端职责不清。对于小型应用而言，追求极度的工程化思想是没必要的且会增加成本，但是对于大型应用或追求用户体验的应用而言，前后端的分离是必要的。

📄说明：AJAX 正式被提出后，加之 CDN 开始被大量用于静态资源存储，于是出现了 SPA（Single Page Application，单页面应用）模式。

随着 JavaScript 技术的发展和网速的提升，以及浏览器版本的更新，为了追求更佳的用户体验（类似于 Spring MVC），出现了浏览器端的分层架构。例如 Vue.js 框架的 MVVM（Model View ViewModel）模式，它的显著特点是可以使用数据驱动视图和组件化进行开发，从而实现单页面应用（SPA）。SPA 使得前端页面开发从以前复杂且消耗性能的多页面开发转为了简单的单页面开发形式，并且能够实现页面局部刷新，解决了刷新整个页面的问题。

- 正是由于 Vue.js 等框架的发展，现阶段 SPA 模式已成为前端开发的主流，结合 Vue Router 等 Vue.js 的生态系统，让人们开发大型前端应用变得更简单和灵活。

1.1.2　新前端网页开发

为了降低前端开发的复杂度，相继出现了大量框架，如 EmberJS、KnockoutJS 和 AngularJS 等。这些框架的原则是先按类型分层，如 Templates、Controllers 和 Models，然后再在层内做切分，这种方式简称为 SPA，如图 1-2 所示。

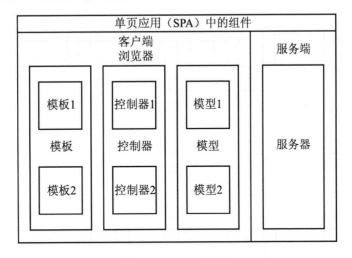

图 1-2　SPA 方式示意

SPA 的优势很明显，例如：

- 前后端职责很清晰。前端工作在浏览器端，后端工作在服务端。清晰的分工可以让开发工作并行，前端可以在本地利用模拟的数据进行开发；后端可以专注于业务逻辑的处理，以及输出符合 RESTful 规范的各种接口。
- 前端开发的复杂度可控。前端代码很重，但合理的分层能让前端代码各司其职。例如，简单的模板特性的选择就有很多讲究，限制什么，留下哪些，代码应该如何组织等都很清楚。

- 部署相对独立,只要通过前后端接口的形式,无论调试还是开发新功能都非常方便。

SPA 的缺点如下:

- 大量代码不能复用。例如,后端依旧需要对数据进行各种校验,校验逻辑无法复用浏览器端的代码。如果可以复用,那么后端的数据校验可以相对简单化。

- 异步加载不利于搜索引擎优化(SEO)。SPA 使用的是异步加载方式,虽然异步加载相较于同步加载有很多优点,但是也存在一些问题。如果异步加载的资源内容是 JavaScript 代码或者加载图片的 URL 发生改变,那么搜索引擎是无法识别的,因此往往还需要在服务端做同步渲染的降级方案。

- 性能并非最佳。大量的 JavaScript 方式会影响用户体验,特别是在移动互联网环境下。

- 不能满足所有需求,依旧存在大量多页面应用。URL Design 需要后端配合,前端无法完全掌控。

1.2　MVVM 开发模式

MVVM 是 MVC 的改进版。它将其中的 View 的状态和行为抽象化,将视图 UI 和逻辑分开。MVVM 框架是 MVP(Model View Presenter)模式结合 WPF 演变而来的一种新型架构,它基于原有的 MVP 框架融入了 WPF 的新特性,以应对客户日益复杂的需求变化。

1.2.1　为什么会出现 MVVM

MVVM 具体的设计功能如图 1-3 所示。它并不是简单的 MVC 分层模式,而是将 View 端的显示和逻辑分离出来,它的核心是双向数据绑定技术,这种数据绑定技术非常简单、实用。

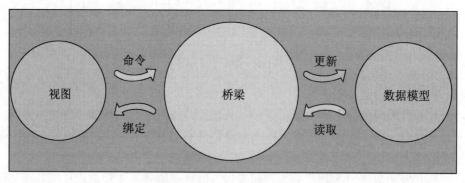

图 1-3　MVVM 的设计功能

MVVM 与经典的 MVP 模式很相似,需要一个为 View 量身定制的 Model,而连接 View 和 Model 的桥梁就是 ViewModel。ViewModel 包含一个项目文件使用的 UI 组件接口和相关属性,可以通过一个相关的视图为 ViewModel 绑定属性,并为该视图绑定监听其属性事件,从而通过 ViewModel 实现视图和数据的双向更新。

视图通常就是一个页面。在以前的设计模式中,由于没有进行清晰的职责划分,UI 层通常成为逻辑层的全能代理,不仅包括视图层,还包括数据(Data)层,而后者实际上属于应用程序的其他层,因此需要将 UI 层划分为更加独立和清晰的视图层与数据层。而在 MVP 和 MVC 这两种模式中,都将视图层与数据层分开了。MVP 的 M 和 MVC 的 M 都是指封装了核心数据和逻辑功能的模型,V 表示视图,P 表示封装了视图的所有操作和响应用户的输入、输出和事件等。MVP 的 P 与 MVC 的 C 代表的意义差不多,区别是 MVC 是系统级架构,而 MVP 是用在某个特定页面上。也就是说,MVP 的灵活性要远远大于 MVC,实现起来也极为简单。

相信读者对 MVC 模式已经非常熟悉了,这里就不再赘述,这些模式的进化顺序是 MVC→MVP→MVVM。

1.2.2 MVVM 模式的优点

MVVM 和 MVC 模式一样,主要目的是分离视图和模型,它具有以下优点:

- 视图层低耦合。View 可以独立于 Model 进行变化和修改,一个 ViewModel 可以绑定在不同的 View 中,当 View 变化的时候 Model 可以不变,当 Model 变化的时候 View 也可以不变。
- 各种代码写成控件之后可重用。可以把一些视图逻辑放在一个 ViewModel 里成为多重组合的控件,在具体的页面中进行整合和使用,让更多的 View 重用这段视图逻辑。
- 可以交由前端工程师独立开发。开发人员可以专注于业务逻辑和数据的开发(ViewModel),设计人员可以专注于页面设计,通过相应的接口规范可以简单地进行整合。
- 便于测试和部署。界面测试向来是比较难的,而在 MVVM 框架中,可以针对具体的页面控件进行测试,也可以在不依赖于后端的基础上直接通过工具或者利用模拟的假数据进行测试。

1.2.3 MVC、MVP 和 MVVM 开发模式对比

MVC、MVP 和 MVVM 这些模式是为了解决开发过程中的实际问题而开发出来的,它们是目前主流的几种架构模式,被广泛使用。

1. MVC模式

MVC 是比较直观的架构模式，其处理流程是用户操作→View（负责接收用户的输入操作）→Controller（业务逻辑处理）→Model（数据持久化）→View（将结果反馈给 View）。

MVC 的使用非常广泛，比如 JavaEE 中的 SSH 框架（Struts+Spring+Hibernate）、ASP.NET 中的 ASP.NET MVC 框架。经典的 MVC 模式如图 1-4 所示。

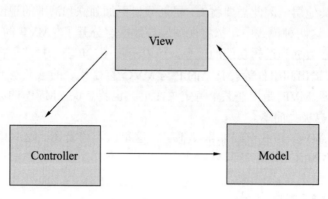

图 1-4　经典的 MVC 模式

2. MVP模式

MVP 是把 MVC 中的 Controller 换成了 Presenter（呈现），目的是完全切断 View 与 Model 之间的联系，由 Presenter 充当桥梁，做到 View-Model 之间通信的完全隔离。

例如，.NET 程序员熟知的 ASP.NET 中的 Web Forms（WF）技术即支持 MVP 模式，因为事件驱动的开发技术使用的就是 MVP 模式。控件组成的页面充当 View，实体数据库操作充当 Model，而 View 和 Model 之间的控件数据绑定操作则属于 Presenter。控件事件的处理可以通过自定义的 iView 接口实现，而 View 和 iView 都将对 Presenter 负责。经典的 MVP 模式如图 1-5 所示。

3. MVVM模式

如果说 MVP 是对 MVC 的进一步改进，那么 MVVM 模式则是完全的变革。MVVM 是将"数据模型和数据的双向绑定"作为核心，因此在 View 和 Model 之间没有联系，而是通过 ViewModel 进行交互，而且 Model 和 ViewModel 之间的交互是双向的，因此视图数据的变化会同时修改数据源，而数据源数据的变化也会立即反应到 View 上。

典型的 MVVM 模式应用有.NET 的 WPF、JavaScript 框架的 Knockout 和 AngularJS，以及本书介绍的 Vue.js 等。经典的 MVVM 模式如图 1-6 所示。

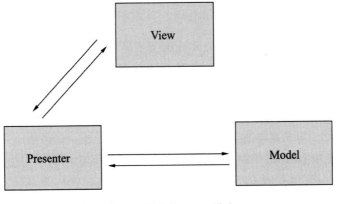

图 1-5　经典的 MVP 模式

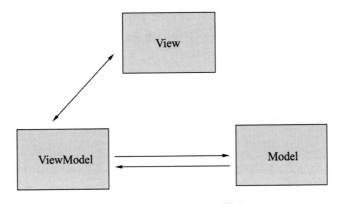

图 1-6　经典的 MVVM 模式

1.3　Vue.js 简介

那么多的 JavaScript 框架，我们为什么选择 Vue.js？它又是如何发展起来的呢？为了更准确地描述 Vue.js，这里引用一段官方文字：

Vue.js（读音 /vju：/，类似于 view）是一套构建用户界面的渐进式框架。与其他重量级框架不同的是，Vue.js 采用自底向上增量开发的设计模式。Vue.js 的核心库只关注视图层，它不仅易于上手，还便于与第三方库或既有项目整合。另外，当与单文件组件和 Vue.js 生态系统支持的库结合使用时，Vue.js 也完全能够为复杂的单页应用程序提供驱动。

2018 年，Vue.js 主题的 VueConf 峰会参加者众多，Vue.js 被票选为用户满意度最高的 JavaScript 框架。2020 年 Vue.js 3.0 发布，引发众多 Vue 爱好者的讨论。在 GitHub 上，该项目平均每天能收获 95 颗星，成为 GitHub 星标数项目的第十名。

📓说明：可能有的读者会有疑惑：Vue 和 Vue.js 是否一样？二者其实是一样的，Vue 是它
的名称，因其是一个 JavaScript 库，所以有时会带上它的文件扩展名.js。

　　Vue.js 是由尤雨溪开发的。他的思路是提取 Angular 中自己喜欢的部分，构建出一款
相当轻量的框架。2014 年 2 月，尤雨溪在 Hacker News、Echo JS 与 Reddit 的 R 和 JavaScript
版块上均发布了 Vue.js 的最早版本，发布后的一天之内，Vue.js 就登上了这 3 个网站的首
页，之后 Vue.js 成为 GitHub 上最受欢迎的开源项目之一。之后 Vue.js 2.x 版本成为国内外
众多开发人员的选择，3.0 版本历经了 2 年多的开发工作，2019 年 10 月 5 号凌晨，尤雨
溪公布了 Vue.js 3.0 的源代码，新版本在 2020 年 09 月 18 日正式发布，这标志着 Vue.js
进入 3.x 时代。

　　Vue.js 3.0 除了渲染函数 API 和作用域插槽语法等之外，其他内容大多保持不变，并
且 Vue.js 3.0 依然与 Vue.js 2.x 版本保持兼容，即 2.x 中的大部分语法仍然可以在 3.0 版本
中继续使用。此版本性能更佳，捆绑包体积更小，TypeScript 集成更方便，并为框架未来
的长期迭代奠定了坚实的基础。

　　同时，在 JavaScript 框架和函数库中，Vue.js 所获得的星标数仅次于 React，高于
Backbone.js、Angular 2 和 jQuery 等项目。

1.4　Vue.js 的安装

　　使用过 jQuery 等 JavaScript 框架的读者，应该都熟悉 JavaScript 类框架的安装方式，
基本有以下 3 种安装方式：

- 下载.js 文件用<script>标签引入。
- 不下载.js 文件，直接使用 CDN 进行安装。
- 不下载.js 文件，直接使用 NPM 进行安装。

　　Vue.js 也可以使用这 3 种安装方法，通过普通网页引入的形式或者是各种包管理的形
式均可以安装并使用 Vue.js。但是不同的安装方法使得其使用方式和项目编写方式不同。
下面详细介绍每一种方法。

🔔注意：本书并没有介绍太多的网页开发基础知识，如果读者完全不了解网页开发，可以
阅读相关的书籍或资料进行学习和练习。

1.4.1　使用独立的版本

　　Vue.js 可以通过引入<script></script>标签的方式来引入，因为 Vue.js 相当于 JavaScript

中的一个库，其使用方式和 jQuery 一样简单。

　　Vue.js 不支持 IE 8 及以下版本，因为它使用了不被 IE 8 支持的 ECMAScript 5（简称 ES 5）特性。但是不用担心 Vue.js 的兼容性。如图 1-7 所示，目前所使用的大部分浏览器都已支持 ES 5 并且支持 ES 6 标准，图中颜色较深的部分为完全支持，可以看出，所有流行的浏览器均完全支持 ES 5 语法。

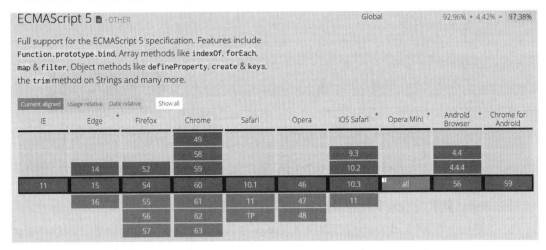

图 1-7　浏览器对于 ES 5 的支持程度

　　🔔注意：关于浏览器是否支持某种技术，可以通过 http://caniuse.com/ 来查询。

　　下面开始搭建 Vue.js 的开发环境。当以标签形式引入 Vue.js 时，官方提供以下两种不同的版本供用户和开发者选择：

- 用于开发和测试环境的开发版。
- 用于生产环境的最小压缩版，也就是 Mini 版。

　　和其他 JavaScript 插件的形式一致，使用.min.js 的后缀为最小压缩版，直接使用.js 的后缀为正式版。

　　🔔注意：如果进行调试和开发，就不要用最小压缩版，因为此版本去除了所有的错误提示和警告，建议使用开发版。

　　（1）Vue.js 开发版的下载地址为 https://unpkg.com/vue@next，可以先将开发版下载至本地，然后在页面中通过<script></script>标签进行引入。

　　（2）打开此地址可以看到 Vue.js 的所有代码，复制所有的代码，然后在本地新建 JS 文件，再将代码粘贴进去。或者直接打开下载软件，新建任务下载，或者直接右键单击下载的文件，在弹出的快捷菜单中选择 "另存为" 命令，将下载的文件另存为 vue.global.js，如图 1-8 所示。

（3）下载后的开发版即为开发所需要的 JavaScript 库。新建一个.html 文件并命名为
index.html，具体的目录结构如图 1-9 所示。

图 1-8　保存 vue.global.js 文件

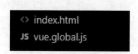

图 1-9　项目结构

（4）在 index.html 中通过<script></script>标签引入 vue.global.js。Vue.js 允许采用简洁
的模板语法声明将数据渲染进 DOM 中，因此这里的示例通过数据来展示。

【示例 1-1】引入本地下载的 Vue.js，即 vue.global.js。

这里声明一个节点 id 为 app，并且使用 Vue.js 为其绑定一个 message 变量，在 JavaScript
代码中将其赋值为 Hello Vue.js。完整的代码如下（具体语法解析会逐步讲解）：

```html
<!DOCTYPE html>
<html lang="en">
<head>
    <meta charset="UTF-8">
    <script src="vue.global.js"></script>
    <!--HTML 头部-->
    <title>Title</title>
</head>
<body>
    <div id="app">
        <p>{{ message }}</p>
    </div>
    <script>
        const App = {
            // state 状态
            data: function(){
                return {
                    message: 'Hello Vue.js!'
                }
            }
        }
        // 逻辑代码，建立 Vue 实例
        const app = Vue.createApp(App).mount('#app')
    </script>
</body>
</html>
```

上述响应式数据的 data 部分可以直接写在 setup()函数中，因为 Vue.js 3.0 使用的是

Composition API（组合 API），不再是 2.x 版本的 options API，setup()函数是 Composition API 的入口，在 setup()函数中定义的变量和方法最后都需要使用 return()返回，否则无法在模板中使用响应的数据。使用 setup()函数实现上述效果只需要将 data 部分删除，使用 ref 定义响应式数据 message，代码如下：

```
const App = {
        setup() {
            const message = Vue.ref('Hello Vue.js!');
            return {
                message
            }
        }
}
// 逻辑代码，建立 Vue 实例
const app = Vue.createApp(App).mount('#app')
```

本示例网页打开后的显示效果如图 1-10 所示。

图 1-10　显示效果

⚠注意：Vue.js 的核心功能是提供数据绑定的显示效果，因此可直接双击打开 index.html 页面，而在非服务器的条件下（即与服务器后端数据没有任何交互的情况下），其数据绑定功能依旧可以使用。

1.4.2　使用 CDN 安装

　　CDN（Content Delivery Network，内容分发网络）系统能够实时地根据网络流量和各节点的连接、负载状况，以及到用户的距离和响应时间等综合信息，将用户的请求重新导向距离用户最近的服务节点上。其目的是让用户可以就近获取所需的内容，以解决 Internet 网络拥挤的状况，从而提高用户访问网站的响应速度。

　　一般的网站利用 CDN 加速静态文件和资源，由于网站肯定会使用许多第三方库，因此需要引用更多的第三方资源文件，此时利用 CDN 就能够快速加载这些第三方资源文件。这样将资源文件与业务代码"一锅炖"的方式适用于应用服务器压力并不大的小型系统（如并发、带宽、存储空间和资源等）。

　　CDN 的优点是开发和发布省力，对服务器要求低，且成本低，没有具体的公网接入需求。许多小型或内部使用型的网站系统往往采取这种形式来放置资源文件。

　　（1）有很多网络服务或者网站云主机商提供 CDN 类服务，分为收费和免费两种类型。

这里推荐一个国内常用且免费的前端开源的 CDN 加速服务,是由 BootStrap 中文网运作的,其网址为 http://www.bootcdn.cn/,主页如图 1-11 所示。

图 1-11 开源的 CDN 主页

(2)在搜索框中输入 Vue.js,网站会提供 Vue.js 及与 Vue.js 有关的开源 JavaScript 组件供开发者选择。

(3)此时将进入 Vue.js 版本选择页面,其中提供了最新版本和所有的历史版本,并且提供了很多相关文件。如图 1-12 所示,框线部分为 3.0.0 版本的链接地址。

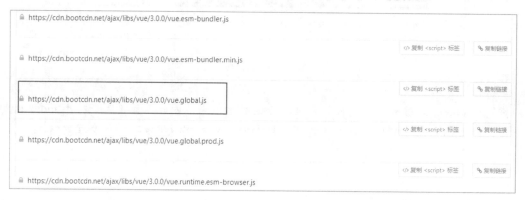

图 1-12 最新版本的 Vue.js

(4)本例暂时只需要 Vue.js 这个文件。为了方便用户使用,BootCDN 提供了两种复制方式,一种是复制链接地址,另一种是直接复制<script>标签。

【示例 1-2】引入 CDN 中的 Vue.js。

找到需要的 https://cdn.bootcdn.net/ajax/libs/vue/3.0.0/vue.global.js 标签,单击"复制<script>标签"按钮,在新页面 index2.html 中粘贴标签,替代本地 Vue.js 引入标签的位置。完整的代码如下:

```
<!DOCTYPE html>
<html lang="en">
<!--HTML 页面代码-->
<head>
    <meta charset="UTF-8">
    <title>Title</title>
    <!--引入需要的 Vue.js 等内容-->
```

```
        <script src="https://cdn.bootcdn.net/ajax/libs/vue/3.0.0/vue.global.js">
    </script>
</head>

<body>
    <!-- 定义显示的节点 -->
    <div id="app">
        <p>{{ message }}</p>
    </div>
    <script>
        const App = {
            setup() {
                // 逻辑代码，定义相关变量
                const message = Vue.ref('Hello Vue.js!');
                return {
                    message
                }
            }
        }
        // 逻辑代码，建立 Vue 实例
        const app = Vue.createApp(App).mount('#app')
    </script>
</body>

</html>
```

运行 HTML 文件，浏览器的显示效果如图 1-13 所示。其效果和在示例 1-1 中引入本地的 Vue.js 效果一致。

图 1-13　实现效果

说明：可能读者会有疑问，只是为了在网页中显示一行简单的 Hello Vue.js，需要如此烦琐的代码吗？Vue.js 不是为了显示一个静态网页，它提供了一个数据双向绑定功能。也就是说，当动态更新 message 中的值时，并不需要刷新网页或更新节点，此节点的值会随着 JavaScript 中代码值的变动而改变，这就是 Vue.js 的强大之处。我们会在 1.4.4 小节中介绍 Vue.js 的双向绑定功能。

1.4.3　使用 NPM 安装

NPM 是一个非常有用的 JavaScript 包管理工具，通过该工具可以非常迅速地进行 Vue.js 的安装、使用和升级，而不用担心由此会造成混乱，并且该工具能很好地和 Webpack

或 Browserify 等模块打包器配合使用。

　　Vue.js 提供了配套工具来开发单文件组件，在 Windows 中可以通过 Win+R 组合键运行 CMD。如果是 macOS 系统或者 Linux 系统，需要先打开终端，然后在打开的 CMD 中输入以下命令安装相应的 Vue.js。

```
npm install vue
```

安装效果如图 1-14 所示。

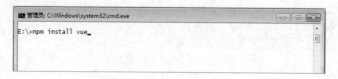

图 1-14　CMD 安装

　　除此之外，也可以使用--global 命令参数进行安装，Vue.js 会自动全局安装。

　　不仅如此，为了方便开发者开发相关的 Vue.js 大型应用，Vue.js 官方还提供了一个非常方便的命令行工具 CLI，该工具可以使用 NPM 命令进行安装，如下：

```
npm install --global vue-cli
```

安装完成后的效果如图 1-15 所示。

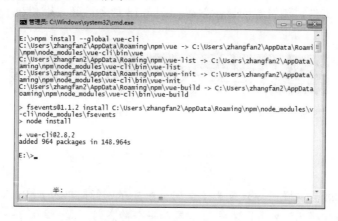

图 1-15　安装 CLI

🔔 **注意**：这里一定要进行全局安装，安装完成后，可以直接在命令行中使用。如果不能使用，提示命令无效，请将其路径配置为全局路径。

　　安装完毕后，可以使用以下命令进行测试：

```
vue -V
```

显示效果如图 1-16 所示，证明安装成功。

图 1-16　安装成功

1.4.4 使用 Chrome 浏览器测试 Vue.js 的双向绑定

可以通过 Chrome 浏览器提供的调试功能来测试 Vue.js 的双向绑定功能。

（1）在 Chrome 浏览器中按 F12 键（苹果计算机需要在右键快捷菜单中选择"检查"命令），可以打开 Chrome 浏览器的控制台，选择 Console 选项卡，如图 1-17 所示。

图 1-17　Chrome 控制台

（2）控制台提示需要安装 vue-devtools 调试工具，并且已经给出了相关的 GitHub 下载地址，可以单击此地址进行下载。进入下载地址后，可以看到其中提供的开源代码和不同版本的安装文件，在页面下方的 readme 部分单击 Get the Chrome Extension 链接，即可找到 Chrome 版本的调试工具安装包，如图 1-18 所示。

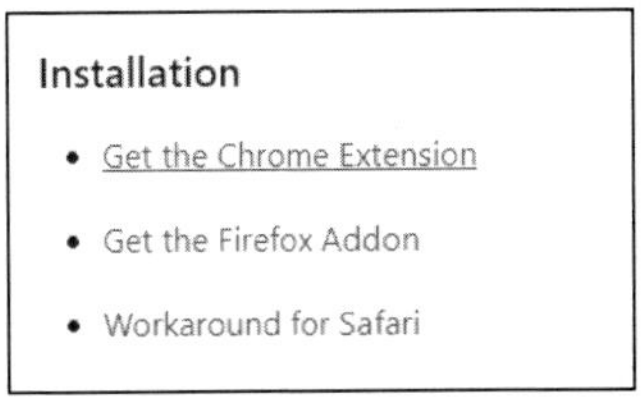

图 1-18　vue-devtools 安装包

（3）进入 Google 商店后，单击"添加至 CHROME"按钮，同意安装，如图 1-19 所示。

图 1-19　Google 商店

（4）安装完成后，在 Chrome 插件页面会出现 Vue.js 标志。打开之前 Vue.js 页面的 Chrome 控制台调试时，会显示如图 1-20 所示的界面。

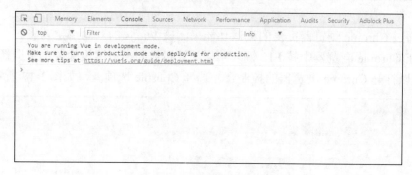

图 1-20　devtools 安装成功

注意：安装第三方调试工具 vue-devtools 时会自动跳转至 Google 商店。如果不能访问网络的话，可以选择其他方式进行安装，参见 2.1.2 小节。

（5）进行 Vue.js 双向绑定测试。改变 message 的值，页面显示的值也会更改。在 Console 中输入以下代码后按 Enter 键。

```
app.message="Hello World"
```

浏览器的显示效果如图 1-21 所示。

图 1-21　更改后的效果

可以看到，更新 JavaScript 中的对象时会自动更新页面中的值和代码，这就是 Vue.js 的强大之处。

1.5　Vue.js 的主要特性

Vue.js 作为一个流行的 JavaScript 前端框架，旨在更好地组织与简化 Web 开发。Vue.js 关注的核心是 MVC 模式中的视图层，同时它能方便地获取数据更新，并通过组件内部特定的方法实现视图与模型的交互。本节介绍 Vue.js 的 5 大特性。

1.5.1　组件

组件是 Vue.js 的特性之一。为了更好地管理一个大型应用程序，往往需要将应用切割为小而独立且具有复用性的组件。在 Vue.js 中，组件是基础 HTML 元素的拓展，可方便地自定义其数据与行为。

【示例 1-3】Vue.js 组件的使用。

```
<!-- 定义显示的节点 -->
    <div id="app">
        <p>{{ message }}</p>
    </div>
    <script>
        const App = {
            setup() {
                // 逻辑代码，定义相关变量
                const message = Vue.ref('Hello Vue');
                return {
                    message
                }
            }
        }
        // 逻辑代码，建立 Vue 实例
        const app = Vue.createApp(App).mount('#app')
</script>
```

注意：读者不用太在意是否能看懂此处的代码，本例的目的是让读者先熟悉这种写法，后面会进行具体讲解。

上述代码的显示效果如图 1-22 所示。

上面是一个简单的 Hello Vue 示例，只是通过一个简单的 bind 操作将 JavaScript 中的内容绑定在<div></div>标签内部。

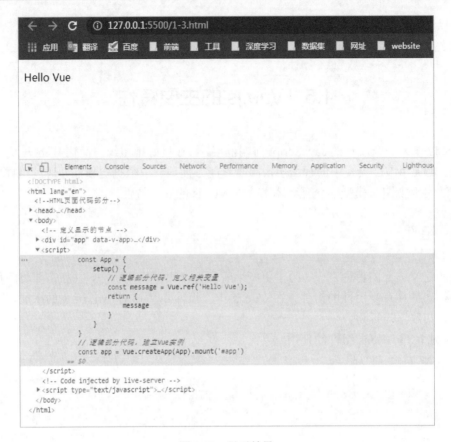

图 1-22　显示效果

【示例 1-4】如果想要在所有的项目页面中都显示一条 Hello Vue 提示，那么需要将此处的代码注册成一个全局组件。具体代码如下：

```
<script src="https://cdn.bootcdn.net/ajax/libs/vue/3.0.0/vue.global.js">
</script>
    <!-- 定义显示的节点 -->
    <div id="app">
        <!-- 定义显示的节点 -->
        <my-component></my-component>
    </div>
    <script>
        // 建立 Vue 实例
        const app = Vue.createApp({})
        // 注册
        app.component('my-component', {
            template: '<div>Hello Vue!</div>'
        })
        app.mount('#app')
    </script>
```

显示效果如图 1-23 所示。

图 1-23　以组件方式显示

1.5.2　模板

　　Vue.js 使用基于 HTML 的模板语法，允许开发者将 DOM 元素与底层 Vue.js 实例中的数据进行绑定。所有 Vue.js 的模板都是合法的 HTML，因此能被遵循规范的浏览器和 HTML 解析器解析。

　　在底层实现上，Vue.js 将模板编译成虚拟 DOM 渲染（render）函数。结合响应式系统，当应用状态改变时，Vue.js 能够智能地计算出重新渲染组件的最小代价并应用到 DOM 操作上。

　　注意：如果读者熟悉虚拟的 DOM 并且偏爱 JavaScript，也可以不用模板，直接编写渲染函数，使用可选的 JSX 语法即可。

1.5.3　响应式设计

　　如今，越来越多的智能移动设备（Mobile、Tablet Device）加入互联网中，移动互联网不再是独立的小网络，而成为 Internet 的重要组成部分。响应式网络设计（RWD 和 AWD）的出现是为移动设备提供更好的用户体验，整合从桌面到手机的各种屏幕尺寸及其分辨率，用技术使网页适应不同分辨率的屏幕。

响应式界面的 4 个特点如下：
- 同一页面在不同显示比例下看起来都应该是舒适的。
- 同一页面在不同分辨率下看起来都应该是清晰的。
- 同一页面在不同操作方式（如鼠标和触屏）下的体验应该是统一的。
- 同一页面在不同类型的设备（手机、平板电脑和计算机）上，其交互方式应该是符合用户习惯的。

作为专注于显示前端效果的 Vue.js，它提供的大多数控件和功能都基于响应式的设计。不仅如此，为了方便众多的开发者使用，Vue.js 衍生出了很多美观又简洁的 UI 组件库，而这类 UI 组件库是完全支持响应式设计的。

因此，作为一个合格的 Vue.js 程序开发者，在进行应用开发时必须要考虑 UI 的响应式设计，让用户在不同尺寸和分辨率的显示设备上能够拥有优良的体验。

1.5.4　过渡效果

Vue.js 在插入、更新或者移除 DOM 时提供了多种不同方式的应用过渡效果，包括以下几种实现方式：
- 在 CSS 过渡和动画中自动应用 class。
- 可以配合使用第三方 CSS 动画库，如 Animate.css。
- 在过渡钩子函数中使用 JavaScript 直接操作 DOM。
- 可以配合使用第三方 JavaScript 动画库，如 Velocity.js。

Vue.js 提供了 Transition 的封装组件。在下列情形中，可以给任何元素和组件添加 entering 或 leaving（进入/离开）过渡效果。
- 使用条件渲染（使用 v-if）。
- 使用条件展示（使用 v-show）。
- 使用动态组件。
- 使用组件根节点。

简单来说，可以在用户进行单击等操作或者和页面元素进行交互时，提供良好的用户体验效果。

【示例 1-5】页面交互设计。

```
<!--引入需要的 Vue.js 等内容-->
<script src="https://unpkg.com/vue"></script>
<!-- 样式规定 -->
<style>
.fade-enter-active, .fade-leave-active {
  transition: opacity .5s
}
.fade-enter, .fade-leave-to /*.fade-leave-active in below version 2.1.8 */ {
  opacity: 0
}
</style>
```

```
<!-- 定义显示的节点 -->
<div id="app">
<!--在节点中定义 click 方法-->
  <button v-on:click="show = !show">
    click
  </button>
<!-- 效果显示部分 -->
  <transition name="fade">
    <p v-if="show">hello Vue</p>
  </transition>
</div>
<script>
// 创建根实例
new Vue({
  el: '#app',
// 定义绑定在标签中的变量
  data: {
    show: true
  }
})
</script>
```

显示效果如图 1-24 所示。当单击 click 按钮时，Hello Vue 会渐渐消失，其实是因为样式更改了。当再次单击 click 按钮时，样式 fade 会随着添加或者删除而产生渐变效果，以便让用户的操作或显示的内容不会突兀地出现或者消失。

图 1-24　过渡效果

1.5.5　单文件组件

为了更好地适应复杂的项目，Vue.js 支持以.vue 为扩展名的文件来定义一个完整组件，以替代使用 Vue.component 注册组件的方式。开发者可以使用 Webpack 或 Browserify 等构建工具来打包单文件组件。这些构建工具的优势是能够将多个文件打包并且合并成一个文件，这可以极大地减轻网络请求多个文件时所带来的缓存或延时压力。

1.6　小结与练习

1.6.1　小结

本章介绍了 Vue.js 的一些流行框架和设计模式，希望能提高读者对 Vue.js 的兴趣。相比 React 或者其他 JavaScript 框架，Vue.js 是非常接近传统的 HTML 化的 Web 开发技术，开发人员可以快速上手。

1.6.2　练习

1．简述 MVC、MVP 和 MVVM 这 3 种设计模式的特点。

2．查阅不同设计模式，总结它们的优点和缺点（如果读者使用过某种设计模式或者是以此设计模式为基础框架，可以结合实践进行分析）。

3．简述 Vue.js 的发展历史及其几个简单的特性。

第 2 篇
项目设计

第 2 章　Vue.js 开发的准备工作

本章正式进入 Vue.js 的学习。本章将介绍 Vue.js 的开发环境和一些基本应用，包括一些常用的 Web 开发工具、基本的调试和运行环境，以及 JavaScript 的最新进展和开发方式。

本章的学习重点是 ECMAScript 6（简称 ES 6）语法，如果读者对其已经比较熟悉，则可以跳过本章，直接进入第 3 章的学习。

2.1　JavaScript 运行与开发环境

本节学习适合 JavaScript 的各种 IDE（Integrated Development Environment，集成开发环境）及调试用的浏览器，以及 JavaScript 安装环境等内容。

2.1.1　神奇的包管理器——NPM

NPM（Node Package Manager）是 Node.js 默认用 JavaScript 编写的软件包管理系统，其标志如图 2-1 所示。

NPM 完全使用 JavaScript 编写，最初由艾萨克•施吕特（Isaac Z. Schlueter）开发。艾萨克表示自己已意识到"模块管理很糟糕"的问题，并看到了 PHP 的 Pear 与 Perl 的 CPAN 等软件的缺点，于

图 2-1　NPM 的标志

是编写了 NPM。NPM 可以管理本地项目所需要的模块并自动维护依赖情况，也可以管理全局安装的 JavaScript 工具。

如果在一个项目中有 package.json 文件，那么用户可以直接使用 npm install 命令自动安装和维护当前项目所需的所有模块。在 package.json 文件中，开发者可以指定每个依赖项的版本范围，这样既可以保证模块自动更新，又不会因为所需模块功能大幅变化而导致项目出现问题。开发者也可以选择将模块固定在某个版本之上。

接下来讲解 NPM 的安装。

（1）想要安装 NPM，需要先安装 Node.js。Node.js 是一个 JavaScript 运行环境（Runtime），它发布于 2009 年 5 月，由 Ryan Dahl 开发，它实质上是对 Chrome V8 引擎进行了封装。Node.js 对一些特殊用例进行了优化，提供了替代 API，使得 Chrome V8 在非浏览器环境

下运行得更顺畅。Node.js 的官网下载地址为 https://nodejs.org/en/，如图 2-2 所示。

图 2-2　Node.js 官网

（2）有两种版本可以选择，一种是 LTS 版本，另一种是 Current 版本，系统会自动选择访问者适合的版本。LTS 版本适用于长期、稳定的更新，而 Current 版本可能会出现一些意料之外的问题，但会有更多的功能。

选择合适的版本下载后，双击下载的文件开始安装，如果是 Windows 7 及以上的操作系统，需要右键单击文件，在弹出的快捷菜单中选择"以管理员方式"命令开始安装 Node.js，如图 2-3 所示。

图 2-3　安装 Node.js

（3）勾选 I accept the terms in the License Agreement 复选框，单击 Next 按钮进入下一步，在弹出的对话框中选择安装的地点和组件，再次单击 Next 按钮，开始安装。

（4）安装完毕之后，可以在 Windows 的命令提示符（cmd）窗口中测试安装是否成功。查看是否成功地安装了 Node.js 和 NPM 的方式如下：

使用键盘的 Win +R 组合键打开运行框，输入 cmd 命令，弹出 Windows 命令提示符窗口，在其中输入如下命令后按 Enter 键。

```
node -v
```

如果成功安装，结果如图 2-4 所示。

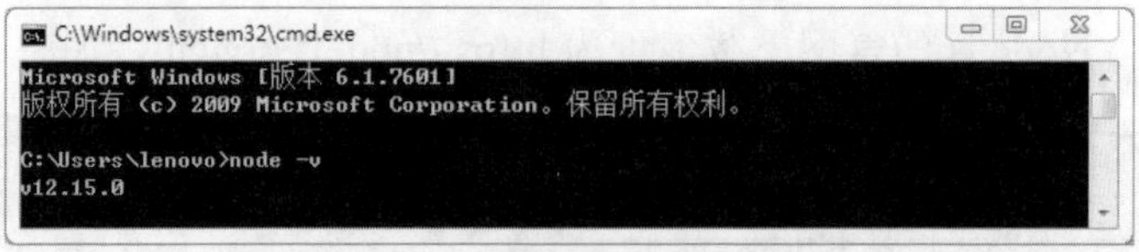

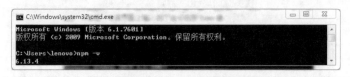

图 2-4　Node.js 安装成功

（5）测试 NPM 是否安装成功，输入如下命令后按 Enter 键。

```
npm -v
```

如果成功安装，结果如图 2-5 所示。

图 2-5　NPM 安装成功

📢**注意**：如果提示找不到该命令，但确定安装没有问题的话，那么原因可能是权限不足或者没有将其放置在全局变量中，读者可以尝试手动配置全局变量。

📖**提示**：在使用 NPM 进行包管理的时候，如果由于网络问题导致安装失败，可以切换为国内的源进行安装。

本书推荐淘宝提供的 NPM 镜像源，其官方地址为 http://npm.taobao.org/。该网站包含完整的 npmjs.org 镜像，开发者可以用其代替官方版本（只读），淘宝的镜像源和官方源的同步频率目前为 10min 一次，这样充分保证了镜像源与官方服务同步。

为了方便开发者使用，淘宝提供了定制的命令行工具 CNPM 来代替默认的 NPM，其参数和使用方法与 NPM 相同。

CNPM 的安装方式等同于一个普通的 NPM 包的安装方法，使用以下命令进行安装。

```
npm install -g cnpm --registry=https://registry.npm.taobao.org
```

📢**注意**：本书提供的截图基本上使用的是 CNPM 工具，但是代码和说明均使用的是 NPM，后面不再赘述。

当然，也可以不使用 NPM 进行安装，对于一些因为网络问题无法安装的包，可以通过添加 alias 参数来直接指定。

```
# 阿里的 CNPM 配置
alias cnpm="npm --registry=https://registry.npm.taobao.org \
--cache=$HOME/.npm/.cache/cnpm \
--disturl=https://npm.taobao.org/dist \
--userconfig=$HOME/.cnpmrc"
```

```
# 在 zshrc 中指定别名
$ echo '\n#alias for cnpm\nalias cnpm="npm --registry=https://registry.
npm.taobao.org \
  --cache=$HOME/.npm/.cache/cnpm \
  --disturl=https://npm.taobao.org/dist \
  --userconfig=$HOME/.cnpmrc"' >> ~/.zshrc && source ~/.zshrc
```

2.1.2　好用的浏览器——Chrome

Google Chrome 是由 Google 开发的免费网页浏览器。Chrome 是化学元素"铬"的英文名称，过去也用 Chrome 称呼浏览器的外框。Chrome 相应的开放源代码计划名为 Chromium，因此 Google Chrome 本身是非自由软件，未开放源代码。Chrome 浏览器的展示效果如图 2-6 所示。

图 2-6　Chrome 浏览器

Chrome 代码是基于其他开放源代码软件所编写的，如 Apple WebKit 和 Mozilla Firefox。Chrome V8 是高性能的 JavaScript 引擎。Google Chrome 的整体发展目标是全面提升系统的稳定性、安全性和资源加载速度，并搭建出简单且高效率的用户界面。

据 StatCounter 统计，截至 2022 年 4 月，Google Chrome 在全球桌面浏览器的网页浏览器中的使用率为 63.57%。

为什么推荐读者选择 Chrome 而不是 IE 或 Firefox 等浏览器呢？主要原因是 Chrome 使用的内核技术 WebKit 与众不同。

这里首先需要介绍一下 WebKit 技术。它是一个开源的浏览器引擎，用于 Apple Safari 中，其分支用于基于 Chromium 的网页浏览器如 Opera 与 Google Chrome 中。

众所周知，Chrome 本身是闭源的，也就是说其内部的代码是商业代码，但它又是建立在 Google 的另一个开源浏览器 Chromium 之上的，因此它是一个稳定版本或者说是商业版本。

闭源是指除非法律明确允许或要求，或经 Google 明确的书面授权，否则不得（而且不得允许其他任何人员）复制、修改软件或软件的任何部分，不得对软件或软件的任何部分创作衍生作品，不得进行反向工程、反编译，不得试图从软件或软件的任何部分提取源代码。

当然开发者也可以选择不贴牌的 Chromium，它采用的是 BSD 开源协议（Chromium 首页、文档和下载）。

目前很多浏览器都是基于 Chromium 内核开发的，国内的一些免费浏览器软件，除了傲游浏览器是直接基于 WebKit 开发的之外，其他的浏览器都是基于 Chromium 开发的。部分 Chromium 内核的浏览器如图 2-7 所示。

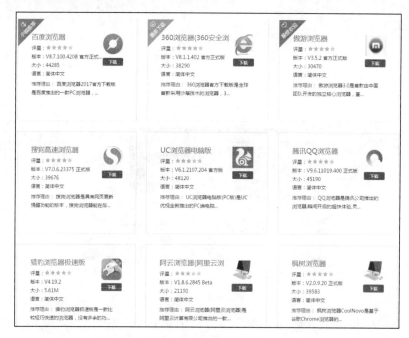

图 2-7　部分 Chromium 内核浏览器

WebKit 是 Apple iOS、Android、BlackBerry Tablet OS、Tizen 及 Amazon Kindle 的默认浏览器引擎。WebKit 的 C++应用程序接口提供了一系列的 Class，用于在视窗上显示网页内容，并且支持用户单击链接，还支持管理前后页面列表和近期浏览的历史页面等。

Chrome 作为 WebKit 的佼佼者，为了方便开发和使用，优化了很多细节和开发工具，非常适合 Web 应用开发。如果读者喜欢使用国产浏览器的话，可以在极速模式下运行浏览器。

在浏览器界面下，按 F12 键会打开 Chrome 特有的调试页面，该页面对于开发和调试极为重要，如图 2-8 所示。

图 2-8　调试界面

2.1.3　Vue.js 调试神器——vue-devtools

编写代码不能一蹴而就，而应该是在不断的调试过程中逐步完善的。因为 Vue.js 本身是打包到生产环境的 JavaScript 代码，对于调试工作而言并不是非常友善和方便，好在它提供了 vue-devtools 插件，专门用于解决调试的问题。

前面在介绍 Vue.js 双向绑定测试的时候已经安装过该插件，读者可以通过 Google 商店添加该插件，也可以访问以下的 GitHub 地址来获得最新的开发者工具：

https://github.com/vuejs/vue-devtools#vue-devtools。

注意：GitHub 是一个面向开源及私有软件项目的托管平台，因其只支持 Git 作为唯一的版本库格式进行托管，所以名为 GitHub。GitHub 于 2008 年 4 月 10 日正式上线，除了 Git 代码仓库托管及基本的 Web 管理界面以外，还提供了订阅、讨论组、文本渲染、在线文件编辑器、协作图谱（报表）和代码片段分享（Gist）等功能。目前，GitHub 的注册用户已经超过 350 万，托管版本数量也非常多，其中不乏知名开源项目，如 Ruby on Rails、jQuery 和 Python 等。

本小节介绍下载源代码并自行编译、打包和安装的方法，包括几个主要步骤：下载源代码，安装源代码所需要的依赖，生成插件，添加插件到 Chrome。下面是详细的步骤：

（1）在 GitHub 页面的 Readme 中单击下载链接，如图 2-9 所示。

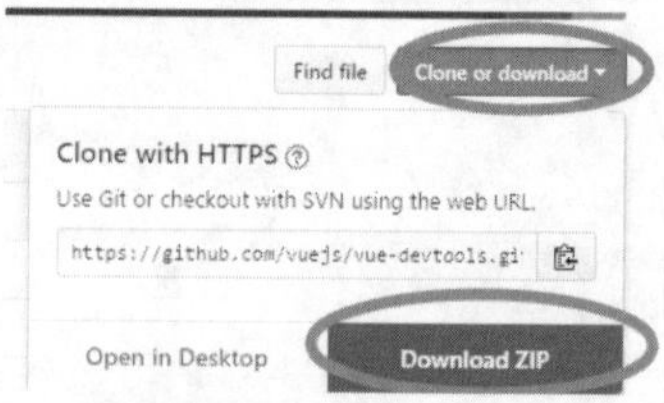

（2）这里下载的是 GitHub 提供的 Vue.js 3.0 版本的源代码压缩包，需要使用解压缩软件进行解压，解压后的文件结构如图 2-10 所示。

图 2-9　下载链接

图 2-10　Vue.js 安装文件

（3）上述目录结构与 Vue.js 的工程文件结构有一些相似之处，其根目录包含 package.json 文件。也就是说，源码本身也是一个 JavaScript 工程。接下来需要使用 NPM 命令安装依赖。

（4）使用 CMD 或者 Shell 工具进入解压目录下，使用 NPM 命令安装依赖（安装过程稍长，可能需要几分钟）。

```
npm install
```

注意：由于网络的原因，如果使用阿里提供的 NPM 源，请使用 CNPM 命令进行安装，它与 NPM 命令安装方式无任何区别，这里默认以 NPM 命令进行安装。

（5）所有的依赖项安装成功后，使用以下命令即可成功运行下载的 Vue.js 源码，效果如图 2-11 所示。

```
npm run build
```

图 2-11　打包 build

🗨 注意：此时已经将源代码打包为可以被 Chrome 使用的插件格式，生成的文件位于 shells/chrome 目录下。

（6）打开 Chrome 浏览器，输入地址 chrome://extensions/或者选择"更多工具"|"扩展程序"命令进入插件管理页面，此时需要勾选"开发者模式"复选框，如图 2-12 所示。

图 2-12　开启开发者模式

（7）选中开发者模式中的"加载已解压的扩展程序"选项，再选择项目中的 shells/chrome 文件夹，单击"确定"按钮即可成功安装 Vue.js 插件，效果如图 2-13 所示。

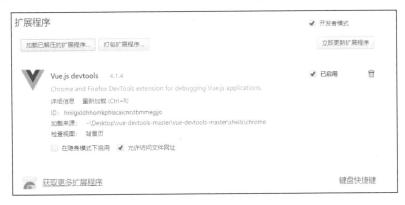

图 2-13　Vue.js 安装成功

2.1.4 非常智能的 IDE——WebStorm

众所周知，在开发环境中面向开发者的代码编辑器非常重要，一个好用的代码编辑器可以极大地提高开发者的工作效率甚至影响开发者的心情。

编辑器一般可分为以下两类：

一类是提供文字输入和显示，或者提供简单的代码高亮等基本功能的笔记本式的代码编辑器，如 Vim 和 Notepad 等。这类编辑器的优点如下：

- 编辑器的容量较小，启动迅速，占用内存少。
- 并非针对某一种语言或特定的使用环境。
- 如 Vim 和 Vi 等软件可以直接通过终端等修改远程服务器中的代码。

正是因为这类编辑器过于追求简洁、高效和体量，所以很多工程化编写代码的功能并没有提供，这也造成用这样的代码编辑器编写一些大型软件或者系统时，可能会存在难以使用的情况。

另外一类编辑器也称为集成开发环境，即 IDE。

集成开发环境是用于提供程序开发环境的应用程序，一般包括代码编辑器、编译器、调试器和图形用户界面等工具，它是集成了代码编写、分析、编译、调试等功能于一体的开发软件服务套。所有具备这些特点的软件或者软件套（组）都可以叫集成开发环境，如微软的 Visual Studio，Borland 的 C++ Builder 和 Delphi 等。IDE 可以独立运行，也可以和其他程序并用，多被用于开发 HTML 应用软件。例如，许多人在设计网站时使用 IDE（如 HomeSite、Dreamweaver 等），是因为很多项任务会自动生成。

作为一个开发者，选择一个合适而且好用的 IDE 是非常重要的，虽然在庞大的开发者团队中每个人的爱好和使用习惯有所不同，但总会有一些常用的 IDE 是受到大众认同的。

🔊注意：这里并非说 IDE 是完美无缺的。对于一个老旧的主机，如果其大量的内存及处理器被占用，那么它根本无法使用 IDE。

Vue.js 也存在一个众所周知的集成开发环境——出自 JetBrains 的 WebStorm，其下载地址为 http://www.jetbrains.com/WebStorm/，主页如图 2-14 所示。

（1）单击 DOWNLOAD 按钮，浏览器会自动下载，如图 2-15 所示。

（2）下载完毕后双击下载的安装文件，弹出安装对话框，如图 2-16 所示。

（3）单击 Next 按钮，弹出对话框，如图 2-17 所示。用户可以选择合适的安装位置，前提是需要有足够的硬盘空间。

（4）再次单击 Next 按钮，在弹出的对话框中选择建立快捷方式的类型和打开的默认代码文件，如图 2-18 所示。

图 2-14　WebStorm 主页

图 2-15　下载

图 2-16　安装对话框

图 2-17　选择合适的安装位置

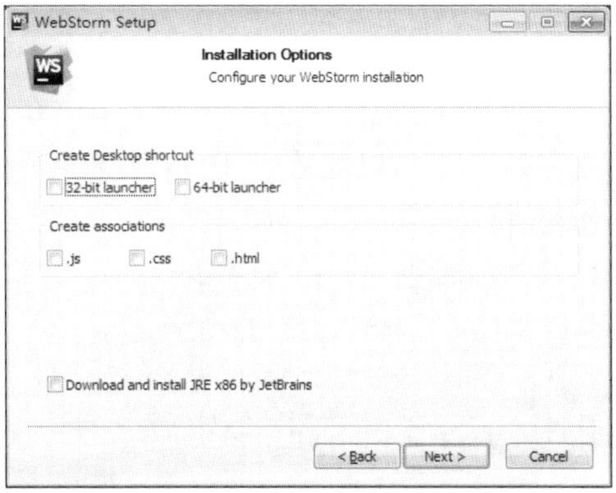

图 2-18　选择快捷方式

（5）安装完毕后，如果勾选了快捷方式，系统会自动在桌面上建立 WebStorm 的快捷图标，如图 2-19 所示。

🔔注意：在选择快捷方式这一步中，32 位和 64 位的系统均可选择，具体的版本可以参照对系统和内存大小的要求，二者在功能上并无区别。

图 2-19　Webstorm 快捷方式

安装完毕后即可使用 WebStorm 的 IDE 作为 JavaScript 的开发环境了，如图 2-20 所示。

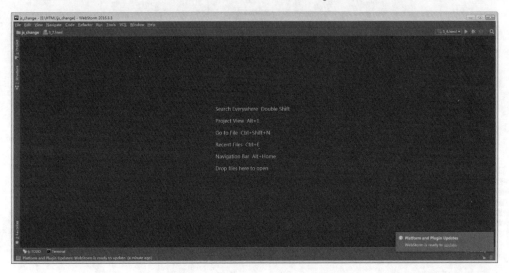

图 2-20　WebStorm 的开发环境界面

2.2　ES 6 简介

1995 年 12 月，升阳公司与网景公司一起引入了 JavaScript。1996 年 3 月，网景公司发表了支持 JavaScript 的网景导航者 2.0 说明。由于 JavaScript 作为网页的客户端脚本语言非常成功，所以微软于 1996 年 8 月引入了 Internet Explorer 3.0，该软件支持一个与 JavaScript 兼容的 JScript。1996 年 11 月，网景公司将 JavaScript 提交给欧洲计算机制造商协会进行标准化。ECMA-262 的第一个版本于 1997 年 6 月被 Ecma 组织采纳，这就是 ECMAScript（简称 ES）的由来。

2.2.1　ES 6 的前世今生

ES 是一种由 Ecma 国际（前身为欧洲计算机制造商协会）通过的 ECMA-262 标准化

的脚本程序设计语言，该语言在万维网上应用广泛，一般被称为 JavaScript 或 JScript，但实际上，JavaScript 或 JScript 都是 ECMA-262 标准的实现和扩展。

至今为止 ECMA-262 陆续发布了 7 个版本，代表着一次次的 JavaScript 更新，具体的版本和详细更新内容如表 2-1 所示。

表 2-1　ES 版本更新

版　　本	发表日期	与前版本的差异
1	1997年6月	首版
2	1998年6月	格式修正，使其形式与ISO、IEC16262国际标准一致
3	1999年12月	强大的正则表达式功能，更好的词法作用域链处理功能，新的控制指令功能，异常处理功能使错误定义更加明确，数据输出的格式化及其他改变等
4	放弃	由于语言的复杂性出现分歧，第4版本被放弃，其中的部分功能成为第5版及Harmony的基础
5	2009年12月	新增"严格模式"（Strict Mode），在该版本中提供了更彻底的错误检查功能，以避免因语法不规范而导致的结构出错；澄清了许多在第3版本中的模糊规范。增加了部分新功能，如getters及setters，支持JSON以及在对象属性上更完整的反射
6	2015年6月	多个新的概念和语言特性
6.1	2016年6月	多个新的概念和语言特性
7	2016年6月	完善了ES 6规范，新增了两个功能：求幂运算符（*）和array.prototype.includes方法
8	2017年6月	增加了新的功能，如字符串填充和promise等

ES 6 是重大更新版本，是自 2009 年 ES 5 标准化之后的首次更新。有关 ES 6 的完整规范，请参阅 ES 6 标准。

注意：ES 7 和 ES 8 等新版本提供了更多新功能，目前也在项目中大量使用，特别是 ES 8 版本提供的异步语法 promise，能够更加方便地处理异步操作，解决了回调地狱（多层调用）问题。

2.2.2　为什么要使用 ES 6

ES 6 是一次重大的版本升级，并且由于 ES 6 秉承最大化兼容已有代码的设计理念，过去编写的 JavaScript 代码还能正常运行。事实上，许多浏览器已经支持部分 ES 6 的特性，并在继续努力实现其余特性。这意味着在一些已经实现部分特性的浏览器中，符合标准的 JavaScript 代码可以正常运行，这样可以更加方便地实现很多复杂的操作，提高开发人员的效率。

以下是 ES 6 排名前十位的特性（排名不分先后）：

- Default Parameters（默认参数）；
- Template Literals（模板文本）；
- Multi-line Strings（多行字符串）；
- Destructuring Assignment（解构赋值）；
- Enhanced Object Literals（增强的对象文本）；
- Arrow Functions（箭头函数）；
- Promises（实现）；
- Block-Scoped Constructs Let and Const（块作用域构造 Let and Const）；
- Classes（类）；
- Modules（模块）。

2.3　ES 6 的常用语法

本节将会介绍一部分简单的 ES 6 语法，仅供原来使用过老版本 JavaScript 的开发者参考。如果读者对 ES 6 并不了解或者之前没有接触过 JavaScript，可以跳过本节进行后面内容的学习，本节对全书的学习或 Vue.js 的入门并没有任何影响。

注意：本书并不是一本专门用于讲解 ES 6 或 JavaScript 的书，仅供读者参考和简单了解。

2.3.1　默认参数

JavaScript 定义默认参数的方式如下：

```javascript
//以前的 JavaScript 定义方式
var link = function (height, color, url) {
    var height = height || 50;
    var color = color || 'red';
    var url = url || 'http:// baidu.com';
    ...
}
```

但在 ES 6 中，可以直接把默认值放在函数声明里：

```javascript
// 新的 JavaScript 定义方式
var link = function(height = 50, color = 'red', url = 'http://baidu.com ') {
    ...
}
```

2.3.2　模板文本

在其他语言中，在字符串中输出变量的常用方式是使用模板和插入值。因此在 ES 5

中，开发者可以这样组合一个字符串：

```
// ES6 之前只能使用组合字符串的方式
var name = 'Your name is ' + first + ' ' + last + '.';
var url = 'http://localhost:3000/api/messages/' + id;
```

在 ES 6 中，可以使用新的语法$ {NAME}并将其放在反引号里：

```
// 支持模板文本
var name = `Your name is ${first} ${last}. `;
var url = `http://localhost:3000/api/messages/${id}`;
```

2.3.3　多行字符串

ES 6 的多行字符串是一个非常实用的功能。在 ES 5 中使用以下方法来表示多行字符串：

```
// 多行字符串
var roadPoem = '江南好，风景旧曾谙。'
    + '日出江花红胜火，'
    + '春来江水绿如蓝。'
    + '能不忆江南？'
    + '忆江南·江南好';
```

在 ES 6 中，使用反引号就可以解决了：

```
// 支持多行文本的字符串
var roadPoem = `江南好，风景旧曾谙。
    日出江花红胜火，
    春来江水绿如蓝。
    能不忆江南？
    忆江南·江南好`;
```

2.3.4　解构赋值

解构可能是一个比较难以掌握的概念。我们先从一个简单的赋值讲起，例如，house 和 mouse 是 key，同时 house 和 mouse 也是一个变量，在 ES 5 中是这样的：

```
var data = $('body').data();        // data 拥有两个属性 house 和 mouse
house = data.house;
mouse = data.mouse;
```

在 Node.js 中使用 ES 5 是这样的：

```
var jsonMiddleware = require('body-parser').jsonMiddleware ;
var body = req.body;                // body 有两个属性 username 和 password
username = body.username;
password = body.password;
```

在 ES 6 中，可以使用以下语句来代替上面的 ES 5 代码：

```
var { house, mouse} = $('body').data();
var {jsonMiddleware} = require('body-parser');
```

```
var {username, password} = req.body;
```

这同样也适用于数组，是非常称赞的用法：

```
var [col1, col2] = $('.column'),
[line1, line2, line3, , line5] = file.split('n');
```

2.3.5 增强的对象文本

ES 6 添加了一系列功能来增强对象文本，如以简化的形式对对象属性进行初始化，可以简化方法的声明，可以更加简便地获取对象的多个属性值等。

以下代码声明了一个 ES 5 对象 es5_obj：

```
var name = 'lucy', age = 18, gender='女', occupation='医生';
var es5_obj = {
  name: name,                              //姓名
  age: age,                                //年龄
  sex: gender,                             //性别
  job: occupation,                         //职业
  getInfo: function(){
    return '我的名字是：' + name + '，年龄是：' + age
  }
}
console.log(es5_obj.sex, es5_obj.job)      //访问属性
console.log(es5_obj.getInfo())
```

es5_obj 对象有个特点，其属性名 name、age 和它们所对应的属性值是一样的（name:name，age:age），在 ES 6 中可以简化属性名和属性值一样时的书写形式，即简写为(name，age)；在 ES 5 中，方法必须加上 function 声明，但在 ES 6 中可以省略；在 ES 5 中访问对象的属性只能通过 obj.xxx 或者 obj[xxx]的方式进行读取，但在 ES 6 中可通过解构赋值直接将属性读取出来，含变量的字符串也可以使用模板字符串进行简化。将上述 es5_obj 对象改为使用 ES 6 的形式，则简化为如下代码：

```
var es6_obj = {
  name,
  age,
  sex: gender,
  job: occupation,
  getInfo(){
    return `我的名字是：${name}，年龄是：${age}`
  }
}
console.log(es6_obj.getInfo())
var { sex, job } = es6_obj;
console.log(sex,job)                       //解构后访问属性
```

可以看出，使用 ES 的增强对象文本可以使代码更加简洁。对于旧版本的对象来说，ES 6 的对象文本是一个很大的进步。

2.3.6　箭头函数

CoffeeScript 因为有丰富的箭头函数，所以很受开发者的喜爱。ES 6 也有丰富的箭头函数。例如，以前我们使用闭包，this 总是意外地产生改变，而箭头函数的好处在于，this 可以按照你的预期来使用，虽身处箭头函数里面，但 this 还是原来的 this。

有了箭头函数，我们就不必用 that = this 或 self = this、_this = this、.bind(this)那么麻烦了。例如，下面的代码用 ES 5 就不是很优雅：

```
var _this = this;
$('.btn').click(function(event){
  _this.sendData();
})
```

在 ES 6 中则不需要用 this = this：

```
$('.btn').click((event) =>{
  this.sendData();
})
```

但这并不是完全否定之前的方案，ES 6 委员会决定，以前的 function 的传递方式也是一个很好的方案，所以仍然保留了以前的功能。

下面的例子通过 call 给 logUpperCase()函数传递文本，在 ES 5 中：

```
var logUpperCase = function() {
  var _this = this;

  this.string = this.string.toUpperCase();
  return function () {
    return console.log(_this.string);
  }
}

logUpperCase.call({ string: 'ES 6 rocks' })();
```

而在 ES 6 中并不需要用_this 浪费时间：

```
var logUpperCase = function() {
  this.string = this.string.toUpperCase();
  return () => console.log(this.string);
}
logUpperCase.call({ string: 'ES 6 rocks' })();
```

注意：在 ES 6 中，"=>" 可以混合和匹配老的函数一起使用。当在一行代码中使用了箭头函数后，它就变成了一个表达式，其将暗中返回单个语句的结果。如果结果超过一行，则需要明确使用 return。

在箭头函数中，对于单个参数，括号()是可省略的，但是，当参数超过一个时就需要括号()了。

在 ES 5 代码中有明确的返回功能：

```
var ids = ['5632953c4e345e145fdf2df8', '563295464e345e145fdf2df9'];
var messages = ids.map(function (value, index, list) {
  return 'ID of ' + index + ' element is ' + value + ' ';
});
```

在 ES 6 中，参数必须要包含在括号里并且是隐式地返回：

```
var ids = ['5632953c4e345e145fdf2df8','563295464e345e145fdf2df9'];
var messages = ids.map((value, index, list) => `ID of ${index} element
is ${value} `);                               // 隐式返回
```

2.3.7　Promise 实现

Promise 是一个有争议的功能，有人说我们不需要 Promise，只使用异步、生成器和回调等功能就够了，但是许多人尝试在写多个嵌套的回调函数时，在超过三层之后基本上会产生"回调地狱"。令人高兴的是，在 ES 6 中有标准的 Promise 实现。

下面是一个调用 setTimeout()函数实现异步延迟加载的例子：

```
setTimeout(function(){
  console.log('Yay!');
}, 1000);
```

在 ES 6 中可以用 Promise 重写上述延迟加载函数 setTimeout，虽然不能减少大量的代码，甚至会多写数行代码，但是逻辑更清晰了：

```
var wait1000 = new Promise((resolve, reject)=> {
  setTimeout(resolve, 1000);
}).then(()=> {
  console.log('Yay!');
});
```

2.3.8　构造块级作用域

在 ES 6 里，let 并不是一个"花哨"的特性。let 是一种新的变量声明方式，允许我们把变量作用域控制在块级里，用大括号来定义代码块。在 ES 5 中，块级作用域起不了任何作用：

```
function calculateTotalAmount (vip) {
//只能使用 var 方式定义变量
 var amount = 0;
  if (vip) {
    //在此定义会覆盖
    var amount = 1;
  }
  {
    //在此定义会覆盖
    var amount = 100;
  {
    //在此定义会覆盖
    var amount = 1000;
```

```
        }
    }
    return amount;
}
//输出内容
console.log(calculateTotalAmount(true));
```

以上代码的运行结果将会返回 1000，这是一个 Bug。在 ES 6 中，用 let 限制块级作用域，var 限制函数作用域。

```
function calculateTotalAmount (vip) {
    // 使用 var 方式定义变量
var amount = 0;
    if (vip) {
        // 使用 let 定义的局部变量
        let amount = 1;                              //第 1 个 let
    }
    {
        let amount = 100;                            //第 2 个 let
        {
            let amount = 1000;                       //第 3 个 let
        }
    }
    return amount;
}

console.log(calculateTotalAmount(true));
```

程序运行结果是 0，因为块作用域中有了 let，如果(amount=1)，那么这个表达式将返回 1。本例只是为了演示，常量较多，它们互不影响，因为它们属于不同的块级作用域。

2.3.9　类

如果读者了解面向对象编程（OOP），则会对类这个特性比较熟悉，写一个类和继承将变得非常容易。

在以前的 JavaScript 版本中，对于类的创建和使用是令人非常头疼的一件事。不同于直接使用 class 命名一个类的方式（在 JavaScript 中，class 关键字被保留下来，但是没有任何作用），因为 ES 5 本身是没有类这个概念的，但为了结合编程思想的面向对象思想，只能利用 ES 5 中的构造函数创建类似于类的对象，但是由于没有官方的类功能，加上大量继承模型的出现（pseudo classical、classical、functional 等），造成了 JavaScript 类的使用困难和不规范。

用 ES 5 写一个类有很多种方法，这里就先不说了。下面来看看如何用 ES 6 写一个类。在 ES 6 中新增了 class，用于创建类。我们创建一个类 baseModel，并且在这个类中定义一个 constructor()和一个 getName()方法：

```
class baseModel {
    constructor(options, data) { // class constructor, Node.js 5.6暂时不支持
```

```
options = {}, data = []这样传参
  this.name = 'Base';
  this.url = 'http://baidu.com/api';
  this.data = data;
  this.options = options;
}

getName() {                                    //类的方法
  console.log(`Class name: ${this.name}`);
}
}
```

🔔注意：这里 options 和 data 使用了默认的参数值，方法名也不需要加 function 关键字，而且冒号 ":" 也不需要了；另一个与以前版本的最大的区别就是不需要分配属性 this。现在设置一个属性值，只需要在构造函数中进行分配即可。

2.3.10　模块

众所周知，在 ES 6 以前的版本中 JavaScript 并不支持本地模块，于是人们想出了 AMD、RequireJS、CommonJS 及其他解决方法。现在 ES 6 可以支持模块了，因此可以使用模块化方法 import 和 export 对文件进行导入和导出操作了。

在 ES 5 中，可以在<script>中直接写运行的代码（简称 IIFE）或一些库，如 AMD。而在 ES 6 中，可以用 export 导入类。下面举个例子，在 ES 5 中，module.js 有 port 变量和 getAccounts()方法：

```
module.exports = {
  port: 3000,
  getAccounts: function() {
    ...
  }
}
```

在 ES 5 中，main.js 需要依赖 require('module')导入 module.js：

```
var service = require('module.js');
console.log(service.port);                    // 3000
```

在 ES 6 中，用 export and import 进行一个模块的引入和抛出即可。例如，以下是用 ES 6 写的 module.js 文件库：

```
export var port = 3000;
export function getAccounts(url) {
  ...
}
```

用 ES 6 将上述的 module.js 导入文件 main.js 中就非常简单了，只需要使用 import {name} from 'my-module'语法即可。例如：

```
import {port, getAccounts} from 'module';
console.log(port);                            // 3000
```

也可以在 main.js 中导入整个模块并命名为 service：

```
import * as service from 'module';
console.log(service.port);                      // 3000
```

2.4　使用 Babel 进行 ES 6 的转化

大多数浏览器对 JavaScript 的支持并不是最新的版本，为了向下兼容，需要将 ES 6 以上的代码进行转换。Babel 是一个广泛使用的转码器，可以将 ES 6 代码转化为 ES 5 代码，从而在现有浏览器环境下执行。这意味着我们可以现在就用 ES 6 编写程序，而不用担心现有环境是否支持。下面是一个例子。

```
//转码前
input.map(item => item + 1);

//转码后
input.map(function (item) {
  return item + 1;
});
```

上面的原始代码用了箭头函数，这个特性还没有得到广泛支持，通过 Babel 将其转化为普通函数就能在现有的 JavaScript 环境下执行了。

本节主要介绍 Babel，首先需要使用 NPM 包管理工具安装 Babel。

2.4.1　安装 Babel

首先需要确保在本机上已安装了 NPM，然后在 cmd 中输入如下命令：

```
npm install -g babel-cli
```

安装步骤的具体命令如图 2-21 所示。

使用如下命令可以验证是否安装成功，结果如图 2-22 所示。

```
babel -v
```

图 2-21　安装 Babel

图 2-22　安装成功

🔔注意：此处使用了 -g 参数进行全局安装。

2.4.2　使用 Babel

Babel 的配置文件是.babelrc，使用 Babel 的第一步就是配置这个文件，该文件用来设置转码规则和插件，基本格式如下：

```
{
    "presets": [
      "es2015",
    ],
    "plugins": []
}
```

将该文件放置在自己项目的根目录下。

📰说明：此处使用的是 ES 2015 作为转码规则，而 ES 2015 其实就是 ES 6。

如果要使用某类转码器，则需要在系统或项目程序中安装相应的包。例如此处用到的是 ES 2015，则需要使用如下命令安装需要的包。

```
npm install --save-dev babel-preset-es2015
```

安装效果如图 2-23 所示。

🔔注意：Babel 默认只转换新的 JavaScript 句法（syntax），而不转换新的 API，如 Iterator、Generator、Set、Maps、Proxy、Reflect、Symbol 和 Promise 等全局对象，以及一些定义在全局对象上的方法（如 Object.assign）都不会被转码。

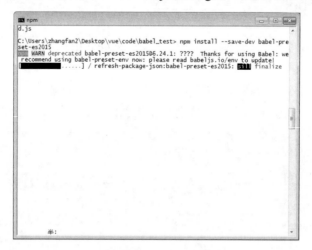

图 2-23　安装解码包

如果使用 React 转码规则，则需要安装 React 转码包，安装命令如下：

```
# React 转码规则
$ npm install --save-dev babel-preset-react
```

如果使用 ES 7 中的代码，需要在 ES 7 不同阶段的语法提案的转码规则（共有 4 个阶段）中选择一个：

```
$ npm install --save-dev babel-preset-stage-0
$ npm install --save-dev babel-preset-stage-1
$ npm install --save-dev babel-preset-stage-2
$ npm install --save-dev babel-preset-stage-3
```

【示例 2-1】建立一个以 ES 6 为基础的代码，通过 Babel 命令行工具，将其更新为符合 ES 5 版本可以正确运行的代码。

（1）新建项目目录 babel_test，并在该目录下建立 3 个相关的文件，分别是配置文件.babelrc、ES 6 标准的 index.js 以及目标输出的符合 ES 5 的文件 compiled.js，项目结构如图 2-24 所示。

名称	修改日期	类型	大小
node_modules	2022/1/16 11:56	文件夹	
.babelrc	2022/1/16 11:51	BABELRC 文件	1 KB
compiled.js	2022/1/16 11:50	JScript Script 文件	1 KB
index.js	2022/1/16 11:50	JScript Script 文件	1 KB
package.json	2022/1/16 11:56	JSON File	1 KB
package-lock.json	2022/1/16 11:56	JSON File	26 KB

图 2-24　项目结构

注意：项目中的 node_modules 和 package-lock.json 文件是使用 npm install 自动建立的，无须开发者手动建立。如果用户在有些系统中无法建立以 "." 为开头的文件名，请使用代码编辑器建立。

（2）编辑 index.js 里的内容，其内容需要符合 ES 6 标准，最好还有显著的特征，使用如下代码：

```
// 定义相关的变量
let ids = ['id1','id2'];
let messages = ids.map((value, index, list) => `ID of ${index} element is
${value} `);                                // 隐式返回
```

这里使用了 4 种不同的 ES 6 代码，分别是定义关键字 let、循环方法内部的返回值、箭头函数 "=>" 及新的拼接字符串。

（3）配置相关的转换配置文件.babelrc，使用如下配置代码。如果未安装 ES 2015，请参照前面的安装命令进行安装。

```
{
    "presets": [
      "es2015",
    ],
    "plugins": []
}
```

注意：如果没有在项目中安装 ES 2015，系统会报错 Couldn't find preset "es2015"。

（4）使用相关的命令进行转码，这里使用了如下代码，表示将转化结果输出至一个文件中。

```
babel index.js --out-file compiled.js
```

转化过程如图 2-25 所示，如果在转换的过程中没有任何错误提示，当命令提示行自动结束后会跳转到新行，此时表示转换成功。

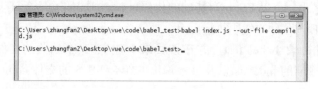

图 2-25　转换过程

当然，Babel 命令不一定需要将转化的代码放在文件中，转码结果同样支持在屏幕上输出。

```
babel index.js
```

（5）当转化完毕后，打开 compiled.js 文件，可以看到转化后的代码，已经没有了 ES 6 的相关特性：

```
var ids = ['id1', 'id2'];
// 定义相关的变量
var messages = ids.map(function (value, index, list) {
  return 'ID of ' + index + ' element is ' + value + ' ';
}); // 隐式返回
```

2.5　精简压缩生产环境的 Webpack

网页功能越来越复杂，JavaScript 代码也变得越来越复杂，随着各种框架的使用，依赖的包也越来越多，如果要让浏览器都能识别这些复杂的内容，就需要一些烦琐的操作，而 Webpack 就是将这些烦琐操作简单化。

2.5.1　Webpack 简介

Webpack 是一个开源的前端打包工具。当 Webpack 处理应用程序时，它会构建一个依赖关系图，其中包括应用程序所需要的各个模块，然后将所有这些模块打包成一个或多个模组。Webpack 可以通过终端或更改 Webpack.config.js 文件来设定各项功能。

使用 Webpack 前需要先安装 Node.js。Webpack 的一个特性是使用载入器将资源转化成模组，开发者可以自定义载入器的顺序、格式来适应需求。

简单来说，一款模块加载器兼打包工具能把各种资源，如 JavaScript（含 JSX）、Coffee、样式（含 Less 和 Sass）和图片等作为模块来使用，可以直接使用 require(XXX)的形式来引入各模块，即使它们可能需要经过编译（比如 JSX 和 Sass），但开发者无须在这上面花费太多心思，因为 Webpack 有各种功能健全的加载器（loader）在默默处理这些事情，这一点后续会提到。

Webpack 的优点如下：

- Webpack 是以 CommonJS 的形式来书写脚本，对 AMD 和 CMD 的支持也很全面，方便旧项目进行代码迁移。
- 能被模块化的不只是 JavaScript，其他的静态资源同样也可以进行模块化。
- 开发便捷，能替代部分 Grunt 和 Gulp 的工作，如打包、压缩混淆和图片转 Base64 等。
- 扩展性强，插件机制完善，特别是支持 React 热插拔（react-hot-loader）的功能让人眼前一亮。

Webpack 的完整工作流程如图 2-26 所示。

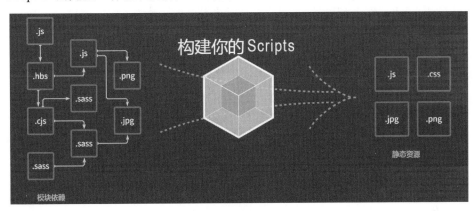

图 2-26　Webpack 的工作流程

2.5.2　配置一个完整项目的 Webpack

【示例 2-2】新建项目文件夹 webpack_test，这里需要 4 个相关的文件，分别是作为 JavaScript 的入口文件 app.js，存放需要调用方法的 bar.js 文件，引入、导出生成的 JavaScript 文件 index.html，以及用于 Webpack 打包文件配置的 webpack.config.js 文件。

在开始之前，请确保已安装 Node.js 的最新版本。使用 Node.js 最新的长期支持版本（Long Term Support，LTS）是理想的起步，使用旧版本可能会遇到各种问题，如缺少 Webpack 功能，或者缺少相关 package 包。

（1）在本地安装 Webpack，本书使用的 Webpack 版本为 Webpack 3.6.0。

要安装最新版本或特定版本，请运行以下命令之一。如果是初学者，建议使用第 2 条命令安装和笔者相同的版本，方便学习。

```
npm install --save-dev webpack
npm install --save-dev webpack@<version>
```

🔔**注意**：对于大多数项目，Webpack 官方建议本地安装，这样可以使开发者在引入破坏式
变更（Breaking Change）的依赖时，更容易分别升级项目。

通常，当运行一个或多个 npm scripts 时，会在本地 node_modules 目录中查找安装的
Webpack：

```
"scripts": {
    "start": "webpack --config webpack.config.js"
}
```

🔔**注意**：使用 NPM 安装时也可以采用全局安装方式，以使 Webpack 在全局环境下可用。
但是不推荐全局安装 Webpack，因为这样会将项目中的 Webpack 锁定为指定的
版本，并且在使用不同的 Webpack 版本的项目中会导致项目构建失败。

安装结果如图 2-27 所示。

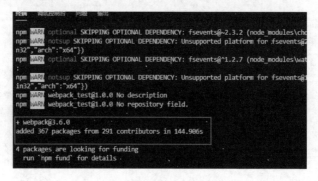

图 2-27　安装 Webpack

（2）在项目中新建文件夹 app，用于存储 JavaScript 代码，新建 public 文件夹，用于
存储 index.html 文件。

（3）编写 app 文件夹中的两个 JavaScript 文件，为了测试 JavaScript 的 import 导入文
件方式，这里需要编写两个 JavaScript 文件，分别是 app.js 和 bar.js。

首先编写 bar.js 文件，目的是在页面上弹出一个提示框，代码如下：

```
export default function bar() {
  //弹出提示
  alert("This is Bar's Function")
}
```

然后在 app.js 文件中引入上述 JavaScript 文件，代码如下：

```
import bar from './bar';
bar();
```

（4）在 public 文件夹下新建一个 index.html 文件，用于引入 Webpack 生成的 bundle.js
文件（后期生成，非自己创建），代码如下：

```
<html>
  <head>
    ...
  </head>
  <body>
  <!-- 这里会调用 bar 中的方法, 目的是弹出提示框-->
    <script src="./bundle.js"></script> </body>
</html>
```

（5）编辑 Webpack 的配置文件即 webpack.config.js 文件，代码如下：

```
module.exports = {
  entry: './app.js',
  output: {
    filename: 'bundle.js'
  }
}
```

上述代码的含义是，以当前文件夹下的 app.js 作为入口的 JavaScript，输出的文件为
'bundle.js'.

（6）Webpack 自动安装完毕并且写好相应的代码后，文件结构如图 2-28 所示。如果
配置和安装没有问题，即可以使用 Webpack 命令进行打包输出，以下命令用于运行
Webpack 进行打包操作。

```
webpack
```

注意：如果选择全局安装方式，则可以直接使用 webpack 命令作为打包构建工具；如果选
　　　择非全局的安装方式，则需要在 package.json 文件中增加一个构建脚本，然后使用
　　　npm 命令进行构建。例如 2.5.3 小节中的 Webpack 4 示例，即是非全局安装方式。

名称	修改日期	类型	大小
node_modules	2022/1/16 12:08	文件夹	
app.js	2022/1/16 12:02	JScript Script 文件	1 KB
bar.js	2022/1/16 12:01	JScript Script 文件	1 KB
index.html	2022/1/16 12:04	Chrome HTML D...	1 KB
package.json	2022/1/16 12:08	JSON File	1 KB
package-lock.json	2022/1/16 12:08	JSON File	128 KB
webpack.config.js	2022/1/16 12:09	JScript Script 文件	1 KB

图 2-28　安装完成后的文件结构

运行成功的效果如图 2-29 所示。

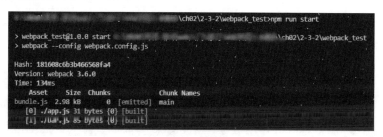

图 2-29　webpack 命令

同时，使用 webpack 命令之后，在文件目录下也会出现一个名为 bundle.js 的文件，打开此文件，可以看到其封装代码如下：

```
/******/ (function(modules) { // webpackBootstrap
/******/     // 导入函数
/******/     var installedModules = {};
/******/
/******/     // 导入函数
/******/     function __webpack_require__(moduleId) {
/******/
…//省略部分代码
"use strict";
/* harmony export (immutable) */ __webpack_exports__["a"] = bar;
function bar() {
  //弹出提示
  alert("This is Bar's Function")
}

/***/ })
/******/ ]);
```

打开 public 文件夹下的 index.html 文件进行测试，显示效果如图 2-30 所示，可以看到，已正确弹出提示框。

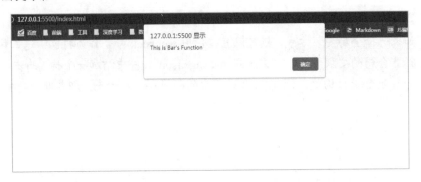

图 2-30　正确的页面

2.5.3　不得不说的新版 Webpack 4

虽然本书使用的是 Webpack 3.6 版本作为打包工具，但是 Vue.js 开发者使用 vue-cli 时无须自行配置 Webpack。不得不提的是 Webpack 迎来了一次重大的更新，那就是 Webpack 4。

Webpack 4 其发布版本代码为 Legato，并且 Webpack 项目组决定，在发布每一个大版本时都会设定一个新的版本代号，而此代号 Legato 意味着毫无间隙地"连续演奏每个节奏"，这点和 Webpack 本身的作用很像，Webpack 将前端资源（JavaScript、CSS 等）无间隙地打包在一起。

为什么不得不提 Webpack 4 这个版本呢？主要是因为 Webpack 4 的性能得到了极大的提升，并且在社区的测试中，Webpack 4 的效率构建时间比原来减少了 60%～98%，如图 2-31 所示。在实际项目使用中可能达不到这样的效果，但是也可以极大地提高 Webpack 构建的效率。

除了性能方面的提升，Webpack 4 最大的改变是在配置设计上实现了 Mode 配置，开发团队为 Webpack 新增了一个 Mode 配置项。Mode 有两个值：development 或 production，默认值是 production。另外，entry、output 这些配置项也都有默认值了，在没有特别需要时开发者无须每次都要进行配置。这意味着开发者的配置工作将会变得非常简单甚至不需要自行配置。

下面就让我们一起来体验一下新版本的 Webpack 吧。

（1）新建一个文件夹用于体验 Webpack 4，使用 npm init –y 命令初始化该 JavaScript 工程，npm init –y 命令会在文件夹中初始化一个 JavaScript 工程，显示效果如图 2-32 所示。

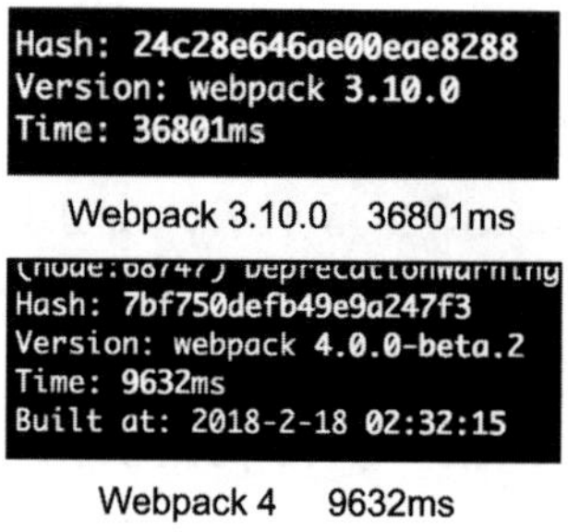

```
Hash: 24c28e646ae00eae8288
Version: webpack 3.10.0
Time: 36801ms
```

Webpack 3.10.0　36801ms

```
(node:68747) DeprecationWarning
Hash: 7bf750defb49e9a247f3
Version: webpack 4.0.0-beta.2
Time: 9632ms
Built at: 2018-2-18 02:32:15
```

Webpack 4　9632ms

图 2-31　性能差距

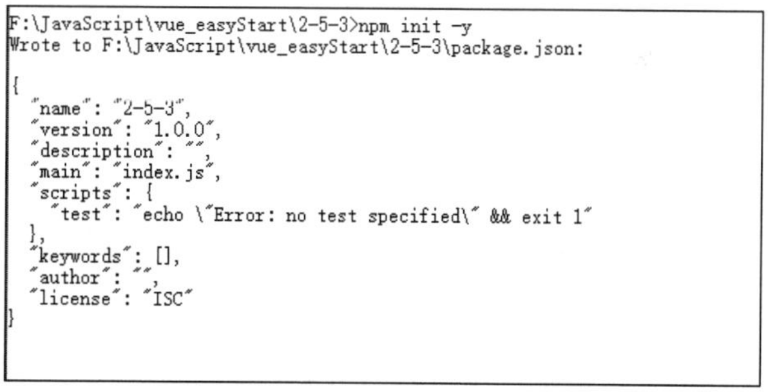

```
F:\JavaScript\vue_easyStart\2-5-3>npm init -y
Wrote to F:\JavaScript\vue_easyStart\2-5-3\package.json:

{
  "name": "2-5-3",
  "version": "1.0.0",
  "description": "",
  "main": "index.js",
  "scripts": {
    "test": "echo \"Error: no test specified\" && exit 1"
  },
  "keywords": [],
  "author": "",
  "license": "ISC"
}
```

图 2-32　初始化 JavaScript 工程

（2）运行以下 NPM 命令安装 Webpack：

```
npm install --save webpack
```

等待 Webpack 安装成功后，node_modules 会自动安装相关的依赖包，并且在 package.json 中会自动增加 Webpack 的最新版本（当前版本为 4.2.0）。

（3）除了 Webpack 包，还需要安装一个 webpack-cli 包，它是一个命令行工具，这也是 Webpack 4 与 Webpack 3 的不同之处，在 Webpack 3 中，Webpack 本身和它的 CLI 都是在同一个包中，但在 Webpack 4 中已经将二者分开，以达到更好地管理 Webpack 包的目的。

需要使用以下命令来安装 webpack-cli：

```
npm install -save webpack-cli
```

安装完成后，需要在 package.json 中添加一个构建脚本。

（4）打开 package.json，修改 Script 代码并新增一个 bulid 命令，完整的代码如下：

```
{
  "name": "2-5-3",
  "version": "1.0.0",
```

```
    "description": "",
    "main": "index.js",
    "scripts": {
      "bulid":"webpack"
    },
    "keywords": [],
    "author": "",
    "license": "ISC",
    "dependencies": {
      "webpack": "^4.2.0",
      "webpack-cli": "^2.0.13"
    }
}
```

（5）还记得在前面使用 Webpack 3 时，需要新建一个 webpack.config.js 才可以使用的 Webpack 命令吗？

在 Webpack 4 中，不再需要定义入口点，它会将./src/index.js 作为默认值。也就是说，只需要在其目录下创建一个./src/index.js 即可以成功运行 Webpack 打包命令。

可以尝试在当前项目目录下进行测试。在当前项目目录下新建一个 src 文件夹，在其中新建一个 index.js 文件并增加如下代码：

```
console.log("HelloWorld");
```

然后在 cmd 中运行 npm run build 命令，可以成功运行时如图 2-33 所示。成功运行后会在当前目录下建立 dist 文件夹并且会生成一个 main.js 文件。这就是 Webpack 4 的强大之处，即不需要开发者自己配置就可以完成对一个 Web 项目的打包和构建工作。不仅如此，Webpack 4 还为开发者提供了不同的构建模式，用来完成原本由 Webpack 3 用户分离的开发和运行等不同情况的构建任务。

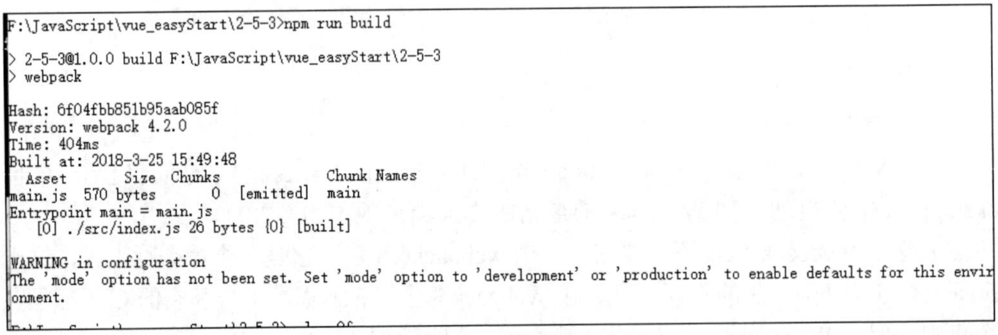

```
F:\JavaScript\vue_easyStart\2-5-3>npm run build

> 2-5-3@1.0.0 build F:\JavaScript\vue_easyStart\2-5-3
> webpack

Hash: 6f04fbb851b95aab085f
Version: webpack 4.2.0
Time: 404ms
Built at: 2018-3-25 15:49:48
  Asset      Size  Chunks             Chunk Names
main.js  570 bytes       0  [emitted]  main
Entrypoint main = main.js
   [0] ./src/index.js 26 bytes {0} [built]

WARNING in configuration
The 'mode' option has not been set. Set 'mode' option to 'development' or 'production' to enable defaults for this envir
onment.
```

图 2-33　运行成功

（6）同样也可以尝试运行 Webpack 4 提供的两种模式，一种是用于加速开发、减少构建时间而不考虑生成的代码大小的开发模式，另一种是完全用于生产环境的生产模式。

可以在 package.json 文件中的 script 字段新增两个命令：

```
    "dev":"webpack --mode development",
    "production":"webpack --mode production"
```

然后在 cmd 命令行分别使用以下命令进行打包和构建工作。

```
npm run dev
npm run production
```

当用户使用 dev 模式后，会打包出包含注释和格式等未压缩状态的代码，如图 2-34 所示，大小为 3KB。而当用户运行 production 模式后，会打包出最小的压缩生产环境代码，大小为 1KB，如图 2-35 所示。

```
/******/ (function(modules) { // webpackBootstrap
/******/     // The module cache
/******/     var installedModules = {};
/******/
/******/     // The require function
/******/     function __webpack_require__(moduleId) {
/******/
/******/         // Check if module is in cache
/******/         if(installedModules[moduleId]) {
/******/             return installedModules[moduleId].exports;
/******/         }
/******/         // Create a new module (and put it into the cache)
/******/         var module = installedModules[moduleId] = {
/******/             i: moduleId,
/******/             l: false,
/******/             exports: {}
/******/         };
/******/
/******/         // Execute the module function
/******/         modules[moduleId].call(module.exports, module, module.exports, __webpack_require__);
/******/
/******/         // Flag the module as loaded
/******/         module.l = true;
/******/
/******/         // Return the exports of the module
/******/         return module.exports;
/******/     }
```

图 2-34　未压缩状态

```
!function(e){var n={};function r(t){if(n[t])return n[t].exports;var o
=n[t]={i:t,l:!1,exports:{}};return e[t].call(o.exports,o,o.exports,r
),o.l=!0,o.exports}r.m=e,r.c=n,r.d=function(e,n,t){r.o(e,n)||Object.
defineProperty(e,n,{configurable:!1,enumerable:!0,get:t})},r.r=
function(e){Object.defineProperty(e,"__esModule",{value:!0})},r.n=
function(e){var n=e&&e.__esModule?function(){return e.default}:
function(){return e};return r.d(n,"a",n),n},r.o=function(e,n){return
Object.prototype.hasOwnProperty.call(e,n)},r.p="",r(r.s=0)}([function
(e,n){console.log("HelloWorld")}]);
```

图 2-35　压缩状态

因此，当用户使用 Webpack 4 时，完全不需要任何一个配置文件，就可以完成一个项目的构建工作。

注意：正是因为 Webpack 4 的新功能，可能各框架对 CLI 工具的支持并不理想，所以本书依旧使用 vue-cli 默认的 Webpack 3 作为打包和构建工具。但是 Webpack 开发组为每个使用 Webpack 的框架进行了相应的优化和兼容，使这些框架可以支持 Webpack 4。例如，AngularCLI 团队已经在最近发布的大版本中直接使用了 Webpack 4，相信了几天后 vue-cli 也会更新为 Webpack 4。

2.6　小结与练习

2.6.1　小结

本章主要介绍了一些简单的 ES 6 及 JavaScript 的包管理方面的知识，为后面的学习和开发打好基础。通过本章的学习，可以让读者了解前端技术的发展过程。

读者可能会觉得本章内容有些突兀，因为单纯介绍 Vue.js，并不需要讲这么多开发工具或技术。但技术都是相通的，笔者希望读者通过本书的学习可以形成一种学习理念，而不是单一地去学习和深究某一项技术。

当然，术业有专攻，希望读者可以在扩充广度的同时一定要对某一项技术进行深究和探索，这样才能成为真正的业内"大牛"。

2.6.2　练习

1. 请自行安装 NPM 及 Node.js 等软件。
2. 请熟练使用 NPM 的相关命令。
3. 请自行尝试和练习 Webpack 和 Babel 的命令，了解 ES 6 及其他的 JavaScript 版本。

第 3 章　从一个电影网站项目学习 Vue.js

对于学习新技术的初学者来说，"填鸭"式的教学手法是不可取的。因此本书使用一个贯穿全书的实战案例，来实现 Vue.js 技术的学习。这种结合实例的学习方式，可以避免"小白"读者在阅读大量的知识点后对实际项目仍然无从下手的困境。以一个实际项目为基础展开对新技术的学习，对于初学者或者有经验的开发者来说都是最佳的学习方法。

本章通过一个完整的电影介绍和电影资源发布网站项目，带领读者从零开始学习 Vue.js，在讲解过程中不会局限于对技术知识的介绍，更会培养读者的发散性思维和产品组建能力。

3.1　快速构建第一个 Vue.js 程序

使用 CLI 工具之前需要用户对 Node.js 和相关工具有一定的了解。如果读者是一个"小白"，强烈建议先通读 Vue.js 官网上提供的指南说明，熟悉之后再研究 CLI。

CLI 是创建一个快速而规范的 Vue.js 项目的重要工具。为了让读者能够快速学会使用 CLI 工具，下面直接使用 CLI 进行项目的创建。

3.1.1　通过 CLI 构建应用

【示例 3-1】使用 CLI 官方命令行工具进行应用创建，只需要一个命令即可。下面从一个空项目开始，编写一个网站前端使用的 Vue.js 项目。

（1）使用以下命令进行项目的创建，通过 CLI 工具初始化一个以 Webpack 为模板，项目名称为 movie_view 的项目。

```
vue create movie_view
```

此时要求用户输入并配置相关的选项。例如，需要用户选择 Vue 版本，本项目选择 Vue 3.0 版本，输入每一项后按 Enter 键等待命令行工具建立完毕，效果如图 3-1 所示。

（2）在 VS Code 中可以看到生成的项目结构，如图 3-2 所示。此项目是一个未经 NPM 安

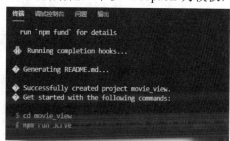

图 3-1　初始化项目

装的项目，因此需要通过 cd 命令进入该项目的根目录。通过 vue create project_name 命令使用 vue-cli 脚手架初始化项目时，控制台会提供一些在 Vue.js 项目中常用的第三方插件或库供开发者选择，因此无须再使用 npm install 命令安装这些第三方插件了。如果开发者在初始化项目时未安装第三方插件或库，可以使用 npm install 命令单独安装。

（3）使用 npm run serve 命令运行项目，浏览器显示效果如图 3-3 所示。

图 3-2　项目结构

图 3-3　项目运行效果

注意：本例使用的是 VS Code 编辑器，如果读者使用的是 WebStorm 编辑器，运行效果可能和 WebStorm 有关。如果读者使用的是 WebStorm 的老版本，可能会出现死机或无响应的状态，请升级相关软件或将 node_modules 设为忽略选项，即可避免文件过多的无响应状态。具体设置方法如图 3-4 和图 3-5 所示。

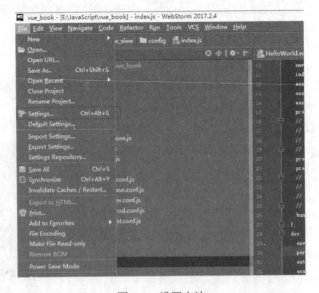

图 3-4　设置方法

（4）在图 3-4 中选择 Settings 命令，打开 WebStorm 设置页面。

（5）在 Ignore files and folders 文本框中输入 node_modules 文件夹下的文件名，单击 Apply 按钮，再单击 OK 按钮，即可忽略该文件夹。

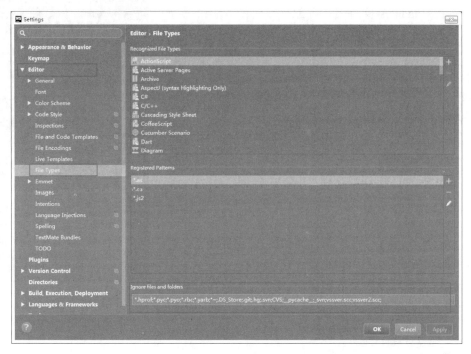

图 3-5　设置忽略选项

（6）在 VS Code 中如果要设置忽略 node_modules 文件夹，可以添加一个.gitignore 文件，在该文件中将 node_modules 添加进去即可，如图 3-6 所示。

3.1.2　输出 Hello World！

从本小节开始我们就进入编程之旅了。还是从最经典、最简单的输出 Hello World 示例程序开始。

【示例 3-2】创建一个 Hello World Vue.js 项目。

（1）通过脚手架使用 vue create 命令初始化项目，依旧与 3.1.1 小节一样，先通过命令初始化项目文件，输入 npm run serve 命令打开测试页面，文件列表如图 3-7 所示。

图 3-6　增加.gitignore 文件

下面对每个文件夹及文件进行简单的说明。

- public 文件夹：存放本地服务的一些 Logo 图标等文件夹。
- babel.config.js 文件：有关 bable 的配置文件。
- node_modules 文件夹：存放项目所依赖的第三方包和插件，该文件夹在不同的系统中是不同的，一般打包或者通过版本控制时会将其忽略。
- src 文件夹：存放开发者编写的代码。

（2）开始编写代码。先看一下 src 文件夹中的文件结构，其中有 4 个文件夹。

- assets 文件夹：主要用于存放静态页面中的图片或其他静态资源。
- components 文件夹：存放编写组件的代码，目前在该文件夹中是自动生成的 HelloWorld.vue 文件。
- router 文件夹：存放项目的路由。
- views 文件夹：放路由所对应的路由页面。

在 src 文件夹中还有两个文件，一个是作为入口页面的 App.vue 文件，另一个是 main.js 文件。App.vue 文件的代码如下：

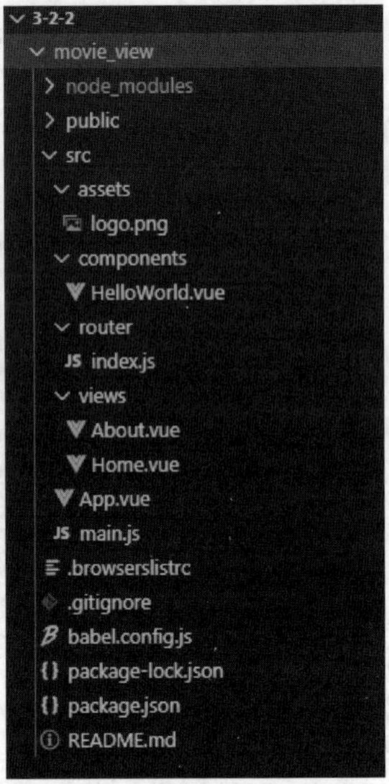

图 3-7　文件列表

```
<template>
<!-- 定义显示的节点 -->
  <div id="nav">
    <router-link to="/">Home</router-link> |
    <router-link to="/about">About</router-link>
  </div>
  <router-view/>
</template>

<!-- 样式规定 -->
<style>
#app {
  font-family: Avenir, Helvetica, Arial, sans-serif;
  -webkit-font-smoothing: antialiased;
  -moz-osx-font-smoothing: grayscale;
  text-align: center;
  color: #2c3e50;
}

#nav {
  padding: 30px;
}

#nav a {
  font-weight: bold;
```

```
    color: #2c3e50;
  }

  #nav a.router-link-exact-active {
    color: #42b983;
  }
  </style>
```

这里使用了一对<template> </template>标签，以及一个<router-view>占位标签，为后续路由页面的渲染留出位置。使用<router-link>标签中的 to 属性指明跳转的路由，默认是"/"路由，跳转到 Home 路由页面。

（3）接着看一下路由文件，也就是位于 router 文件夹下的 index.js 文件，其代码如下：

```
//引入相关的代码包
import { createRouter, createWebHashHistory } from 'vue-router'
import Home from '../views/Home.vue'

// 定义路由
const routes = [
  {
    path: '/',
    name: 'Home',
    component: Home
  },
  {
    path: '/about',
    name: 'About',
    // route level code-splitting
    // this generates a separate chunk (about.[hash].js) for this route
    // which is lazy-loaded when the route is visited.
    component: () => import(/* webpackChunkName: "about" */ '../views/
About.vue')
  }
]

// 创建路由实例
const router = createRouter({
  history: createWebHashHistory(),
  routes
})

// 导出路由
export default router
```

上述代码引入了 Vue.js 和 vue-router，通过 export 方式定义了路由路径。这里不用在意具体的配置内容，后续章节会对 vue-router 进行更加详细的讲解，读者只需要熟悉根路径的写法即可。

Home 路由页面 Home.vue 的代码如下：

```
<template>
  <div class="home">
    <img alt="Vue logo" src="../assets/logo.png">
    <HelloWorld msg="Welcome to Your Vue.js App"/>
  </div>
</template>

<script>
// @ is an alias to /src
import HelloWorld from '@/components/HelloWorld.vue'

export default {
  name: 'Home',
  components: {
    HelloWorld
  }
}
</script>
```

其中引入了一个 logo.png 图片，位于 assets 静态文件目录下，在 Logo 的下方引入了一个 HelloWorld 子组件。

（4）添加其他路由路径。可以按照根路由路径（'/'）的写法写'/newhello'路由路径，添加后的 index.js 文件代码如下：

```
//引入相关的代码包
import { createRouter, createWebHashHistory } from 'vue-router'
import Home from '../views/Home.vue'
import NewHello from '../views/NewHello.vue'

// 定义路由
const routes = [
  {
    path: '/',
    name: 'Home',
    component: Home
  },
  {
    path: '/newhello,
    name: 'NewHello',
    component: NewHello
  }
]

// 创建路由实例
const router = createRouter({
  history: createWebHashHistory(),
  routes
})

// 导出路由
export default router
```

注意：定义新的路由后，如果使用了插件，则要使用 import 方式引入使用过的组件。

（5）在 views 文件夹下建立一个名为 NewHello.vue 的新组件，作为 router 文件夹中引入的文件，在此文件中编写代码如下：

```
<template>
  <div class="new-hello">
    <h1>{{ msg }}</h1>
  </div>
</template>

<script>

import { ref } from 'vue'
export default {
  name: 'NewHello',
  setup () {
    let msg = ref('Hello World');
    return {
      msg,
    }
  }
}
</script>
```

这里首先引入 ref 方法，然后定义 msg 变量并绑定 msg 的值为 Hello World，即在 ref 方法中传入 Hello World 字符串，最后在<script>和</script>标签之间使用 return 返回定义好的 msg 变量，这样在<template>和</template>中就可以通过双花括号{{}}访问变量 msg 的值了。

修改 Home.vue 的文件代码如下：

```
<template>
  <div class="home"></div>
</template>

<script>

export default {
  name: 'Home',
}
</script>
```

（6）使用如下命令运行代码：

```
npm run serve
```

此时网页会自动打开 http://localhost:8080/#/并显示原来的 HelloWorld.vue 组件中的内容。在地址栏中输入新的页面地址 http://localhost:8080/#/NewHello 进入编写的 NewHello 页面，显示效果如图 3-8 所示。

图 3-8　显示效果

3.1.3　开发环境与生产环境

3.1.2 小节的最终代码是在 vue-cli 自动生成的项目代码基础上完成的，可以打开位于项目下方的 package.json 文件，该文件表示一个 json 对象，该 json 对象的 dependencies 属性和 devDependencies 属性对应的值就是自动安装的所有包名和版本，如"core-js"："3.6.5"这行代码表示该项目依赖 3.6.5 版本的 core-js 包。package.json 的完整代码如下：

```json
{
  "name": "movie_view",
  "version": "0.1.0",
  "private": true,
  "scripts": {
    "serve": "vue-cli-service serve",
    "build": "vue-cli-service build"
  },
  "dependencies": {
    "core-js": "^3.6.5",
    "vue": "^3.0.0",
    "vue-router": "^4.0.0-0"
  },
  "devDependencies": {
    "@vue/cli-plugin-babel": "~4.5.0",
    "@vue/cli-plugin-router": "~4.5.0",
    "@vue/cli-service": "~4.5.0",
    "@vue/compiler-sfc": "^3.0.0"
  }
}
```

可以看到，package.json 是一个 JSON 类型的数据文件，首先是 Vue.js 的一些配置项和版本号及作者信息等，然后是主要的依赖项，也就是 Vue.js 的引入包，devDependencies 即为开发时使用的其他 JavaScript 包。

在 devDependencies 部分可以看到引用了第 2 章中用于转换 ES 6 的 Babel 等一系列的包，同时也引用了 Webpack 等构件压缩生产环境所用到的相关包。也就是说，在使用 vue-cli 自动构建生成的项目中，直接使用 Webpack 等作为打包构建工具。

还记得怎样启动测试项目吗？使用了如下命令：

```
npm run serve
```

这个命令是什么呢？意思就是使用 npm 命令启动一个已经在项目中定义的脚本代码，名为 serve。这个命令的详细内容可以在 package.json 的 script 中找到。

同样，package.json 中也存放着其他脚本代码，包括 serve 和 build 等作为命令行操作的别名。其中，别名为 serve 的命令的详细内容如下：

```
vue-cli-service serve
```

还可以尝试在命令提示符（cmd）或终端中直接使用上述命令运行项目，成功运行后的显示效果如图 3-9 所示。

可以看见，其运行效果和使用 npm run serve 命令的运行效果一致。

使用 npm run serve 命令运行项目时启动了开发模式，同时启动了一个本地的测试服务器，因此程序会默认打开 http://localhost:8080/#/，方便开发者调试。

图 3-9　成功运行的效果

同样，如果使用命令 npm run build 启动项目时，即启动了生产模式，相当于调用了 vue-cli-service build，其运行效果如图 3-10 所示。同时会在项目文件夹下新生成一个 dist 文件夹，其中包括一个 index.html 文件及一个静态资源文件夹，如图 3-11 所示。

图 3-10　打包完成　　　　　　　　　　图 3-11　dist 文件夹

如果要使用一个简单的 Server 服务器进行测试，可以选择 Apache 或者 Nginx 等，只需要是支持 HTML 和 JavaScript 等静态资源的服务器即可，这里不再赘述。这里使用了 PHP 自带的测试服务器，使用如下命令启动该服务器：

```
php -S 127.0.0.1:999
```

在浏览器中输入 http://127.0.0.1:999/#/，打开页面，显示效果和测试服务器的效果一致，如图 3-12 所示。

同时，命令提示行也会显示此时的访问资源内容，如图 3-13 所示。

图 3-12　运行效果

```
E:\JavaScript\vue_book\3-2-2\movie_view\dist>php -S 127.0.0.1:999
PHP 5.6.30 Development Server started at Thu Oct 12 18:51:56 2017
Listening on http://127.0.0.1:999
Document root is E:\JavaScript\vue_book\3-2-2\movie_view\dist
Press Ctrl-C to quit.
[Thu Oct 12 18:52:13 2017] 127.0.0.1:50725 [200]: /
[Thu Oct 12 18:52:13 2017] 127.0.0.1:50726 [200]: /static/css/app.4987feae8247fa5a9969a769af285fe9.css
[Thu Oct 12 18:52:13 2017] 127.0.0.1:50729 [200]: /static/js/manifest.f54f92e5d04512c199d5.js
[Thu Oct 12 18:52:13 2017] 127.0.0.1:50730 [200]: /static/js/vendor.5151a8f7bf844b1ade3c.js
[Thu Oct 12 18:52:13 2017] 127.0.0.1:50731 [200]: /static/js/app.60f8c82f152d540d4878.js
[Thu Oct 12 18:52:13 2017] 127.0.0.1:50732 [404]: /favicon.ico - No such file or directory
```

图 3-13　访问记录

3.2　电影网站的设计

为了使读者熟练使用 Vue.js 进行项目的开发和设计，本书构建了一个完整项目网站，包含前端和后端的所有逻辑和基本的代码，以及对于网站的逻辑设计和部署，使读者在学习技术的同时，还能掌握一些基本的产品设计思路，提高自身的逻辑设计能力。本节将介绍电影网站的页面、功能及路由的设计。

3.2.1　电影网站的功能设计

网站（Website）是指在互联网上根据一定的规则，使用 HTML（标准通用标记语言）等工具制作的用于展示特定内容的相关网页集合。简单地说，网站是一种沟通工具，人们可以通过网站发布想要公开的资讯，或者利用网站提供相关的网络服务，还可以通过网页浏览器访问网站，获取需要的资讯或者享受网络服务。

电影网站项目的主要功能有电影下载和添加、视频播放、链接图片和文字说明等功能，在此基础上还可以加入评论、点赞及控制评论等功能。

下面简单列举一下电影网站的功能设计。

主要功能包括：

- 显示电影的下载地址；
- 电影添加、修改和删除等后台管理；
- 网站的前端预览。

用户端的功能包括：

- 用户注册功能；
- 用户登录功能；
- 用户资料显示功能；
- 用户对每个资源的评论功能；
- 用户对资源的点赞功能；
- 用户对资源的下载功能；
- 用户的基本权限控制功能；
- 用户的密码找回功能；
- 用户针对 Bug 或者需求向管理员发送站内信的功能。

服务器端的功能包括：

- 后台对用户的审核功能；
- 后台对用户评论的删除功能；
- 后台对用户的管理（封停、重置密码等）功能；
- 后台对用户的权限控制功能。

其他功能包括：

- 主页推荐及排行榜更新功能；
- 主页的文章推荐功能；
- 后台对主页的推荐及大图的编辑功能；
- 后台对主页的文章查看功能。

3.2.2　电影网站的路由设计

对于一个网站，其路由设计是非常重要的一部分，这决定访问的 URL 地址和相应的参数传递方式等。一个合理而常见的路由可以给用户带来更好的用户体验，同时也更加方便网站管理员管理和使用。

电影网站项目的具体的路由设计会在后面具体介绍，这里需要规定一些常见的路由模式。

电影网站系统分为两部分，一部分是用于用户体验的前端用户系统，另一部分是用于后台管理的管理员系统，在这两种不同的状态下，所有的用户使用界面的路由命名方式如下：

`http://url.com/访问的路由具体名称`

而针对管理的页面路由命令方式如下：

`http://url.com/admin/访问的路由具体名称`

3.2.3　电影网站的页面设计

首先需要设计一个网站的主页，主页是一个网站的门户，通过简明扼要的主页内容可以快速地吸引用户。网站的主页结构和原型设计如图 3-14 所示。

单击"电影"链接后会跳转到电影列表页面，如图 3-15 所示。用户信息页面如图 3-16 所示。

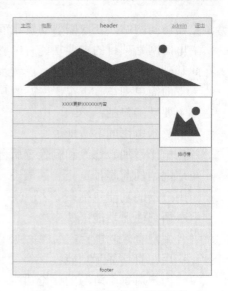

图 3-14　主页结构和原型设计

图 3-15　电影列表页面

图 3-16　用户信息页面

3.3　电影网站的技术选择

开发一个网站，选择哪种开发技术，非常重要，因为这直接决定一个网站的可用性、稳定性和开发难度等。因此需要考虑实际情况，对成本及开发系统进行多元化分析后选择最适合的技术。

3.3.1　数据库

数据库（Database）是按照数据结构组织、存储和管理数据的仓库。可视为存储电子文件的处所，用户可以对文件中的数据进行新增、截取、更新和删除等操作。在日常工作中，常常需要把某些相关的数据放入这种"仓库"，并根据需要进行相应的处理。例如，人事部门需要把本单位职工的基本情况（如职工号、姓名、年龄、性别、籍贯、工资和简历等）存放在表中，这张表就可以看作一个数据库。有了这个"数据仓库"，可以根据需要随时查询职工的基本情况，也可以查询在某个工资范围内的职工人数等。如果这些工作都能在计算机上自动进行，则可以极大地提高办公效率。此外，在财务管理、仓库管理和生产管理中也需要建立这种"数据库"，使其可以利用计算机实现财务、仓库和生产的自动化管理。

对于一个电影网站，数据库的重要性是不言而喻的，所有的电影数据和用户资料都应该存储在一个稳定的数据库中，并且这个数据库要保证较高的稳定性和可用性。

一个真正需要实现高并发和稳定性的数据库并不是本书关注的重点，为了保证数据不会出错，服务器端的数据库不准备采用 MySQL 等传统数据库，而是采用比较流行的 MongoDB。

MongoDB 是一个介于关系数据库和非关系数据库之间的产品，是非关系数据库中功能最丰富、最像关系数据库的产品。它支持的数据结构非常松散，是类似 JSON 的 BSON 格式，因此可以存储比较复杂的数据类型。MongoDB 最大的特点是它支持的查询语言功能非常强大，其语法类似于面向对象的查询语言，几乎可以实现关系数据库单表查询的绝大部分功能，而且还支持对数据建立索引。

MongoDB 服务端可运行在 Linux、Windows 和 macOS X 平台，支持 32 位和 64 位应用，默认端口为 27017。推荐运行在 64 位平台，因为 MongoDB 在 32 位模式下运行时支持的最大文件尺寸为 2GB。

3.3.2　服务器端

服务器端从广义上讲是指在网络中能对其他机器提供某些服务的计算机系统（如果一个 PC 对客户端提供 FTP 服务，那么它也可以叫作服务器）。

🔔注意：本书所讲的服务器端开发是指服务器硬件+软件的开发，而非指硬件开发。

一般而言，服务器端最好的状态是给用户提供 7×24 小时不间断的服务，即保持一个稳定运行的功能。如果服务器端出现问题，如服务器服务停止或者长时间的延迟，则影响都是巨大的。

服务器端的开发经过了将近二十年的发展，而客户端的开发才刚刚兴起。2009 年

iPhone 3GS 推出之后，国内才有人开始做 iOS App 的开发，而 Android 开发的兴起也基本在同一时期，因此客户端的开发才经历了十年左右的时间而已。而服务器端的开发呢？仅 Spring 就出现了十多年了。

服务器端技术发展的时间较长，基本上每种业务需求都已经有现成的框架和方法了。因此对服务器端开发的学习，其实就是学习各种开源组件的用法，并且熟悉这些组件的一些性能特点和"坑"。

本书并不想使用新的后端开发语言和框架，对于读者而言，学习一门新语言和技术的成本是非常大的，而 JavaScript 是功能非常强大的一门语言，因此本书的服务端开发也将由 JavaScript 完成，并且会使用非常流行的 Node.js 框架 Express。

Node.js 采用一系列"非阻塞"库来支持事件循环的方式，本质上就是为文件系统、数据库之类的资源提供接口。当向文件系统发送一个请求时，无须等待硬盘（寻址并检索文件），硬盘准备好的时候非阻塞接口会通知 Node.js。这种方式极大简化了对慢资源的访问，直观、易懂并且可扩展，尤其是对于熟悉 onmouseover、onclick 等 DOM 事件的用户，更有一种似曾相识的感觉。

Express 是一个简洁而灵活的 Node.js Web 应用框架，提供了一系列强大的功能来帮助开发人员创建各种 Web 应用。Express 没有对 Node.js 已有的特性进行二次抽象，而是在它之上扩展了 Web 应用所需的功能。它提供了丰富的 HTTP 工具，来自 Connect 框架的中间件可以随取随用，可以快速创建强健、友好的 API。

3.4　小结与练习

3.4.1　小结

本章带领读者了解了一个网站开发的准备工作，并且熟悉了 CLI 工具的基本使用方法。本章虽然内容不多，但是涉及的知识非常广而复杂。

为了方便读者能够顺利解决自己遇到的问题，笔者给大家提供了几个开发者经常光顾的网站。

- GitHub：网址是 https://github.com，它除了具有 Git 代码仓库托管及基本的 Web 界面管理功能外，还提供了订阅、讨论组、文本渲染、在线文件编辑器、协作图谱（报表）和代码片段分享（Gist）等功能。
- Stack Overflow：网址是 https://stackoverflow.com/，它是一个与程序相关的 IT 技术问答网站。用户可以在该网站上提交问题、浏览问题或索引相关的内容，该网站在创建主页的时候使用的是简单的 HTML，不涉及推广功能等，因此在问题页面不会弹出任何推广信息和 JavaScript 窗口。

3.4.2　练习

1. 请在自己的计算机上安装 NPM 运行的 vue-cli 工具，并创建属于自己的第一个工程。

2. 通过第 1 题中建立的工程，完成自己的 Hello World 程序。

第 4 章　电影网站数据库的搭建

数据库是按照数据结构来组织、存储和管理数据的仓库，它产生于六十多年前。随着信息技术的发展，20 世纪 90 年代以后，数据管理不再是存储和管理数据，而是转变成用户需要的各种数据管理方式。数据库有很多种类型，从最简单的存储各种数据的表格，到能够进行海量数据存储的大型数据库系统，都在各个领域得到了广泛应用。

本章不仅介绍数据库技术，还将使用 MongoDB 创建电影网站所需要的数据库，让读者对如何存储网页上的数据有一个简单的认识。

4.1　什么是数据库

在信息化社会，充分、有效地管理和利用各类信息资源，是进行科学研究和决策管理的前提条件。数据库技术是管理信息系统、办公自动化系统、决策支持系统等各类信息系统的核心部分，是进行科学研究和决策管理的重要技术手段。

严格来说，数据库是长期储存在计算机内，有组织、可共享的数据集合。这种数据集合的特点是：尽可能不重复；以最优方式为某个特定组织的多种应用服务；数据结构独立于使用它的应用程序；对数据的增、删、改、查由软件进行统一管理和控制。从发展的历史看，数据库是数据管理的高级阶段，它是由文件管理系统发展起来的。

4.1.1　什么是 SQL

SQL（Structured Query Language，结构化查询语言）是一种有特殊目的的编程语言，也是一种数据库查询和程序设计语言，用于存取数据以及查询、更新和管理关系型数据库系统；同时它也是数据库脚本文件的扩展名。

结构化查询语言是高级的非过程化编程语言，允许用户在高层数据结构上工作。它不要求用户指定对数据的存放方法，也不需要用户了解具体的数据存放方式，所以具有完全不同于底层结构的不同数据库系统，可以使用相同的结构化查询语言作为数据输入与管理的接口。结构化查询语言的语句可以嵌套，这使它具有极大的灵活性和强大的功能。

1986 年 10 月，美国国家标准协会对 SQL 进行规范后，以此作为关系型数据库管理系统的标准语言（ANSI X3. 135-1986），1987 年在国际标准组织的支持下其成为国际标准。

各种通行的数据库系统在其实践过程中都对 SQL 规范做了某些编改和扩充，因此，实际上不同数据库系统之间的 SQL 不能完全相互通用。

结构化查询语言 SQL 是最重要的关系型数据库操作语言，并且它的影响已经超出数据库领域，得到其他领域的重视和采用，如人工智能领域的数据检索，在第四代软件开发工具中嵌入 SQL 语言等。

关系型数据库是建立在关系型数据库模型基础上的数据库，借助集合代数等概念和方法来处理数据库中的数据，同时它也是一组拥有正式描述性的表格。这些表格中的数据能以许多不同的方式被存取或重新召集，而不需要重新组织数据库表格。每个表格（有时称为一个关系）包含用列表示的一个或多个数据种类；每行包含一个唯一的数据实体，这些数据是被列定义的种类。

当创建一个关系型数据库的时候，我们可以定义数列的取值范围和可能应用于哪个数据值的约束。而 SQL 语言是标准用户和应用程序访问关系数据库的接口，其优势是容易扩充，数据库创建之后，可以直接在数据库中添加一个新的数据种类，无须修改软件的其他部分。主流的关系数据库有 Oracle、DB2、SQL Server、Sybase、MySQL 等。

简单来说，一个 SQL 类型的数据库对于使用者是便于理解的，通过数据元与数据元之间的关系可以整理出整套系统的数据处理逻辑，并且可以对数据进行人为精简，从而达到最优解或者较优解。

例如一个学生和一个学校的关系，如果需要存储相关的 SQL 数据库文件，首先需要对学生和学校的关系进行建模。

一个学生对应一个学校，但是一个学校不只有一个学生，那么对于这段关系而言，学生和学校的关系是 n 对 1 的。同时，学生和学校是不可分割的一个主体，学生有属于自己的姓名、性别和年龄等属性，而学校也有自己的学校名、地址、等级和邮政编码等属性。

根据上述划分，可以绘制一个简单的 UML 图，如图 4-1 所示。

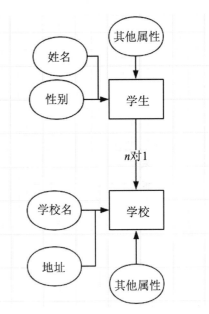

图 4-1　学校与学生的关系

4.1.2　什么是 NoSQL

NoSQL（Not Only SQL）泛指非关系型数据库。随着 Web 2.0 的兴起，传统的关系型数据库在应对 Web 2.0 网站特别是超大规模和高并发的 SNS 类型的 Web 2.0 纯动态网站时显得力不从心，暴露了很多难以克服的问题。而非关系型数据库由于其本身的特点得到了非常迅速的发展。NoSQL 数据库的产生就是为了解决大规模数据集合多重数据种类带来的问题，尤其是大数据应用难题。

常见的 NoSQL 数据库类型有 4 种，下面分别介绍。

1．键值存储数据库

键值（key-value）存储数据库主要会使用一个哈希表，这个表中有一个特定的键和一个指针指向特定的数据。key-value 模型相对于 IT 系统的优势在于简单和易得比较低下了。该类型的数据库有 Tokyo Cabinet、Tokyo Tyrant、Redis、Voldemort 和 Oracle BDB。

2．列存储数据库

列存储数据库通常是用来应对分布式存储的海量数据。键仍然存在，但是它们的特点是指向了多个列，这些列是由列家族来安排。该类型的数据库有 Cassandra、HBase 和 Riak。

3．文档型数据库

文档型数据库的灵感来自 Lotus Notes 办公软件，而且它同第一种键值存储类似。该类型的数据模型是版本化的文档，半结构化的文档以特定的格式存储，如 JSON。文档型数据库可以看作键值数据库的升级版，允许内部嵌套键值，而且文档型数据库比键值数据库的查询效率更高，如 CouchDB 和 MongoDb。国内也有文档型数据库如 SequoiaDB，并且已经开源。

4．图形数据库

图形（Graph）数据库同其他行列及刚性结构的 SQL 数据库不同，它使用灵活的图形模型，并且能够扩展到多个服务器上。NoSQL 数据库没有标准的查询语言（SQL），因此进行数据库查询需要制定数据模型。许多 NoSQL 数据库都有 REST 式的数据接口或者查询 API。图形类型的数据库有 Neo4J、InfoGrid 和 Infinite Graph。

综上所述，NoSQL 数据库适用于以下几种情况：

- 数据模型比较简单；
- 需要灵活性更强的 IT 系统；
- 对数据库性能要求较高；
- 不需要高度的数据一致性；
- 对于给定 key，比较容易映射复杂值的环境。

4.1.3 SQL 和 NoSQL 数据库的优缺点对比

下面通过几个方面来对比 SQL 和 NoSQL 数据库的优缺点。

（1）对于复杂的查询：SQL 数据库非常擅长，而 NoSQL 数据库则不擅长，因为 NoSQL 数据库并没有执行复杂查询的标准接口。相对于 SQL 数据库的强大查询能力，NoSQL 数据库的查询能力就显得有点捉襟见肘。

（2）对于所能存储的数据类型：SQL 数据库并不适合分层次的数据存储，而 NoSQL 数据库则可以很好地存储分层次的数据，因为它是以键值对的形式存储数据，类似于 JSON 数据。NoSQL 数据库更适用于大数据，如 Hbase 就是一个很好的例子。

（3）对于基于大量事务的应用程序：SQL 数据库非常适合，因为它更加稳定并且可以保证数据的原子性和一致性，而 NoSQL 数据库对事务的处理能力有限。

（4）在文档支持方面：所有 SQL 数据库的厂家对其数据库产品都有很好的支持，并且有许多专家可以帮我们部署大型的 SQL 数据库扩展。而 NoSQL 数据库现在仅有社区的支持，并且可以帮助你部署大型 NoSQL 数据库扩展的专家也很有限。

（5）在属性方面：SQL 数据库遵循 ACID（即原子性、一致性、隔离性和持久性）属性，而 NoSQL 数据库遵循的是 CAP 定理（即一致性、可用性和分区容忍性）。

（6）对于数据库的分类：SQL 数据库基于商业渠道可分为开源或闭源产品；NoSQL 数据库基于存储数据的基本方式可分为图形数据库、key-value 存储数据库、文档型数据库、列存储数据库和 XML 数据库等。

这里选择两种不同类型的数据库进行性能对比。SQL 关系型数据库以常用的 MySQL 为例，NoSQL 数据库选用 MongoDB，主要对比当数据库中存放的记录越来越多时，对插入效率的影响。具体的测试结果如图 4-2 所示，单位为 s，横坐标是查询的规模，分为 1 万条、5 万条、10 万条、20 万条和 50 万条这 5 个等级。

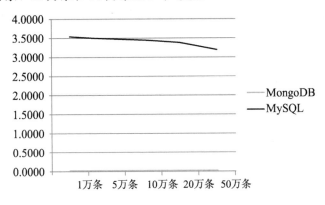

图 4-2　插入测试

如果 MySQL 数据库没有经过查询优化的话，其查询速度将远远慢于 MongoDB。原因是 MongoDB 可以充分利用系统的内存资源，内存越大，MongoDB 的查询速度就越快。而读取硬盘的 MySQL 数据库，其硬盘与内存的 I/O 效率不是一个量级的。对使用环境而言，MongoDB 数据库并不一定就优于 MySQL 数据库，二者都有不同的具体应用环境，其甚至可以在一个项目中互补使用。

虽然不用考虑数据关系和格式的 NoSQL 系列数据库非常方便开发者使用，但是对运维人员却提出了相当高的要求。业界并没有成熟的 MongoDB 数据库运维经验，MongoDB 数据库的数据存放格式也很随意，这些都是对运维人员的考验。

4.2　MongoDB 基础

本节将介绍 MongoDB 数据库，通过 MongoDB 数据库来分析整个系统的数据逻辑，让读者了解项目的整体数据设计和系统设计思路。

4.2.1　为什么选择 MongoDB

MongoDB 是目前应用最广泛的 NoSQL 数据库产品。对开发者来说，如果因为业务需求或者项目处于初始阶段而使数据的具体格式无法明确定义的话，MongoDB 的优势就相当明显了。相比传统的关系型数据库，MongoDB 数据库非常容易被扩展，这也为写代码带来了极大的方便。

以下是 MongoDB 的优点。

- 速度快：这一点毋庸置疑，作为 NoSQL 数据库中的一种，MongoDB 数据库使用大量内存和系统资源作为优化，远远超过使用硬盘的传统 SQL 数据库。
- 扩展性好：可以水平扩展。
- 易管理：可自动分片，对于开发者而言省去了对于大量数据的存储问题，不需要使用者手动操作。
- 动态结构：可以灵活地修改数据结构，而不需要修改已有的数据，也没有必要建立已经既有的数据格式。
- 支持基本的查询及动态查询。
- 支持完全索引，包含内部对象。
- 支持复制和故障恢复。
- 使用高效的二进制数据存储，包括大型对象（如视频等）。
- 文件存储格式为 BSON（一种 JSON 格式的扩展）。

4.2.2　安装 MongoDB

MongoDB 作为一个数据库产品，其使用文档和教程已经相当完善，为了使更多的开发者能够接触并使用 MongoDB，MongoDB 官方开发了一系列的插件及方便的安装包。

（1）打开 MongoDB 官方网页，地址为 https://www.mongodb.com/，页面显示如图 4-3 所示。

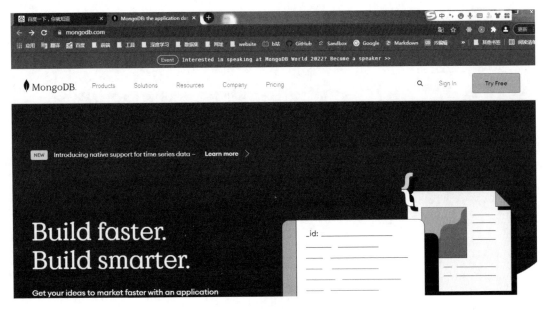

图 4-3　MongoDB 官网

（2）选择上方的 Resources|Launch and Manage MongoDB 选项，会自动跳转到新的页面，然后选择 MongoDB Manual，进入 MongoDB 官方的下载页面。首先选择版本，根据计算机系统选择合适的版本，这里选择 Version 5.0，然后选择 Install MongodDB Community Edition 下方的 Install on Windows 选项，如图 4-4 所示。

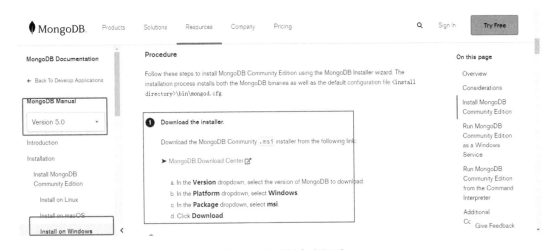

图 4-4　官方版本选择页

（3）单击页面中的 MongoDB Download Center 链接，在跳转后的页面中选择 MongoDB Community Server 社区版选项，然后选择适合自己的版本，单击 Download 按钮会自动下载软件，如图 4-5 所示。

注意：如果以 Windows 系统作为服务器版本，则必须是 Windows 2008 R2 以上版本。

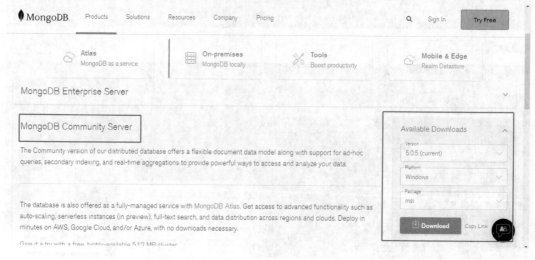

图 4-5　下载页面

（4）下载结束后，找到下载文件的位置，双击打开.msi 文件进行安装，如图 4-6 所示。

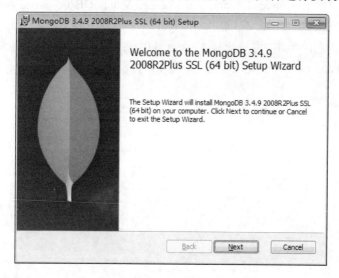

图 4-6　安装界面

注意：这里可能需要使用管理员模式。

（5）单击 Next 按钮，在弹出的对话框中勾选 I accept the terms in the License Agreement 复选框，再次单击 Next 按钮进入下一步。

（6）单击 Next 按钮，弹出如图 4-7 所示的对话框，单击 Complete 按钮，也就是在本机上安装完整的 MongoDB，笔者也推荐这种方式。对于 Custom 方式，需要安装者自己选择安装的包和组件，以及安装的位置和硬盘等选项，此方式适合有经验的用户。

（7）此时将跳转至新页面，单击 Install 按钮进入安装页面，如图 4-8 所示。

等待安装进度条结束，单击 Finish 按钮关闭安装对话框，此时 MongoDB 安装完毕，接下来可以测试一下。

这里选择 MongoDB 的 Complete 安装形式，因此默认的安装路径为 C:\Program Files\MongoDB\Server\3.4。打开此文件夹，可以看到 MongoDB 的相关文件，其中 bin 文件夹下是 MongoDB 的程序文件。

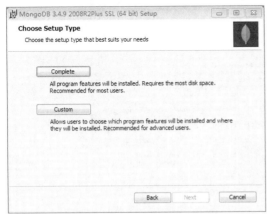
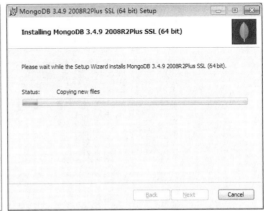

图 4-7　使用者选择　　　　　　　　　　图 4-8　安装过程

4.2.3　启动 MongoDB

下面启动 MongoDB，初始化一个数据库文件。

（1）选定一个存放数据库文件的文件夹，这个由安装者自行设定，文件夹的所在位置和程序没有关系，也不需要放置在 MongoDB 的安装位置下。本书选择的存放位置为 E:\\db\MongoDB。

（2）打开命令行，使用 cd 命令进入目录（MongoDB 的安装地址）C:\Program Files\MongoDB\Server\3.4\bin 下，并且输入如下命令：

```
mongod.exe --dbpath E:\db\MongoDB
```

注意：上述命令的参数其实是数据库的保存地址，可以根据不同设置自行输入。

（3）启动成功，效果如图 4-9 所示。

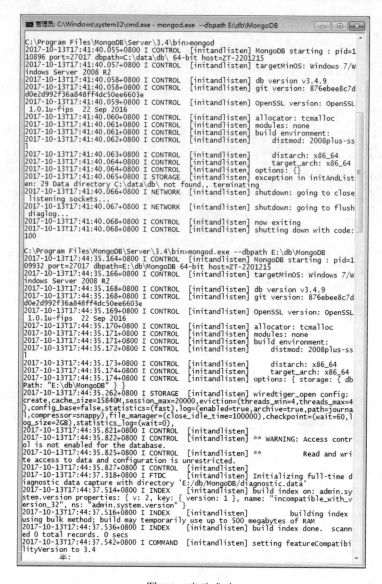

图 4-9　启动成功

　　同时，在数据库文件的存放地址下会自动生成一些相关的配置文件和存储文件，如图 4-10 所示。

　　此时对用户而言每次通过命令行提示符 cd 至软件的安装目录，然后再启动 MongoDB 服务非常烦琐，因此对于 Windows 用户，推荐将 MongoDB 的安装文件夹设置为全局变量。

　　（4）这里以 Windows 7 的设置方法为例，右键单击"我的电脑"图标，在弹出的右键快捷菜单中选择"属性"命令，弹出系统属性窗口，如图 4-11 所示。

名称	修改日期	类型	大小
db	2020/2/11 15:26	文件夹	
diagnostic.data	2021/12/27 21:23	文件夹	
journal	2021/12/27 9:36	文件夹	
_mdb_catalog.wt	2021/12/27 21:23	WT 文件	36 KB
collection-0-703828026879686857.wt	2021/11/27 20:07	WT 文件	20 KB
collection-0-803526507894427162.wt	2021/10/20 21:37	WT 文件	36 KB
collection-0-1213366933500803248.wt	2021/10/20 21:37	WT 文件	36 KB
collection-0--1728567207639394543.wt	2021/10/20 21:37	WT 文件	36 KB
collection-0--2147683409594747703.wt	2021/10/20 21:37	WT 文件	36 KB
collection-0-2901740637751752683.wt	2021/12/27 21:23	WT 文件	36 KB
collection-0--4479358424672832056.wt	2021/10/20 21:37	WT 文件	4 KB
collection-0-5405572269280286916.wt	2021/10/20 21:37	WT 文件	20 KB
collection-0--6134760331563271683.wt	2021/10/20 21:37	WT 文件	20 KB
collection-2-803526507894427162.wt	2021/10/20 21:37	WT 文件	20 KB
collection-2--1728567207639394543.wt	2021/10/20 21:37	WT 文件	20 KB
collection-2--2147683409594747703.wt	2021/10/20 21:37	WT 文件	36 KB
collection-2--2814589421082992853.wt	2021/10/20 21:37	WT 文件	36 KB
collection-2-2901740637751752683.wt	2021/12/27 21:23	WT 文件	148 KB
collection-2-5405572269280286916.wt	2021/10/20 21:37	WT 文件	36 KB
collection-2--8956359521201368389.wt	2021/10/20 21:37	WT 文件	36 KB
collection-4-2901740637751752683.wt	2021/11/27 20:07	WT 文件	36 KB
collection-4--4479358424672832056.wt	2021/10/20 21:37	WT 文件	4 KB

图 4-10　数据库文件

图 4-11　系统属性窗口

（5）选择"高级系统设置"选项，弹出"系统属性"对话框，如图 4-12 所示。

（6）单击"环境变量"按钮，弹出"环境变量"对话框，如图 4-13 所示。

可以在用户变量的 PATH 字段里双击设置，也可以在"系统变量"的 PATH 字段中双击设置。二者的区别是在用户变量中设置的 PATH 字段的全局变量，且可以在该用户的登录状态中生效，而在系统变量中设置的字段则是在整个系统中生效，无论使用者是谁。

图 4-12　"系统属性"对话框

图 4-13　"环境变量"对话框

（7）设置完后单击"编辑"按钮打开"编辑系统变量"对话框，如图 4-14 所示。在"变量值"文本框中输入 MongoDB 安装路径中的 bin 文件夹的路径（此时为默认的 C:\Program Files\MongoDB\Server\3.4\bin;）。

注意：Path 变量的值为一个字符串形式，对于每一个不同的地址，需要使用英文符号";"进行分割。

（8）单击"确定"按钮，确认自己的修改。

设置全局环境变量的意义是，每次无须进入 MongoDB 的安装目录 bin 下，即可以方便地使用 mongod 命令，如图 4-15 所示。

图 4-14　编辑对话框

图 4-15　全局调用

虽然现在直接启动命令提示符之后就可以运行 mongod 命令，但是每次需要指定数据库的--dbpath 参数也是非常麻烦的一件事，那么有什么解决办法呢？其实，对于 Windows 用户，可以简单地将命令写成一个批处理文件（.bat），每次启动的时候双击打开即可以完美地解决这个问题。

（9）新建一个文本文档文件，将其后缀名改为".bat"，并按 Enter 键确认后在编辑器中打开。接着在其中编写以下代码：

```
echo "MongoDB starting.........."
mongod --dbpath E:\db\MongoDB
pause
```

（10）保存成功之后再双击打开，显示效果如图 4-16 所示，代表成功运行脚本并成功启动 MongoDB。

图 4-16　脚本启动 MongoDB

4.2.4　安装 MongoDB 的可视化界面

工欲善其事，必先利其器，我们在使用数据库时，通常需要借助各种工具来提高效率。MongoDB 和 MySQL 数据库一样，其基本操作如查询都需要使用相关的命令，而这对开发者而言非常不方便。尤其是新手开发者，熟悉这些操作命令不亚于新学一门技术，而本书并非一本介绍 MongoDB 数据库的书，因此这里不再赘述命令行的操作，而是直接使用 GUI 工具进行 MongoDB 的操作。

就像在 SQL Server 中的 SQL 查询一样，一个有良好交互界面的 GUI 工具将极大地帮助 MongoDB 新用户，并为那些经常以多种语言查询的人节省了时间，让他们将更多的精力放在代码开发上。

支持 MongoDB 新版本的可视化工具有很多，笔者选用了 Studio 3T 工具。

（1）打开 Studio 3T 官网的下载地址 https://studio3t.com/download，如图 4-17 所示。

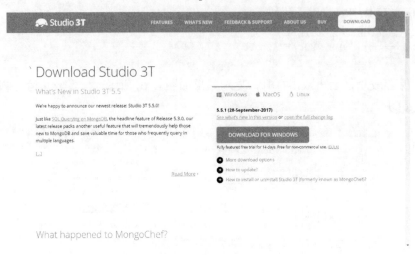

图 4-17　数据库 GUI 主页

（2）单击页面右侧的 DOWNLOAD FOR WINDOWS 按钮，当然，这里首先需要用户选择适合自己系统的版本。

（3）此时将跳转至新的页面，如图 4-18 所示，片刻之后，系统会自动下载。如果系统没有自动下载，请手动单击页面上的 direct link 链接。

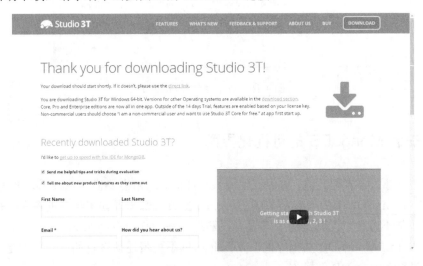

图 4-18　开始下载

（4）软件下载成功后是一个完整的压缩包文件，将其解压到需要的文件夹中获得安装文件。双击安装文件弹出安装对话框，如图 4-19 所示。

（5）单击 Next 按钮，在弹出的对话框中勾选用户须知的同意选项，然后再次单击 Next 按钮进入安装路径选择对话框，如图 4-20 所示。

图 4-19　安装 Studio 3T

图 4-20　选择安装路径

（6）在其中选择需要安装的路径，也可以保持程序默认的路径，单击 Next 按钮进行安装前的确认，然后单击 Install 按钮开始安装。安装完成后的效果如图 4-21 所示，单击 Finish 按钮完成安装。

（7）打开安装的文件夹，可以看到安装的 Studio 3T 文件，如图 4-22 所示，双击选中的文件就可以启动软件，软件启动界面如图 4-23 所示。

图 4-21　安装完成

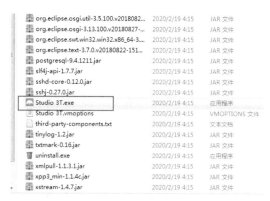

图 4-22　安装目录

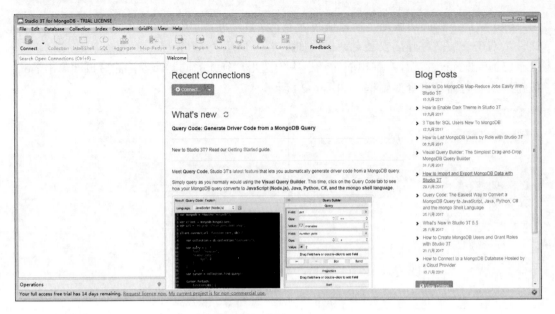

图 4-23 启动 Studio 3T

4.2.5 MongoDB 的基础操作

本小节主要介绍如何使用 MongoDB 和 Studio 3T。

（1）启动 MongoDB，如果启动成功则不能关闭命令行窗口，否则会自动停止相关的服务，如图 4-24 所示。

图 4-24 启动 MongoDB

（2）启动 Studio 3T，单击 Connect 按钮打开新的连接建立的页面，如图 4-25 所示。

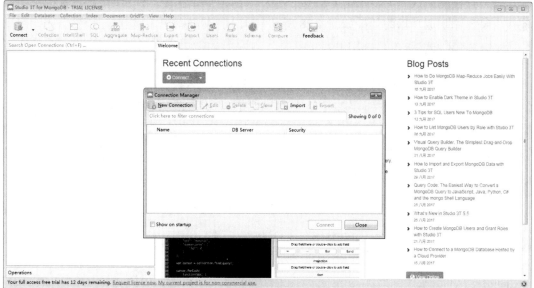

图 4-25　建立新连接

（3）单击 New Connection 按钮，打开新建的连接地址，如图 4-26 所示。

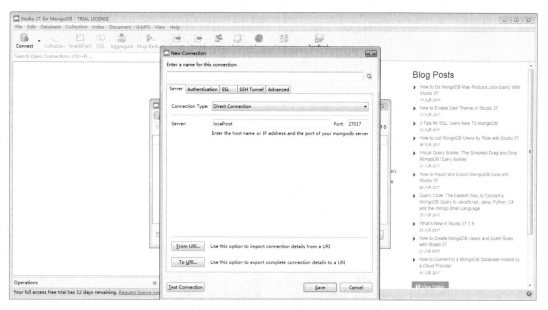

图 4-26　连接地址

（4）因为是在本机进行连接测试，所以内容已经是默认填好的，单击左下方的 Test

Connection 按钮进行连接测试。测试成功的效果如图 4-27 所示。

（5）连接测试成功后，单击 OK 按钮建立新的数据库连接。再次单击 Save 按钮保存连接信息。添加成功后的效果如图 4-28 所示。

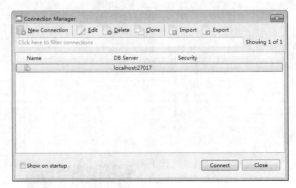

图 4-27　测试成功　　　　　　　　　　图 4-28　新建连接

（6）单击 Connect 按钮连接成功，如图 4-29 所示。

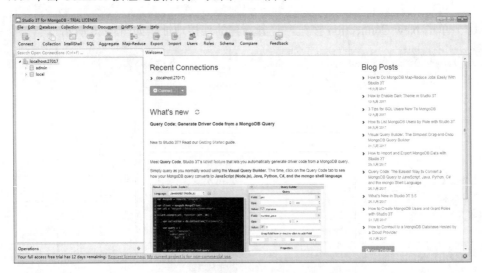

图 4-29　连接成功

4.3　电影网站数据库的建立

数据库对于一个网站而言，相当于网页系统的后台基础，如果没有一个数据库来存储数据，那么这个系统将变得毫无拓展性和可用性。

　　本项目的数据比较简单，无须进行数据库设计，因此可以选择 NoSQL 语言，也可以选择 MySQL 和 Oracle 等数据库，考虑到方便用户理解和系统设计，因此我们使用传统的 MySQL 来设计数据库的结构。

　注意：对于 NoSQL 而言，设计数据库相当于设计集合（Collection）。

4.3.1　数据库的分析与设计

　　根据第 3 章对电影网站的功能设计，现在来分析数据库的设计。

　　首先是对主要功能的设计，将所有的功能以项目内容进行划分，具体如下：

- 电影显示和下载功能；
- 电影添加、修改和删除等后台管理功能；
- 主页推荐及更新排行榜功能；
- 用户对每个资源的评论功能；
- 用户对资源的点赞功能。

这样就需要一个关于电影的数据集合，其基本属性如下：

- 电影名称；
- 电影主页显示的图片；
- 电影预告片；
- 电影下载地址；
- 电影更新时间；
- 电影点赞数；
- 电影下载数；
- 电影主页是否推荐；
- 电影评论人；
- 电影评论名称。

然后对用户数据进行分析，其基本功能如下：

- 用户注册功能；
- 用户登录功能；
- 用户资料显示功能；
- 用户基本权限控制功能；
- 用户密码找回功能；
- 后台对用户的审核功能；
- 后台对用户的评论删除功能；
- 后台对用户的管理（封停，重置密码等）功能；

- 后台对用户的权限控制功能。

这样就需要一个用户数据集合，其属性如下：

- 用户名称；
- 用户密码；
- 用户邮箱；
- 用户手机号；
- 用户是否是后台管理用户；
- 用户权限；
- 用户是否被封停。

然后对网页前端的推荐数据进行分析，其功能如下：

- 网站的前端主题预览；
- 后台对主页的推荐及大图的编辑功能。

这样就需要一个网页前端的推荐数据集合，其属性如下：

- 主页显示大图；
- 主页跳转链接；
- 主页大图标题。

然后对站内信数据进行分析，其功能如下：

- 用户对 Bug 或者需求给管理员发送站内信的功能。

这样就需要一个站内信的数据集合，其属性如下：

- 发送人；
- 标题；
- 内容；
- 接收人；
- 发送时间。

然后对文章数据进行分析，其功能如下：

- 主页的文章功能。

这样就需要一个文章数据集合，其属性如下：

- 文章名称；
- 文章内容；
- 文章时间。

4.3.2　数据集的建立

NoSQL 系列数据库在使用时不需要建立相关的表结构，因为 NoSQL 尤其是 MongoDB 这样的数据库，其本身存储的是 JSON 类型的数据串，也就是说，无论怎样的数据结构，只要符合相关的格式，都可以直接被数据库所接受。

对于一个系统而言，如果数据库格式不明确，可能会出现一些奇怪或者不可预料的错误。对于数据库而言，开发者一般喜欢新建一个数据 Model 来操作相关的数据，而不是直接存储数据库。

为了实现数据 Model 的效果，需要使用 JavaScript 代码来表示一个明确的数据集，然后通过代码验证，测试存储的数据是否合法。

根据 4.3.1 小节对电影网站的所有功能描述，可以建立一个电影数据集，这里以 JavaScript 代码为例：

```
//定义数据集，包含名称和数据类型
var Movie= new Schema({
    movieName    :    String,
    movieImg     : String,
    movieVideo   :String,
    movieDownload:String,
    movieTime:String,
    movieNumSuppose:int,
    movieNumDownload:int,
    movieMainPage:Boolean,
});
```

创建好 Movie 数据集后，可以构造一个个电影（movie 变量），每个 movie 还需要有一个 comment 变量作为电影评论，因此需要建立一个评论数据集 Comment。comment 可以使用 Comment 创建，这里以 JavaScript 代码为例：

```
//定义数据集，包含名称和数据类型
var Comment= new Schema({
    movie_id:String,
    user_id: String,
context: String
check:Boolean
});
```

根据 4.3.1 小节关于用户相关功能的描述，可以建立一个用户数据集：

```
//定义数据集，包含名称和数据类型
var User=new Schema({
    username :String,
    password:String,
    userMail:String,
    userPhone:String,
    userAdmin:Boolean,
    userPower:Int,
    userStop:Boolean
})
```

根据 4.3.1 小节关于电影网站主页的所有功能描述，可以建立一个网站主页数据集：

```
//定义数据集，包含名称和数据类型
var Recommend=new Schema({
    recommendImg:String,
    recommendSrc:String,
```

```
    recommendTitle:String
})
```

根据 4.3.1 小节关于电影网站站内信的功能描述，可以建立一个站内信数据集：

```
//定义数据集,包含名称和数据类型
var Mail=new Schema ({
    mailToUser:String,
    mailFromUser:String,
    mailTitle:String,
    mailContext:String,
    mailSendTime:String
})
```

根据 4.3.1 小节关于电影网站的站内文章的所有功能描述，可以建立一个电影网站文章数据集：

```
//定义数据集, 包含名称和数据类型
var Article=new Schema ({
    articleTitle:String,
    articleContext:String,
    articleTime:String
})
```

注意：上述代码在 JavaScript 中是没有意义的，并非可运行的代码，主要是为了让开发者理解其数据库意义而制造的伪代码，第 5 章会详细介绍 Express 框架和 MongoDB 数据库的具体使用方法。

4.4　小结与练习

4.4.1　小结

本章首先对传统的 SQL 和 NoSQL 两种数据库进行了简单的介绍和对比，然后介绍了 NoSQL 数据库中的 MongoDB，包括 MongoDB 的安装和基本使用，目的是让读者能够理解和掌握数据库。

通过对本章内容的学习，读者可以了解现代数据库的一些基础知识。因为本书并非是专门讲解数据库的书籍，所以对于基础概念和数据理解等内容并没有进行深入讲解，只是从零开始引导读者如何安装和使用数据库。

这里向读者推荐几本经典的数据库书籍。

- 《数据库系统概念》：该书内容丰富，不仅介绍了数据库查询语言、模式设计、数据仓库、数据库应用开发、基于对象的数据库和 XML、数据存储和查询、事务管理、数据挖掘与信息检索及数据库系统体系结构等方面的内容，而且对性能评测标准、性能调整、标准化及空间与地理数据、事务处理监控等高级应用主题也进行了全面讲解。

- 《MongoDB 权威指南》：通过该书的权威解读，读者可以了解面向文档数据库的诸多优点，会发现 MongoDB 不仅非常稳定而且性能优越，能够无限水平扩展的原因。该书的两位作者均来自 MongoDB 公司。数据库开发人员可将该书作为参考指南，系统管理员可以从本书中找到高级配置技巧，其他读者可以了解一些基本概念和用例。学完该书会发现，将数据组织成自包含 JSON 风格文档比组织成关系型数据库中的记录要容易得多。

- 《NoSQL Distilled》：是 NoSQL 系列的入门书籍。该书不是一本 NoSQL 参考手册，但是却可以从整体上帮助初学者厘清 NoSQL 的分布现状及和 RDBMS 的关系。对于不熟悉 NoSQL 的人来说，这比一上来就进行一个具体 NoSQLDB 开发重要得多。

4.4.2　练习

1．了解什么是数据库，什么是 SQL，什么是 NoSQL。
2．在自己的计算机中搭建 NoSQL 运行环境并且成功安装 MongoDB。
3．编写相关的启动脚本，建立相关的数据库。
4．下载安装可用的 Studio 3T 并成功连接 MongoDB。

第3篇
Vue.js 应用开发

第 5 章　电影网站服务器端的设计

服务器端的设计对于一个完整的系统而言是非常重要的一个环节，毕竟服务器需要 24 小时不间断地提供服务。同时，一个能提供高性能服务的 API 接口，也是对服务器的要求。

本章构建的服务器端基于 Express 框架。因为该框架基于 Node.js，所以首先在 5.1 节将会对其进行简单的介绍，使读者能融会贯通服务器端涉及的技术。

5.1　使用 JavaScript 开发后端服务

本书涉及的后端应用并不准备使用新的服务器语言或框架进行开发，而是使用 JavaScript 作为后端的服务器语言。当然，这也是因为 JavaScript 的强大功能。

5.1.1　神奇的 Node.js

Node.js 是一个基于 Chrome V8 引擎的 JavaScript 运行环境，可以方便地搭建响应速度快、易于扩展的网络应用。Node.js 使用了一个事件驱动、非阻塞式的 I/O 模型，这使得其开发既轻量又高效，而且非常适合在分布式设备上运行数据密集型的实时应用。Node.js 的 Logo 如图 5-1 所示。

图 5-1　Node.js 的 Logo

Chrome V8 引擎使用了一些最新的编译技术，从而使用 JavaScript 这类脚本语言编写出来的代码的运行速度得到了极大提升，并且节省了开发成本。JavaScript 是一个事件驱动语言，Node 利用这个优点，采用了一个称为"事件循环"（Event Loop）的架构，使得编写可扩展性高的服务器应用变得既容易又安全。提高服务器性能的技巧多种多样，Node 选择了一种既能提高性能，又能降低开发复杂度的架构，这是一个非常重要的特性。并发编程通常很复杂且布满"地雷"，Node 不但绕过了这些"地雷"，而且仍然能提供很好的性能支持。

　　Node 采用一系列"非阻塞"库来支持事件循环的方式，本质上就是为文件系统和数据库之类的资源提供接口。当程序向文件系统发送一个请求时，无须等待硬盘寻址并检索文件，硬盘准备好时非阻塞接口会通知 Node。Node 的这种"非阻塞"模型以可扩展的方式简化了对慢资源（请求获取较慢的资源）的访问，直观、易懂，尤其是对于熟悉 onmouseover 和 onclick 等 DOM 事件的用户，更有一种似曾相识的感觉。

　　虽然让 JavaScript 运行于服务器端不是 Node 的独特之处，但却是其最强大的功能体现。如果 JavaScript 只能运行在浏览器环境的话，会极大地限制 JavaScript 的发展和使用范围。任何服务器与日益复杂的浏览器客户端应用程序共享代码的愿望只能通过 JavaScript 来实现。虽然还存在其他支持 JavaScript 在服务器端运行的平台，但正是因为上述特性，使 Node 发展迅猛，成为目前使用最广泛的平台之一。

　　Node.js 有以下优点：

- Node.js 采用事件驱动、异步编程，为网络服务而设计。其实 JavaScript 的匿名函数和闭包特性非常适合事件驱动和异步编程；而且 JavaScript 简单易学，很多前端设计人员可以很快上手进行后端设计。
- Node.js 非阻塞模式的 I/O 处理给 Node.js 带来了在相对低系统资源耗用下的高性能与出众的负载能力，非常适用于依赖其他 I/O 资源的中间层服务。
- Node.js 轻量高效，可以认为它是数据密集型分布式部署环境下实时应用系统开发的完美解决方案。当服务器响应客户端时，即使流量很大，用 Node.js 处理的逻辑也不复杂。

　　Node.js 的缺点如下：

- 可靠性低。
- 单进程，单线程，只支持单核 CPU，不能充分利用多核 CPU 服务器。一旦这个进程崩溃，那么整个 Web 服务就崩溃了。

5.1.2　什么是 Express

　　Express 是一个基于 Node.js 平台的极简且灵活的 Web 应用开发框架，它提供了一系列强大的功能，可以帮助开发人员创建各种 Web 和移动设备应用。

　　框架是什么呢？

- Express 框架的初心是抽象出那些重复度高的代码。言外之意就是如果开发者的项目足够简单，没有什么重复代码，那么就不需要框架。就如同盖房子首先需要打地基一样，代码框架也是一个工程的基础。

- 一旦开发者使用了 Express 框架，无论开发者的水平如何，至少在这个项目里面有相当一部分代码是稳定和健壮的。而一个稳定、开源的框架会让代码质量更高。
- 所有的框架都需要有一个熟悉的过程，这就是所谓的学习曲线。使用框架，就是学习框架中的使用方法，建立工程的整体设计思路。在这个过程中可以让开发者在不断学习中提高自身的能力。

使用 Express 可以快速地搭建一个功能完善的网站，其官网主页如图 5-2 所示。

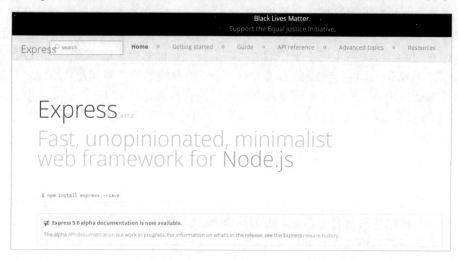

图 5-2　Express 主页

Express 框架的主要特性如下：
- 可以设置中间件来响应 HTTP 请求。
- 定义了路由表，用于执行不同的 HTTP 请求动作。
- 可以通过向模板传递参数来动态渲染 HTML 页面。

5.2　使用 Express 进行 Web 开发

本节将使用 Express 进行后台服务的开发。在第 3 章的网站页面和功能设计中，所有数据来源都是由 Express 提供的。

5.2.1　安装 Express

Express 是 Node.js 的一个网站服务构建框架，是基于 Node.js 而存在的（Node.js 的安装请参考第 2 章的内容），这里假设已经安装了最新版本的 Node.js 和 NPM 工具，并能正确运行。

【示例 5-1】 开发 Express Hello World。

（1）新建一个 5-1 文件夹，使用 VS Code 编辑器打开该文件夹并调出终端窗口，在其中输入如下命令初始化一个 NPM 项目，或者直接使用右键快捷菜单中的"新建文件"命令建立一个 package.json 文件。

```
npm init
```

如果使用命令方式创建，则该命令要求输入项目名称、版本号和作者等相关信息。其中，entry point 选项需要注意，这里使用了默认的 index.js 作为 main 属性的值，该值表示入口文件名（例如图 5-3 所示的"main":"index.js"表示入口文件为 index.js）可以将其改为开发者所期待的入口文件（比如 app.js，笔者为了开发方便和便于读者学习，采用默认的 index.js 文件名）。初始化过程如图 5-3 所示。

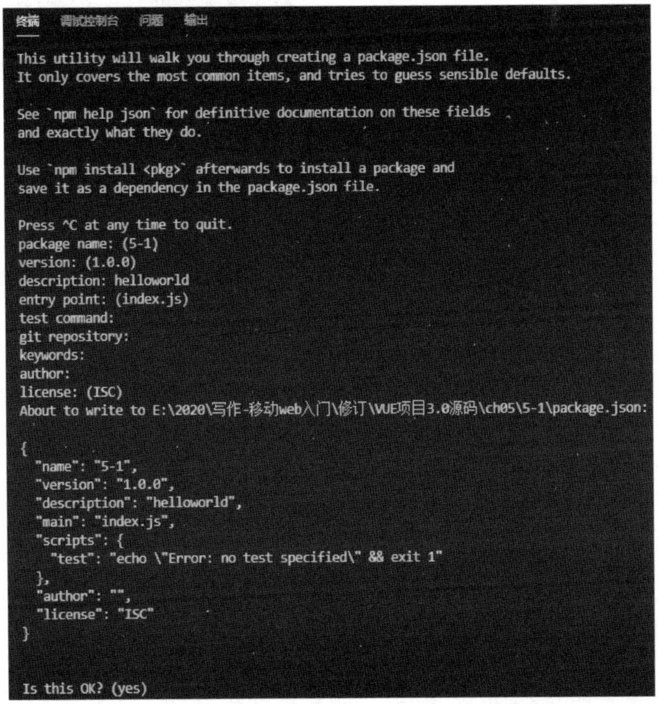

图 5-3　建立 package.json 文件

（2）这样就成功建立了一个 package.json 文件。如果选择手动建立相关的文件，则需要输入以下代码（信息部分不需要一致）：

```
{
  "name"; "5-1"
  "version": "1.0.0",
  "description": "helloworld",
```

```
  "main": "index.js",
  "scripts": {
    "test": "echo \"Error: no test specified\" && exit 1"
  },
  "author": "",
  "license": "ISC"
}
```

（3）使用以下命令安装 Express 并将其存入 package.json 文件中。

```
npm install express --save
```

注意：如果只是临时安装 Express，不想将它添加到依赖列表中，则只需省略--save 参数即可；如果是全局安装，则需要使用-g 参数。

安装成功后的效果如图 5-4 所示。

（4）编写一个简单的 Hello World 程序测试 Express 是否安装成功。首先需要编写一个 index.js 文件。

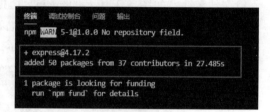

注意：这个 index.js 的名称是入口文件名称，如果在初始化 NPM 项目时命名为其他名称，则需要新建为同名的文件名。

图 5-4　安装 Express

在 index.js 中编写相关的代码如下：

```
//定义 Express 实例
var express = require('express');
var app = express();
//定义路由
app.get('/', function (req, res) {
    res.send('Hello World!');
});
//设置启动的地址端口信息
var server = app.listen(3000, function () {
    var host = server.address().address;
    var port = server.address().port;
//输出相关的内容提示
    console.log('Example app listening at http://%s:%s', host, port);
});
```

在上面的代码中，首先引入 Express，设置默认路由为'/'，在访问'/'路径之后会返回 Hello World。然后调用一个测试服务器来监控本机地址，端口为 3000，最后在控制台中输出启动服务器。

（5）保存上述代码，在命令提示符窗口中输入如下命令运行程序。

```
node index.js
```

启动成功后的控制台效果如图 5-5 所示。

图 5-5　启动服务器

（6）在浏览器中访问 http://localhost:3000/，可以打开测试页面，结果如图 5-6 所示。

图 5-6　测试结果

5.2.2　设计后台服务 API

第 3 章罗列的电影网站服务设计均为系统需要提供的服务，而前端为了使用这些服务，需要后端提供多个 API，下面将分别介绍。

电影网站主要功能的后台服务设计如表 5-1 所示。

表 5-1　主要功能的API设计

功　　能	API设计
电影显示及下载地址	显示电影列表API
	通过电影ID显示具体下载地址的API
电影添加、修改和删除等后台管理	后台添加API
	后台根据ID删除API
	后台根据ID修改API
	后台根据ID显示需要修改的相关电影的API
前端预览	显示电影预览播放的地址，以及具体的电影详情API
	显示对于该电影的用户评论API
	显示对于该电影的点赞数、下载数的API

用户功能的后台服务设计如表 5-2 所示。

表 5-2　用户功能的API设计

功　　能	API设计
用户注册功能	用户的注册功能及表单验证等API
用户登录功能	用户的登录及错误提示等API
用户对每个资源的评论功能	用户对资源的评论写入API
用户对资源的点赞功能	用户对资源的点赞API
用户对资源的下载功能	用户对资源的单击下载功能，增加下载数量API
用户的基本权限控制功能	后台用户的权限控制API，某些功能能否使用的API
用户密码找回功能	用户登录失败后根据相关资料进行密码找回的API
用户对于Bug或者需求给管理员发送站内信的功能	用户对于站内信的发送API
后台对用户的审核功能	后台对用户的评论审核显示的API
后台对用户的评论删除功能	后台对前台用户评论的删除功能API
后台对用户的管理（封停、重置密码等）功能	后台对用户的封停API 后台对用户的密码重置API 后台对用户的状态与资料显示API
后台对用户的权限控制功能	后台对用户的所有功能权限的配置API
用户资料的显示功能	用户前台显示所有用户资料的API

其他功能的后台服务设计如表5-3所示。

表 5-3　其他功能的API设计

功　　能	API设计
主页推荐及更新排行榜功能	主页的推荐内容API 主页的排行榜显示内容API
主页的文章推荐功能	主页的文章列表显示API 后台主页的文章编辑功能API
后台对于主页的推荐及大图的编辑功能	后台主页推荐编辑API 后台主页推荐删除API 后台主页大图推荐修改API 后台主页大图删除API
后台对于主页的文章查看功能	后台对于主页文章信息功能查看API

5.2.3　设计路由

根据 5.2.2 小节的功能 API，现在设计提供相关服务的具体地址。电影网站主要功能的 API 路由设计如表 5-4 所示。

表 5-4　主要功能的API路由设计

功　　能	API路由设计
显示电影列表API	/movie/list
通过电影ID显示具体下载地址的API	/movie/download
后台添加API	/admin/movieAdd
后台根据ID删除API	/admin/movieDel
后台根据ID修改API	/admin/movieUpdate
后台根据ID显示需要修改的电影相关的API	/admin/movie
显示电影预览播放的地址，以及具体的电影详情API	/movie/detail
显示对该电影的用户评论API	/movie/comment
显示对该电影的点赞数、下载数的API	/movie/showNumber

用户功能的 API 路由设计如表 5-5 所示。

表 5-5　用户功能的API路由设计

功　　能	API路由设计
用户的注册功能及表单验证等API	/users/register
用户的登录及错误提示等API	/user/login
用户对于资源的评论写入API	/user/postConmment
用户对于资源的点赞API（不一定要登录）	/ movie/support
用户对于资源的单击下载功能，增加下载数量API（不一定要登录）	/ movie/download
后台用户的权限控制API，对于某项功能是否可以使用的API	/user/getPower
用户登录失败后根据相关资料进行密码找回的API	/user/findPassword
用户对于站内信的发送API	/user/sendEmail
后台对于用户的评论审核显示的API	/admin/checkComment
后台对于前台用户评论的删除功能API	/admin/delComment
后台对于用户的封停API	/admin/stopUser
后台对于用户的密码重置API	/admin/changeUser
后台对于用户的状态与资料显示API	/admin/showUser
后台对于用户的所有功能权限的配置API	/admin/powerUpdate
用户前台显示所有用户资料的API	/showUser
后台对于所有评论的列表展示API	/admin/commentsList

其他功能 API 路由设计如表 5-6 所示。

表 5-6　其他功能API路由设计

功　　能	API路由设计
主页的推荐内容API	/showIndex
主页的排行榜显示内容API	/showRanking
主页的文章列表显示API	/showArticle
后台主页文章的编辑功能API	/admin/addArticle
后台主页推荐编辑API	/admin/addRecommend
后台主页推荐删除API	/admin/delRecommend
后台主页大图推荐修改API	/admin/updateRecommend
后台文章删除API	/admin/delArticle
后台对于主页文章信息功能查看API	/articleDetail

5.3　服务器测试

本节介绍的后端 API 服务是 View 层的 API，而前端页面则是采用 Vue.js 编写的。但是此 API 并没有对相关的 Vue.js 显示效果进行测试，为了方便开发者进行测试和调试，这里介绍一个工具。

5.3.1　测试 HTTP 请求的 Postman 插件

用户在开发、调试网络程序或网页 B/S 模式的程序时，需要使用一些方法来跟踪网页请求，可以使用一些网络的监视工具，如著名的 Firebug 等网页调试工具。下面将介绍的网页调试工具 Postman，不仅可以调试简单的 CSS、HTML 和脚本等网页基本信息，还可以发送几乎所有类型的 HTTP 请求。Postman 在发送网络 HTTP 请求方面，可以说是 Chrome 插件类的代表工具之一。

开发人员要测试一个网页是否运行正常，并不是简单地测试网页的 HTML、CSS 和脚本等信息是否运行正常，更重要的是看网页是否能够正确处理各种 HTTP 请求，毕竟网页的 HTTP 请求是网站与用户之间进行交互的重要方式。在动态网站中，用户的大部分数据都需要通过 HTTP 请求与服务器进行交互。

Postman 插件就充当着这种交互方式的"桥梁"，它可以利用 Chrome 插件形式把各种模拟用户 HTTP 请求的数据发送到服务器上，以便开发人员能够及时地做出正确的响应，或者是对产品发布之前的错误信息进行提前处理，从而保证产品上线之后的稳定性和安全性。因为可以发送相关的数据，所以 Postman 非常适合后端服务的 API 测试。

5.3.2　在 Chrome 中安装 Postman 插件

如果读者已经有安装 Chrome 插件的经验，可以忽略本小节的内容。下面讲一下在 Chrome 浏览器中安装 Postman 插件的详细步骤。

（1）打开 Chrome 浏览器，单击左侧的"应用"按钮，如图 5-7 所示。

（2）在弹出的对话框中单击"Chrome 网上应用店"，如图 5-8 所示。

图 5-7　"应用"按钮

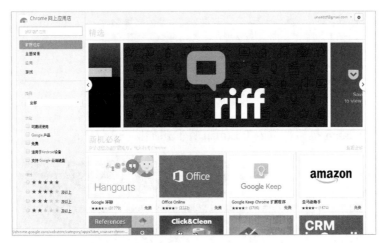

图 5-8　Chrome 网上应用商店

（3）在搜索框中输入 postman，如图 5-9 所示，单击"添加至 CHROME"按钮，就可以安装 Postman 插件了。

图 5-9　搜索 Postman

　　（4）添加成功后，再次单击图 5-7 中的"应用"按钮，如果显示 Postman，如图 5-10 所示，表示 Postman 已经添加成功。

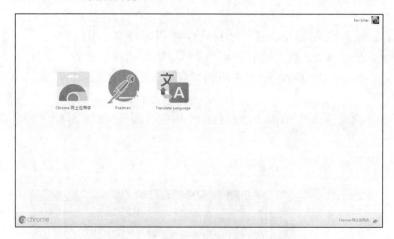

图 5-10　添加成功

　　（5）单击 Postman 按钮，进入 Postman 界面，如图 5-11 所示。

图 5-11　Postman 界面

5.3.3　使用 Postman 插件进行数据测试

　　我们可以用 5.2.1 小节编写的 Hello World 应用服务来测试 API 是否正确，同时学习 Postman 插件的使用。

（1）使用如下命令启动服务器：

```
node index.js
```

（2）确认服务器启动成功之后，在 Postman 的 URL 地址栏中输入地址 http://localhost: 3000，单击 Send 按钮，效果如图 5-12 所示，可以看到，系统输出了"Hello World！"。

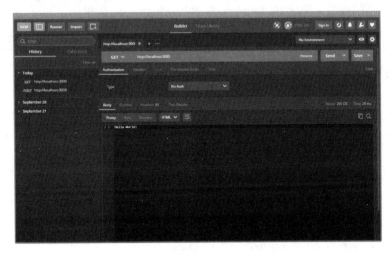

图 5-12　Hello World 请求

还记得在 index.js 中编写的代码吗？其请求地址为 get 请求：

```
// 定义路由
app.get('/', function (req, res) {
    res.send('Hello World!');
});
```

（3）如果在 Postman 中使用 post 请求的话，Express 会阻止请求访问，如图 5-13 所示。

图 5-13　post 请求

5.4　Express 后台代码编写

前面我们已经安装了基本的 Express 框架和 MongoDB 数据库，也学习了基本的测试插件 Postman。从本节开始，我们将正式进入电影网站的后端服务开发部分。

5.4.1　新建工程

这里需要重新安装 Express，作为一个完整的工程，笔者并不推荐 5.3 节中"Hello World"的写法。Express 提供了一个方便的工具——应用生成器 Express，它可以快速创建一个应用的"骨架"。

通过如下命令安装应用生成器：

```
npm install express-generator -g
```

安装成功后的效果如图 5-14 所示，此时 Express 命令就可以使用了。

【示例 5-2】服务端 book_service 的实现。

（1）打开命令提示符窗口，进入该项目目录，使用以下命令创建项目，执行效果如图 5-15 所示。

```
express book_service
```

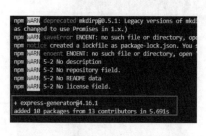

图 5-14　安装 Express 应用生成器　　　　图 5-15　创建项目

（2）使用 cd 命令进入刚创建好的工程，此时在创建的工程文件中并没有使用 NPM 安装 Express 时所依赖的第三方包，因此应该使用如下命令进行安装 Express 依赖的包：

```
npm install
```

安装成功后的效果如图 5-16 所示。

图 5-16　Express 依赖的第三方包

（3）所有的包安装成功之后，使用如下命令启动应用：

```
SET DEBUG=book-service:* & npm start
```

注意：如果用户使用的是 Linux 或 macOS 系统，应使用 $ DEBUG=myapp npm start 命令启动应用。

启动后的效果如图 5-17 所示。

图 5-17　启动应用

（4）在浏览器中输入地址 http://localhost:3000/，可以打开测试页面并自动显示 Express 框架的欢迎页面，如图 5-18 所示。

（5）打开 WebStorm 可以看到 Express 自动生成的项目文件目录与路由控制，如图 5-19 所示。

图 5-18　Express 欢迎页面　　　　　　　图 5-19　项目目录

这些文件夹的意义如下：

- bin 文件夹下的 www 文件存储着对启动项目的一些测试服务器的配置信息，包括启动服务器的端口监听及 Bug 控制台输出等。
- node_modules 文件夹下是 NPM 安装依赖包和相关的资源。
- public 文件夹下是本系统相关的静态资源。
- routes 文件夹下即为项目的全部代码文件和路由文件。
- views 文件夹下的.jade 文件为在 routes 文件夹下的逻辑代码调用的相关模板文件，但是在这里，因为 Express 只提供相关的 API 接口，因此前台使用 Vue.js 进行显示，而不使用 Express 的前台模板进行输出。

5.4.2　连接数据库

如果使用 MongoDB 作为数据库的话，首先需要使用一个中间件作为连接方式，JavaScript 提供了多个 NPM 包作为中间连接的中间件。

使用比较多的中间件是原生的 MongoDB，它提供了 MongoDB 与数据库之间的连接、对数据库的读取和写入、查询等基本功能。在使用 MongoDB 中间件的情况下，虽然开发者可以连接和使用数据库，但是完全原生的写法并不适合工程开发，如同 MySQL 的原生操作和 ORM 的关系一样。为了更好地使用 MongoDB，有开发者提供了其他中间件，常用的包括 Mongoskin 和 Mongoose 等，这些中间件都是在 MongoDB 的基础上进行了进一步封装，使开发者可以通过 Node 来操作 MongoDB 模块。

在第 4 章中，为了构建类似于 SQL 的数据表结构，我们构建了相应的数据集结构，这里需要使用一个支持对象模型驱动的程序，因此我们使用 Mongoose 作为连接 MongoDB 的中间件。

Mongoose 提供了一个直观的基于模式结构（Scherma）的解决方案来建模应用程序数据，包括内置的类型转换、验证、查询构建、业务逻辑挂钩等功能，开箱即用。

（1）连接的第一步当然是安装中间件，使用以下命令进行安装：

```
npm install mongoose --save
```

安装效果如图 5-20 所示。

🔔注意：在新建的项目中安装 Mongoose 中间件时，需要安装在当前路径下。

图 5-20　安装 Mongoose

（2）安装完成后，新建一个路由作为测试路由。

更改 index.js 中的代码，新增一个名为 mongooseTest 的路由，用于测试 MongoDB 是否成功启动并能正确使用。为了方便测试，创建一个名为 Cat 的数据集，其包含一个 name 数据属性，值为 String（字符串）；连接一个叫作 pets 的库，并在 Cat 中新增一个新的数据，其 name 属性为 Tom 类型。

完整的 index.js 代码如下：

```javascript
// express 示例
var express = require('express');
//路由引入
var router = express.Router();
//数据库引入
var mongoose = require('mongoose');
//定义路由
/* GET home page. */
router.get('/', function(req, res, next) {
  res.render('index', { title: 'Express' });
});
//定义路由
router.get('/mongooseTest', function (req, res, next) {
    mongoose.connect('mongodb://localhost/pets', { useMongoClient: true });
    mongoose.Promise = global.Promise;

    var Cat = mongoose.model('Cat', { name: String });

    var tom= new Cat({ name: 'Tom' });
    tom.save(function (err) {
        if (err) {
            console.log(err);
        } else {
            console.log('success insert');
        }
    });
    res.send('数据库连接测试');
});

module.exports = router;
```

在上述代码中，通过实例化一个"'/mongooseTest'"路由引入中间件 Mongoose，然后调用中间件中的 connect()方法，其中的两个参数说明如下：

- 第 1 个参数是数据库的 URL 地址，即启动的 MongoDB 的 IP 地址和访问的数据库。
- 第 2 个参数是一个 JavaScript 对象串，用于传递相关的配置。

通过实例化 Cat 数据集，调用 Mongoose 中的 model()方法，并向 model()中传入名称和结构来创建一个数据集。

向 Cat 数据集中创建的新对象传入一个 name 属性，内容为 Tom，通过 Mongoose 中创建的模型自带的 save()方法来保存内容，在 save()方法中传入一个回调，当发生错误则输出错误信息，当回调成功则在控制台中输出 success 标志。

使用 res.send()方法输入一个提示，在浏览器中输出"数据库连接测试"，如果浏览器显示此文字，则证明访问成功。

（3）保存代码，在命令提示符窗口中重启测试服务器，通过浏览器访问 http://localhost:3000/mongooseTest 地址，页面显示效果如图 5-21 所示。

如果访问页面没有报错，则控制台显示如图 5-22 所示。

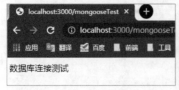

图 5-21　页面显示效果　　　　　　　　　　　图 5-22　访问记录

同时在启动的 MongoDB 的连接命令提示符窗口中也会输出连接成功的提示，其中包括数据库的插入内容，如图 5-23 所示。

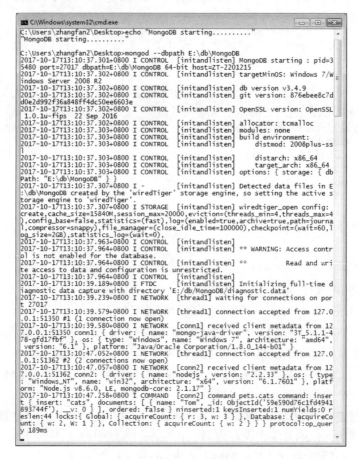

图 5-23　MongoDB 访问日志

成功访问数据库后，可以通过 Studio 3T 查看数据库。在数据库中右键单击 Refresh All 菜单，刷新数据库，可以看到新出现的 pets 数据集，打开该数据集可以看到该数据集的详细内容，如图 5-24 所示。

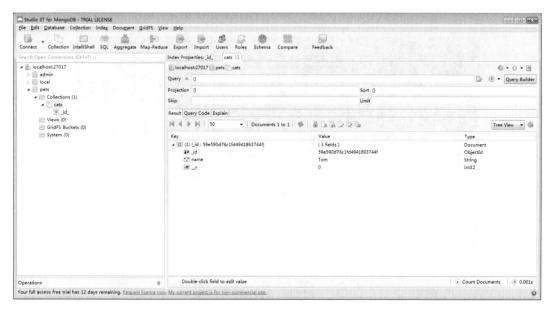

图 5-24　显示数据集

至此，完成数据库的连接和插入。

5.4.3　使用 Supervisor 监控代码的修改

以前的开发系统，如果要修改代码，则需要使用 Ctrl+C 组合键来结束服务，然后使用相关的命令重启系统，这无疑是非常烦琐的。其实可以使用 Supervisor、Nodemon 等中间件作为启动插件。

下面使用 Supervisor 监控系统代码的修改。

（1）使用以下命令全局安装 Supervisor，对于开发环境而言，并不需要在系统中安装此中间件。

```
npm install -g supervisor
```

安装成功后，显示如图 5-25 所示。

```
E:                        \VUE项目3.0源码\book_service>npm install -g supervisor
D:\Program Files\node-v12.15.0\node-supervisor -> D:\Program Files\node-v12.15.0\node_modules\supervisor\lib\cli-wrapper.js
D:\Program Files\node-v12.15.0\supervisor -> D:\Program Files\node-v12.15.0\node_modules\supervisor\lib\cli-wrapper.js
+ supervisor@0.12.0
added 1 package from 28 contributors in 3.178s
```

图 5-25　安装 Supervisor

（2）Supervisor 安装成功后，需要使用如下命令来启动。

```
supervisor bin/www
```

Supervisor 启动后，如果工程中的代码修改过，则会自动重新载入代码，如图 5-26 所示。

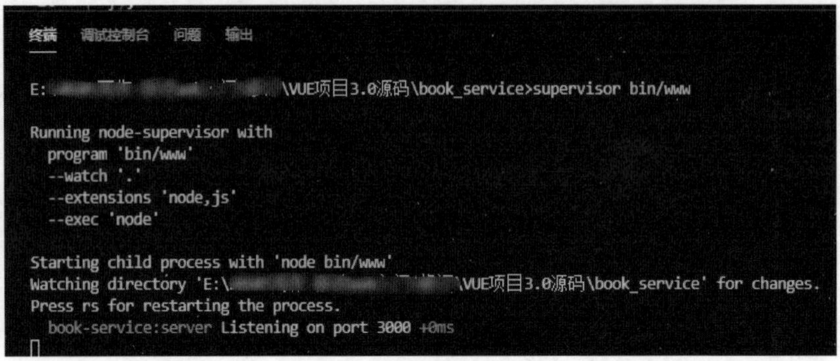

图 5-26　启用 Supervisor

5.5　用户系统开发

本节将进入后台系统的开发部分。

（1）通过前面设计的相关路由，建立 users.js 路由文件并将所有的用户系统开发信息放在此文件中。对于 routes 目录下的文件，以文件名作为域名的二级路径，即使用 http://localhost: 3000/users 访问路径可以直接导航到 users.js 文件中。这是为什么呢？其实是在 app.js 中引用了 users.js 文件并对其增加了一个新的路由设置，具体代码如下：

```
var users = require('./routes/users');
//使用引入的文件
app.use('/users', users);
```

即当建立新的路由代码文件时，均需要在 app.js 代码文件中引用 users.js 文件，并定义新的路由地址才可以使用。

默认情况下，项目会自动生成 users.js 文件，自动生成的内容如下：

```
var express = require('express');
var router = express.Router();
// 定义路由
/* GET users listing. */
router.get('/', function(req, res, next) {
  res.send('respond with a resource');
});

module.exports = router;
```

如果不更改 users.js 中的代码，直接访问该地址，则页面效果如图 5-27 所示。

（2）对于用户模块的操作，首先需要一个 model，因此需要新建一个用于存放各种 model 的文件夹 models。

（3）接着需要写一个用于连接数据库的公用模块，并将其放置在根目录的 common 文件夹下，新建文件 db.js，代码如下：

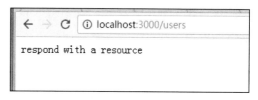

图 5-27　访问效果

```
var mongoose = require('mongoose');
var url = 'mongodb://localhost/movieServer'
mongoose.connect(url);
// 连接数据库
module.exports = mongoose;
```

在上述代码中引入了 Mongoose 作为连接的中间件，连接到相关的数据库地址之后将 Mongoose 以包的形式抛给后面的组件供其使用。

（4）因为所有用户的操作都应该建立在用户的这个数据集基础上，所以需要在 models 文件夹下新建 user.js 数据集，其中的代码如下：

```
var mongoose = require('../common/db');
//用户数据集
var user = new mongoose.Schema({
    username: String,
    password: String,
    userMail: String,
    userPhone: String,
    userAdmin: Boolean,
    userPower: Number,
    userStop: Boolean
})
//用户的查找方法
user.statics.findAll = function(callBack){
    this.find({},callBack);
};
//使用用户名查找的方式
user.statics.findByUsername = function(name,callBack){
    this.find({username:name},callBack);
};
//登录，需要匹配是否拥有相同的用户名和密码并且没有处于封停状态，如果为否，则登录成功
user.statics.findUserLogin = function(name,password,callBack){
    this.find({username:name,password:password,userStop:false},callBack);
};
//验证邮箱、电话和用户名找到用户
user.statics.findUserPassword = function(name,mail,phone,callBack){
    this.find({username:name,userMail:mail,userPhone:phone},callBack);
};

var userModel= mongoose.model('user',user);
module.exports = userModel;
```

这里建立了相关的 user 数据集，其包含 7 个字段，每个字段赋予了相应的数据类型，并且在数据集的下方定义了一些常用的搜索方法，用于搜索和显示相关的数据内容。

在上面的代码中，userModel 首先引用了 db.js 文件，在该文件中已经连接了 Mongoose 插件，因此这里的数据库操作是针对在 db.js 文件中连接的数据库而进行的。

（5）用户模块 API 的开发涉及以下多个 API 路由地址。

在 routes 文件夹下的 users.js 文件中新增几个路由地址，以 users 为域名的地址，其 API 接口定义代码如下：

```
// 引入相关的文件和代码包
var express = require('express');
var router = express.Router();
var user = require('../models/user');
var crypto = require('crypto');
var movie = require('../models/movie');
var mail = require('../models/mail');
var comment = require('../models/comment');
const init_token = 'TKL02o';
/* GET users listing. */
//用户登录接口
router.post('/login', function (req, res, next) {
});
//用户注册接口
router.post('/register', function (req, res, next) {
});
//用户提交评论
router.post('/postCommment', function (req, res, next) {
});
//用户点赞
router.post('/support', function (req, res, next) {
});

//用户找回密码
router.post('/findPassword', function (req, res, next) {
});
//用户发送站内信
router.post('/sendEmail', function (req, res, next) {
});
//显示用户站内信，其中，receive 参数值为 1 时表示发送的内容，值为 2 时表示收到的内容
router.post('/showEmail', function (req, res, next) {
});

//获取 MD5 值
function getMD5Password(id) {
}

module.exports = router;
```

关于每个路由的代码，接下来会一一介绍。

5.5.1　注册路由

/users/register 路由是用户的注册路由。当用户发送数据访问该路由时，会对数据的内容进行检查。如果数据没有问题，则需要在数据库中查询该用户名是否已注册。如果存在已注册的情况，则返回错误；如果没有注册且数据通过了审核，则需要将数据保存在数据库中，并回复 JSON 串提示注册成功。

注意：本项目所有的接口数据只是简单地使用 if 判断其是否为空，未做其他判断。

注册路由需要发送的请求参数及其说明如表 5-7 所示。

表 5-7　注册路由请求参数及其说明

Key	说　明
username	用于注册用户的用户名，不允许重复
password	用于注册用户的登录密码
userMail	用于注册的邮箱、密码找回等功能
userPhone	用于注册的手机号

users.js 文件的代码如下：

```
//用户注册接口
router.post('/register', function (req, res, next) {
//验证用户注册信息的完整性，这里使用的是简单的 if 方式，可以使用正则表达式对输入的数据
    格式进行验证
    if (!req.body.username) {
        res.json({status: 1, message: "用户名为空"})
    }
    if (!req.body.password) {
        res.json({status: 1, message: "密码为空"})
    }
    if (!req.body.userMail) {
        res.json({status: 1, message: "用户邮箱为空"})
    }
    if (!req.body.userPhone) {
        res.json({status: 1, message: "用户手机为空"})
    }
    user.findByUsername(req.body.username, function (err, userSave) {
        if (userSave.length != 0) {
            //返回错误信息
            res.json({status: 1, message: "用户已注册"})
        } else {
            var registerUser = new user({
                username: req.body.username,
                password: req.body.password,
                userMail: req.body.userMail,
                userPhone: req.body.userPhone,
```

```
                userAdmin: 0,
                userPower: 0,
                userStop: 0
            })
            registerUser.save(function () {
                res.json({status: 0, message: "注册成功"})
            })
        }
    })
});
```

在以上代码中，对用户注册的内容和信息的完整性进行了判断，这里是通过 if 语句进行判定的，如果出现问题，则直接通过 res.json()发送相关的错误信息。

🔔注意：本项目中所有相关 API 的返回数据格式均为 JSON 格式，其结构如下。

```
{
status: （此次请求的错误情况，1 为出错，0 为正常），
message: （失败或者成功提示），
data: （需要传送的数据）
}
```

当使用 Postman 进行测试时，如果出现邮箱为空的情况（缺少邮箱），则会自动输出错误提示，如图 5-28 所示。

图 5-28　返回信息

正常填写所有字段后，如果通过基本的信息完整性判断，则会显示注册成功，如图 5-29 所示。

图 5-29　注册成功

如果有重复注册的情况，也就是当判断有相同的用户名出现时，系统会返回该数据集（数据集的大小不为 0）并且出现重复注册的提示，如图 5-30 所示。

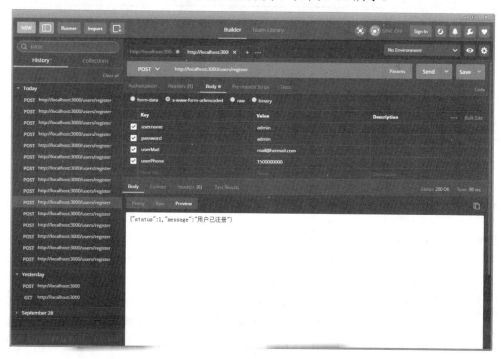

图 5-30　重复注册提示

注册成功后，可以在数据库中找到相关的注册信息。例如，在 Studio 3T 中找到的注册信息如图 5-31 所示。

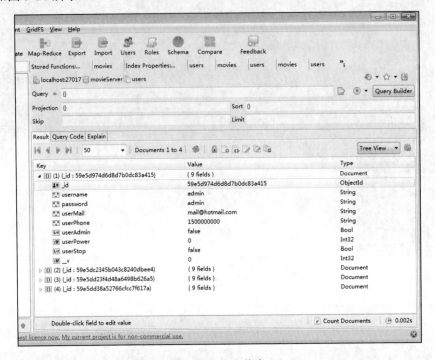

图 5-31　注册信息

🔔注意：这里为了方便使用，所有的用户密码均未加密，并且是明文可见。在实际项目中，应该根据需求进行加密。

5.5.2　登录路由

/user/login 用于用户的登录检测。在验证用户的用户名与密码时，如果用户不属于封停用户，则会返回一个代表用户登录状态的 Token 值，该值是用户登录操作的必备参数。

🔔注意：这里的 Token 值是由用户自带的 ID 和一个固定的字符串连接后，通过 MD5 生成的一个加密值。这种 Token 登录方式是不安全甚至无意义的。其实对于一个无状态的登录验证，最好在 Token 中加入一些相关的元素，如时间、IP 和权限等共同作为加密信息，使用公、私钥的方式进行加密和解密，也可以使用 JWT（JSON Web Token）方式进行接口验证。如果详细讲解这部分内容，需要极大的篇幅，请读者自行查阅相关的资料，这里 Token 的意义仅是告知用户这里需要一个相关的值作为验证。

为了生成这个 Token 值，需要在 JavaScript 中引入一个用于加密的中间件，使用 NPM 安装 Crypto 中间件：

```
npm install crypto --save
```

安装效果如图 5-32 所示。

图 5-32 安装加密中间件

Crypto 安装成功后，可以在代码中添加一个方法，参数是一个用户的 ID，返回 MD5 值，代码如下：

```
//获取 MD5 值
function getMD5Password(id) {
    var md5 = crypto.createHash('md5');
    var token_before = id + init_token
    // res.json(userSave[0]._id)
    return md5.update(token_before).digest('hex')
}
```

注意：一般进行完整性验证时需要将所有的字符串组合后加密，后端同样通过组合验证来检测用户信息的完整性。这里为了方便解释和理解，仅使用用户 ID 进行加密验证，这种验证并不能起到对于其他字段完整性验证的作用。其他字段的验证，请读者自行完成。

登录路由需要发送的请求参数及其说明如表 5-8 所示。

表 5-8 登录路由请求参数及其说明

Key	说　　明
username	用于注册用户的用户名，不允许重复
password	用于注册用户的登录密码

routes/users.js 中的 login 代码如下：

```
//用户登录接口
router.post('/login', function (req, res, next) {
//验证用户登录信息的完整性，这里使用简单的 if 方式，可以使用正则表达式对输入的数据格式
    进行验证
    if (!req.body.username) {
        res.json({status: 1, message: "用户名为空"})
    }
```

```
    if (!req.body.password) {
        res.json({status: 1, message: "密码为空"})
    }
    user.findUserLogin(req.body.username, req.body.password, function
(err, userSave) {
        if (userSave.length != 0) {
            //通过 MD5 查看密码
            var token_after = getMD5Password(userSave[0]._id)
            res.json({status: 0, data: {token: token_after,user:userSave},
            message: "用户登录成功"})
        } else {
            res.json({status: 1, message: "用户名或者密码错误"})
        }
    })
});
```

代码注释掉的一部分可以看作对 MD5 生成 Token 值的代码进行剥离，写成了方法。直接调用在 models 中写好的方法查找 username、password 和未封停用户，如果不存在相关的用户，则直接返回错误提示；如果存在，则返回一个用户 Token 值。可以使用 Postman进行测试。

当输入不存在的用户名或错误的密码时，效果如图 5-33 所示。

图 5-33　登录错误

输入正确的用户名和密码后，提示登录成功，并且返回一个登录的 Token 值，如图 5-34所示。

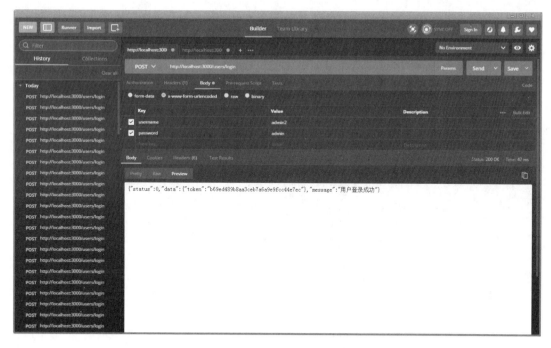

图 5-34　登录成功

5.5.3　找回密码路由

/users/findPassword 用于找回用户的密码，这里需要输入 mail、phone 和 username 这 3 个字段来确定用户的身份，验证成功后允许用户修改密码。

找回密码路由需要发送的请求参数及其说明如表 5-9 所示。

表 5-9　找回密码路由请求参数及其说明

Key	说　　明
username	用于注册用户的用户名，不允许重复
password	用于注册用户的登录密码
userMail	用于注册的邮箱和密码找回等信息
userPhone	用于注册的手机号
repassword	用于重置的密码（可以不存在，仅验证）
token	用户认证信息，用于用户登录状态的验证（包括验证用户的来源）
id	用户ID，用于用户登录状态的验证

找回密码路由的完整代码如下：

```
//用户找回密码
router.post('/findPassword', function (req, res, next) {
```

```
    //需要输入用户的邮箱信息和手机信息，同时可以更新密码
    //这里有两种返回情况，一种是 req.body.repassword 存在时，另一种是 repassword 不存在时
      这个接口同时用于密码的重置，需要用户登录
    if (req.body.repassword) {
        //当 repassword 存在时，需要验证其登录情况或者验证其 code
        if (req.body.token) {
            //当存在 code 登录状态时，验证其状态
            if (!req.body.user_id) {
                res.json({status: 1, message: "用户登录错误"})
            }
            if (!req.body.password) {
                res.json({status: 1, message: "用户旧密码错误"})
            }
            if (req.body.token == getMD5Password(req.body.user_id)) {
                user.findOne({_id: req.body.user_id, password: req.body.
                password},function (err, checkUser) {
                    if (checkUser) {
                        user.update({_id:req.body.user_id},{password:req.body.
                        repassword}, function (err, userUpdate) {
                            if (err) {
                                res.json({status: 1, message: "更改错误", data: err})
                            }
                            res.json({status: 0, message: '更改成功', data:
                            userUpdate})
                        })
                    } else {
                        res.json({status: 1, message: "用户旧密码错误"})
                    }
                })
            } else {
                res.json({status: 1, message: "用户登录错误"})
            }

        } else {
            //当不存在 code 时，直接验证 mail 和 phone
            user.findUserPassword(req.body.username, req.body.userMail, req.
            body.userPhone, function (err, userFound) {
                if (userFound.length != 0) {
                    user.update({_id: userFound[0]._id}, {password: req.body.
                    repassword}, function (err, userUpdate) {
                        if (err) {
                            res.json({status: 1, message: "更改错误",data:err})
                        }
                        res.json({status: 0, message: '更改成功', data:
                        userUpdate})
                    })
                } else {
                    res.json({status: 1, message: "信息错误"})
                }
            })
        }
    } else {
```

```
//这里只是验证 mail 和 phone，返回验证成功提示和提交的字段，用于之后改密码的操作
if (!req.body.username) {
    res.json({status: 1, message: "用户名称为空"})
}
if (!req.body.userMail) {
    res.json({status: 1, message: "用户邮箱为空"})
}
if (!req.body.userPhone) {
    res.json({status: 1, message: "用户手机为空"})
}
user.findUserPassword(req.body.username, req.body.userMail, req.
body.userPhone, function (err, userFound) {
    if (userFound.length != 0) {
        res.json({status: 0, message: "验证成功，请修改密码",data:
        {username:req.body.username,userMail:req.body.userMail,
        userPhone:req.body.userPhone}})
    } else {
        res.json({status: 1, message: "信息错误"})
    }
})
    }
});
```

考虑到前台用户的交互操作，用户的邮箱和手机验证可能是在修改密码之前，因此，如果在 post 的参数内容中不存在新密码字段，那么只是验证用户的邮箱和手机是否出错，只有当用户提交新密码后才会进行更新密码的验证，具体流程如图 5-35 所示。

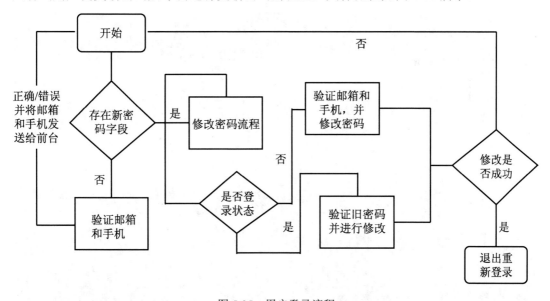

图 5-35　用户登录流程

可以使用 Postman 进行测试，首先是对没有传输用户新密码时的验证测试，只传递 phone、mail 和用户名字段，效果如图 5-36 所示。

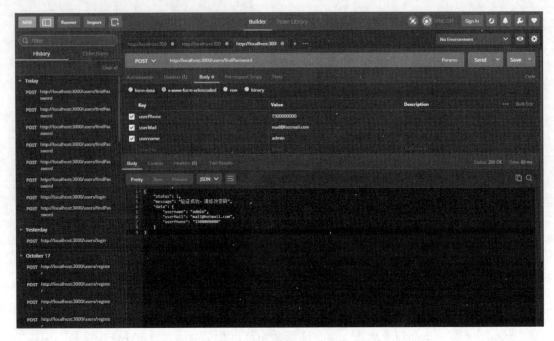

图 5-36　验证信息

对于用户在非登录状态下的密码修改操作，增加 repassword 字段，效果如图 5-37 所示。

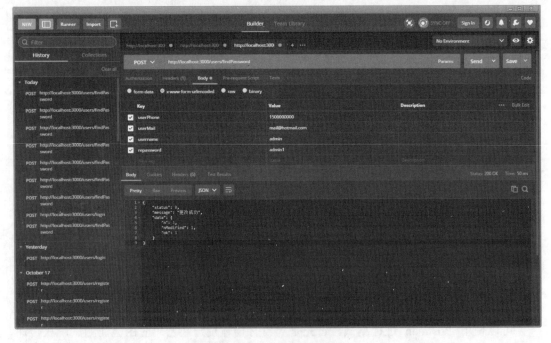

图 5-37　成功修改密码

使用 Studio 3T 可以看到数据库中的密码字段也进行了相应的更改，如图 5-38 所示。

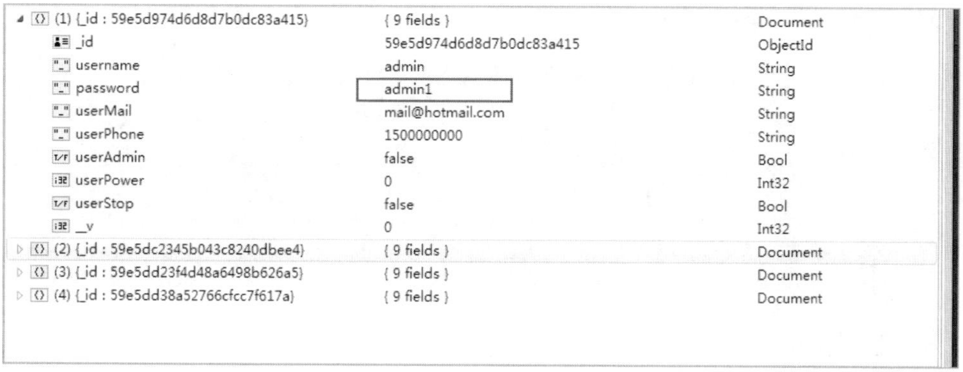

图 5-38　更新后的密码

对于用户在登录状态下的密码修改操作，需要在登录时生成 Token 值，并且对旧密码进行验证，在已知 Token 值（可以在 login 接口处获得）的基础上传递用户的 user_id 字段、旧密码 password 字段，以及新密码 repassword 字段。信息输入正确后的效果如图 5-39 所示。

图 5-39　密码修改成功

再次单击时，由于用户的密码已经修改过，所以会报密码错误提示，如图 5-40 所示。

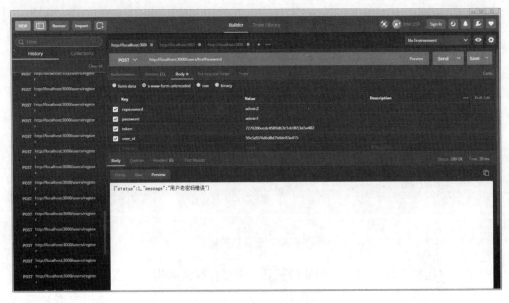

图 5-40 用户密码错误

5.5.4 提交评论路由

/users/postCommment 路由用来提交用户对一部电影的评论。这里需要一个新的模型，创建新的数据对象作为电影的评论。可以在 models 文件夹下建立一个新的 JavaScript 文件并命名为 comment.js。

提交评论路由需要发送的请求参数和说明如表 5-10 所示。

表 5-10 提交评论路由请求参数及其说明

Key	说　明
movie_id	电影ID
username	用户名（如果为空，默认匿名用户）
context	用户评论内容

comment.js 代码如下：

```
//引入数据库的连接模块
var mongoose = require('../common/db');
//数据库的数据集
var comment = new mongoose.Schema({
    movie_id:String,
    username: String,
    context: String,
    check:Boolean
})
//数据操作的一些常用方法
```

```
comment.statics.findByMovieId = function(m_id,callBack){
    this.find({movie_id:m_id,check:true},callBack);
};
comment.statics.findAll = function(callBack){
    this.find({},callBack);
};
var commentModel = mongoose.model('comment',comment);

module.exports =commentModel
```

上述代码仿照 user 的模型建立一个 comment 数据结构，并且新增了一些常用的方法，主要是通过电影的 ID 获取该电影的所有评论。

🔔注意：需要在 use.js 文件中引入此 model（commentModel），引入代码为 var comment = require('../models/comment');。

接下来写 postCommment 路由，通过用户的 username（如果用户不发送相关的 username 时，默认为匿名用户）、用户的名称和电影 ID 来确定一条电影的评论（其显示审核默认为 0，即需要审核），代码如下：

```
//用户提交评论
router.post('/postCommment', function (req, res, next) {
// 验证用户评论信息的完整性，这里使用简单的 if 方式，可以使用正则表达式对输入的数据格
    式进行验证
    if (!req.body.username) {
        var username = "匿名用户"
    }
    if (!req.body.movie_id) {
        res.json({status: 1, message: "电影 id 为空"})
    }
    if (!req.body.context) {
        res.json({status: 1, message: "评论内容为空"})
    }
// 根据数据集建立一个新的数据内容
    var saveComment = new comment({
        movie_id: req.body.movie_id,
        username: req.body.username ? req.body.username : username,
        context: req.body.context,
        check: 0
})
//保存合适的数据集
    saveComment.save(function (err) {
        if(err){
            res.json({status: 1, message: err})
        }else{
            res.json({status: 0, message: '评论成功'})
        }
    })
});
```

给评相关的完整性判断后，可以使用 Postman 进行测试，这里用到 movieId，如果读者在这一步没有相关的 movieId，可以用任意字符串来代替测试。成功添加一条评论的显

示效果如图 5-41 所示。

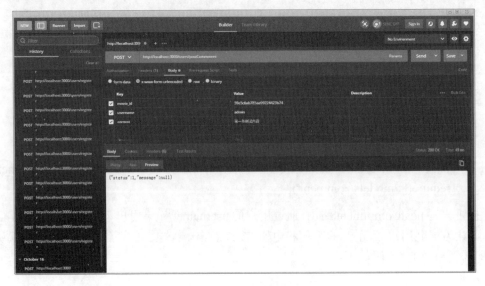

图 5-41　评论添加成功

添加的数据库内容如图 5-42 所示。

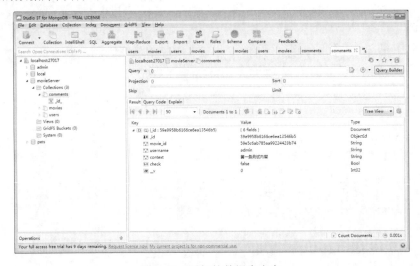

图 5-42　添加的数据库内容

5.5.5　点赞路由

/users/support 路由的作用是当用户点赞某部电影时不需要验证,点赞后,在电影的点赞字段加 1。

点赞路由需要发送的请求参数及其说明如表 5-11 所示。

表 5-11　点赞路由请求参数及其说明

Key	说　明
movie_id	电影ID

点赞路由的代码如下：

```
//用户点赞
router.post('/support', function (req, res, next) {
//保存合适的数据集

    if (!req.body.movie_id) {
        res.json({status: 1, message: "电影 id 传递失败"})
    }
movie.findById(req.body.movie_id, function (err, supportMovie) {
// 更新操作
        movie.update({_id: req.body.movie_id}, {movieNumSuppose:
        supportMovie.movieNumSuppose + 1}, function (err) {
            if(err){
                res.json({status:1,message:"点赞失败",data:err})
            }
            res.json({status: 0, message: '点赞成功'})
        })
    })
});
```

经过相关的完整性判断后，可以使用 Postman 进行测试，显示效果如图 5-43 所示，
提示点赞成功。

图 5-43　点赞成功

数据库的点赞字段也自动增加了一个（截图中的数字为 4），如图 5-44 所示。

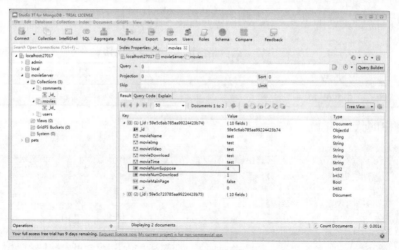

图 5-44　点赞成功

5.5.6　下载路由

/users/download 为用户下载路由，其返回一个下载地址，并且在下载之后，电影的下载数量字段加 1。

下载路由需要发送的请求参数和说明如表 5-12 所示。

表 5-12　下载路由请求参数及其说明

Key	说　　明
movie_id	电影ID

下载路由的代码如下：

```
//用户下载只返回下载地址
router.post('/download', function (req, res, next) {
// 验证下载信息的完整性，这里使用简单的 if 方式，可以使用正则表达式对于输入的数据格式
    进行验证
    if (!req.body.movie_id) {
        res.json({status: 1, message: "电影 id 传递失败"})
    }
movie.findById(req.body.movie_id, function (err, supportMovie) {
// 更新操作
        movie.update({_id: req.body.movie_id}, {movieNumDownload:
        supportMovie.movieNumDownload + 1}, function (err) {
            if(err){
                res.json({status:1,message:"下载失败",data:err})
            }
            res.json({status: 0, message: '下载成功', data: supportMovie.
            movieDownload})
        })
    })
});
```

经过相关的完整性判断后，可以使用 Postman 进行测试，如图 5-45 所示。和点赞一样，输入一个 movie_id 即可以进行下载地址的回显，并且数据库的下载数自动加 1。

图 5-45　显示下载地址

数据库中的数据如图 5-46 所示，可以看到框里的数字会随着下载自动加 1。

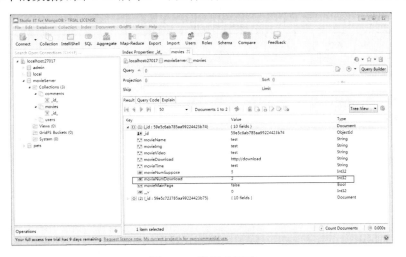

图 5-46　数据库显示

5.5.7　发送站内信路由

/users/sendEmail 路由用于发送一条站内信。用户之间通过站内信进行联系和沟通，用户和后台管理员之间也应当有相似的反馈方式。

使用站内信系统也需要一个站内信的模型，在 models 文件夹下建立一个新的 JavaScript 文件 mail.js，其具体内容如下：

```javascript
//引入相关的文件和代码包
var mongoose = require('../common/db');
//根据数据集建立一个新的mail数据文件
var mail = new mongoose.Schema({
    fromUser: String,
    toUser: String,
    title: String,
    context: String
})
// 数据操作的一些常用方法
mail.statics.findByToUserId = function (user_id, callBack) {
    this.find({toUser: user_id}, callBack);
};
mail.statics.findByFromUserId = function (user_id, callBack) {
    this.find({fromUser: user_id}, callBack);
};

var mailModel = mongoose.model('mail', mail);

module.exports = mailModel
```

mail 数据集有两个方法：用于显示用户发送的站内信和用户收到的站内信。

发送站内信路由需要发送的请求参数及其说明如表 5-13 所示。

表 5-13　发送站内信路由请求参数及其说明

Key	说　　明
token	用户验证令牌，用于登录和用户状态的验证
user_id	发送的用户ID
toUserName	发送至的用户ID
title	站内信的标题
context	站内信的内容

use.js 文件的路由代码如下：

```javascript
//用户发送站内信
router.post('/sendEmail', function (req, res, next) {
// 验证站内信的完整性，这里使用简单的if方式，可以使用正则表达式对输入的数据格式进行
    验证
    if (!req.body.token) {
        res.json({status: 1, message: "用户登录状态错误"})
    }
    if (!req.body.user_id) {
        res.json({status: 1, message: "用户登录状态出错"})
    }
    if (!req.body.toUserName) {
        res.json({status: 1, message: "未选择相关的用户"})
    }
    if (!req.body.title) {
```

```
        res.json({status: 1, message: '标题不能为空'})
    }
    if (!req.body.context) {
        res.json({status: 1, message: '内容不能为空'})
    }
    if (req.body.token == getMD5Password(req.body.user_id)) {
        //    存入数据库之前需要先在数据库中获取要发送至用户的 user_id
        user.findByUsername(req.body.toUserName, function (err, toUser) {
            if (toUser.length!=0) {
                var NewEmail = new mail({
                    fromUser: req.body.user_id,
                    toUser: toUser[0]._id,
                    title: req.body.title,
                    context: req.body.context
                })
                NewEmail.save(function () {
                    res.json({status: 0, message: "发送成功"})
                })
            } else {
                res.json({status: 1, message: '您发送的对象不存在'})
            }
        })
    } else {
        res.json({status: 1, message: "用户登录错误"})
    }
});
```

在上面的代码中，除了表单的验证以外，发送来的数据分别为发送人和接收人。

因为接收人是使用用户名进行发送，如果用户名不存在，证明用户发送失败，则直接发送一个失败的回复，如图 5-47 所示。如果发送成功，则将用户名直接存储为查到的用户_id。

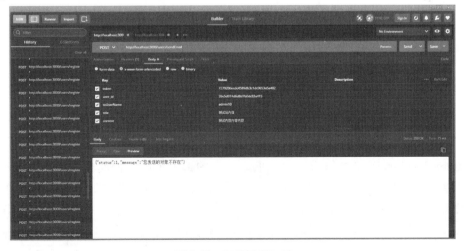

图 5-47　发送错误信息

用户名发送成功后，显示效果如图 5-48 所示。数据库的存储内容如图 5-49 所示。

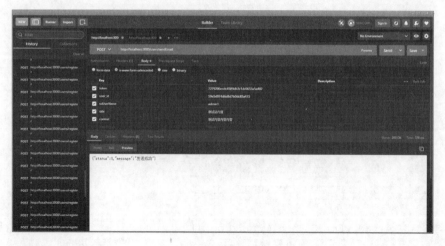

图 5-48　发送成功

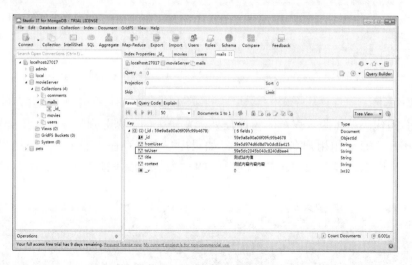

图 5-49　数据库的存储内容

5.5.8　接收站内信路由

/users/showEmail 路由作为用户收取站内信的部分可以获得两个站内信,其以一个 receive 参数作为区分,当参数为 1 时是发送的站内信,当参数为 2 时是收到的站内信。

接收站内信路由需要发送的请求参数及其说明如表 5-14 所示。完整的路由代码如下:

```
//显示用户站内信,其中,receive 参数为 1 时是发送的站内信,为 2 时是收到的站内信
router.post('/showEmail', function (req, res, next) {
// 验证站内信的完整性,这里使用简单的 if 方式,可以使用正则表达式对输入的数据格式进行验证
    if (!req.body.token) {
        res.json({status: 1, message: "用户登录状态错误"})
```

```
    }
    if (!req.body.user_id) {
        res.json({status: 1, message: "用户登录状态出错"})
    }
    if (!req.body.receive) {
        res.json({status: 1, message: "参数出错"})
    }
    if (req.body.token == getMD5Password(req.body.user_id)) {
        if (req.body.receive == 1) {
            //发送的站内信
            mail.findByFromUserId(req.body.user_id, function (err, sendMail) {
                res.json({status: 0, message: "获取成功", data: sendMail})
            })
        } else {
            //收到的站内信
            mail.findByToUserId(req.body.user_id, function (err, receiveMail) {
                res.json({status: 0, message: '获取成功', data: receiveMail})
            })
        }
    } else {
        res.json({status: 1, message: "用户登录错误"})
    }
});
```

表 5-14　接收站内信路由请求参数及其说明

Key	说　　明
token	用户验证令牌，用于登录和用户状态的验证
user_id	发送的用户ID
receive	获取发送的内容或收到的内容

显示效果如图 5-50 所示。

图 5-50　获得站内信

至此，用户模块就编写完毕了，接下来编写前台显示模块。

5.6　前台 API 开发

前台的 API 接口不只包括主页的显示端，还包括文章列表、内容、推荐等显示要求。通过 5.5 节建立的路由设计，同时建立 index.js 路由文件。

对于 index.js 文件而言，需要在 app.js 文件中引入其页面地址。在 app.js 中增加以下代码，引入 index.js 文件和页面总路由：

```
// 引入相关的文件和代码包
var index = require('./routes/index');
// 使用引入的包
app.use('/', index);
```

相关的 index.js 文件的代码如下：

```
// 引入相关的文件和代码包
var express = require('express');
var router = express.Router();
var mongoose = require('mongoose');
var recommend = require('../models/recommend')
var movie = require('../models/movie');
var article=require('../models/article');
var user=require('../models/user');
/* GET home page. */
//主页
router.get('/', function (req, res, next) {
    res.render('index', {title: 'Express'});
});
//Mongoose 测试
router.get('/mongooseTest', function (req, res, next) {
    mongoose.connect('mongodb://localhost/pets', {useMongoClient: true});
    mongoose.Promise = global.Promise;

    var Cat = mongoose.model('Cat', {name: String});

    var tom = new Cat({name: 'Tom'});
    tom.save(function (err) {
        if (err) {
            console.log(err);
        } else {
            console.log('success insert');
        }
    });
    res.send('数据库连接测试');
});
//显示主页的推荐大图等
router.get('/showIndex', function (req, res, next) {
});
//显示所有的排行榜，即电影字段 index 的样式
```

```
router.get('/showRanking', function (req, res, next) {
});
//显示文章列表
router.get('/showArticle', function (req, res, next) {
});
//显示文章的内容
router.post('/articleDetail', function (req, res, next) {
});
//显示用户个人信息的内容
router.post('/showUser', function (req, res, next) {
});

module.exports = router;
```

首先编写/showIndex 路由的逻辑，该路由用于获取前台的推荐信息，在主页中显示推荐的电影或者新闻等主题的大图信息。

然后再添加一个新的数据集，也就是主页推荐数据集。在 models 文件夹下建立一个新的文件 recommend.js，代码如下：

```
//引入相关的文件和代码包
var mongoose = require('../common/db');
//数据库的数据集
var recommend = new mongoose.Schema({
    recommendImg:String,
    recommendSrc:String,
    recommendTitle:String
})
//数据操作的一些常用方法
//通过 ID 获得主页推荐
recommend.statics.findByIndexId = function(m_id,callBack){
    this.find({findByIndexId:m_id},callBack);
};
//找到所有的推荐
recommend.statics.findAll = function(callBack){
    this.find({},callBack);
};
var recommendModel = mongoose.model('recommend',recommend);

module.exports =recommendModel
```

这样就建立好了一个主页推荐的数据对象，通过 showIndex 路由可以获取所有前台页面的主页推荐信息，API 代码如下：

```
//定义路由
router. get('/showIndex', function (req, res, next) {
    recommend.findAll(function (err, getRecommend) {
        res.json({status: 0, message: "获取推荐", data: getRecommend})
    })
});
```

由于不需要参数和权限控制，因此该 API 的请求方式为 get 方式，使用 Postman 选择 get 方式可以对 showIndex 接口进行测试，效果如图 5-51 所示。

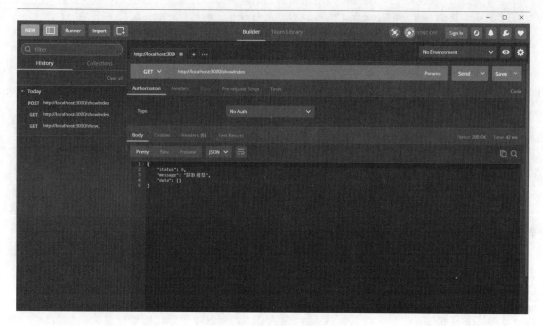

图 5-51　获得推荐

5.6.1　显示排行榜

/showRanking 路由提供了在主页（首页）中显示电影列表的功能，通过查找电影数据集的 movieMainPage 字段为 true 的情况，使主页只显示过滤后的电影。该字段由后台进行配置，默认为 false。

因为电影的数据信息是公开的，无须验证用户令牌等参数，所以选择 get 请求方式，完整的代码如下：

```
//显示首页电影列表，即电影字段 index 的值为 true 的情况
router.get('/showRanking', function (req, res, next) {
    movie.find({movieMainPage: true}, function (err, getMovies) {
        res.json({status: 0, message: "获取主页", data: getMovies})
    })
});
```

5.6.2　显示文章列表

/showArticle 路由用于显示主页的文章列表，通过该路由可以获取所有的文章形成相关的文章列表页。当然，还需要建立一个相关文章的数据集，在 models 文件夹下新建一个 article.js 文件，并在 index.js 中引入该文件。

article.js 文件的相关代码如下：

```
// 引入相关的代码包
var mongoose = require('../common/db');
// 数据库的数据集
var article = new mongoose.Schema({
    articleTitle:String,
    articleContext:String,
    articleTime:String
})
//通过 ID 查找
article.statics.findByArticleId = function(id,callBack){
    this.find({_id:id},callBack);
};

var articleModel= mongoose.model('article',article);
module.exports = articleModel;
```

因为获取文章列表是公开的，无须验证用户的登录状态，所以选择 get 请求方式请求文章列表数据，完整的代码如下：

```
//显示文章列表
router.get('/showArticle', function (req, res, next) {
    article.findAll(function (err, getArticles) {
        res.json({status: 0, message: "获取主页", data: getArticles})
    })
});
```

5.6.3　显示文章内容

/articleDetail 路由需要 article_id 参数作为/showArticle 的辅助路由。用户获取文章列表后，需要选择一个具体项进行数据查询，此时调用/articleDetail 接口，该接口请求为 post 方式，需要传递具体的文章 ID。

/articleDetail 路由需要发送的请求参数及其说明如表 5-15 所示。

表 5-15　/articleDetail路由请求参数及其说明

Key	说　　明
article_id	获取具体文章详情的ID

/articleDetail 路由的具体代码如下：

```
//显示文章的内容
router.post('/articleDetail', function (req, res, next) {
// 验证用户个信息的完整性，这里使用简单的 if 方式，可以使用正则表达式对输入的数据格式
   进行验证
   if(!req.body.article_id){
       res.json({status:1,message:'文章id出错'})
   }
   article.findByArticleId(req.body.article_id,function (err, getArticle) {
       res.json({status: 0, message: "获取成功", data: getArticle})
   }
});
```

5.6.4　显示用户个人信息

/showUser 路由用于显示所有用户的详细（非敏感）信息，包括用户名、手机和邮箱等。该路由采用 post 方式，需要用户_id 信息。如果发送的用户_id 信息为空，则不显示相关的信息，当然此路由也需要引入之前已经写好的 user.js 数据集才能进行操作。

/showUser 路由需要发送的请求参数及其说明如表 5-16 所示。

表 5-16　/showUser路由请求参数及其说明

Key	说　　明
user_id	需要获取信息的用户ID

/showUser 路由完整的代码如下：

```
//显示用户个人信息的内容
router.post('/showUser', function (req, res, next) {
// 验证用户个人信息的完整性，这里使用简单的 if 方式，可以使用正则表达式对输入的数据格
   式进行验证
   if (!req.body.user id) {
      res.json({status: 1, message: "用户状态出错"})
   }
   user.findById(req.body.user id,function (err, getUser) {
      res.json({status: 0, message: "获取成功", data: {
         user id:getUser. id,
         username:getUser.username,
         userMail:getUser.userMail,
         userPhone:getUser.userPhone,
         userStop:getUser.userStop
      }})
   })
});
```

运行结果如图 5-52 所示。

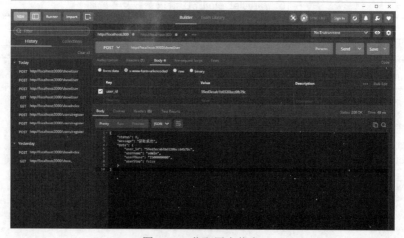

图 5-52　获取用户信息

5.7　后台 API 开发

接下来是最后一部分 API 的开发，即后台管理的 API 开发。其中需要对用户的后台权限进行判断，如果符合管理员权限，则可以对整个系统的文章、电影和推荐等信息进行添加和删除等操作，还可以对用户进行权限的更新等操作。通过 5.5 节的路由设计，建立相关的 admin.js 路由文件。

首先需要在 app.js 文件中对二级地址进行引入和定义：

```
var admin=require('./routes/admin');
app.use('/admin',admin);
```

所有的后台系统 API 的开发均在 admin.js 文件中，接下来定义相关的路由和方法。

5.7.1　添加电影

/admin/movieAdd 路由首先需要和 user.js 文件中的验证方法一致，验证 Token 值和_id 值的对应性，获得相关的用户信息后，对用户的后台权限和停用的权限再次验证。如果权限符合，则进行相应操作；如果权限不符合，则直接返回相关的错误信息。

/admin/movieAdd 路由需要的参数及其说明如表 5-17 所示。

表 5-17　/admin/movieAdd 路由请求参数及其说明

Key	说　　明
id	操作用户的ID
token	操作用户的Token值
username	用户名
movieName	电影名称
movieImg	电影封面
movieDownload	电影下载地址
movieMainPage	电影的主页推荐字段

首先需要对添加电影路由中的数据进行验证，如果验证不成功则自动返回错误信息并且中断执行。

使用 if 方式进行逻辑判断和验证，代码如下：

```
// 验证数据的完整性，这里使用简单的 if 方式，可以使用正则表达式对输入的数据格式进行验证
if (!req.body.username) {
    res.json({status: 1, message: "用户名为空"})
}
if (!req.body.token) {
    res.json({status: 1, message: "登录出错"})
```

```
    }
    if (!req.body.id) {
        res.json({status: 1, message: "用户传递错误"})
    }
    if (!req.body.movieName) {
        res.json({status: 1, message: "电影名称为空"})
    }
    if (!req.body.movieImg) {
        res.json({status: 1, message: "电影图片为空"})
    }
    if (!req.body.movieDownload) {
        res.json({status: 1, message: "电影下载地址为空"})
    }
```

如果数据验证成功，则需要进行数据处理，完整的路由代码如下：

```
//后台管理需要验证用户的后台管理权限
//后台管理员添加新的电影
router.post('/movieAdd', function (req, res, next) {
// 验证代码
...
    if (!req.body.movieMainPage) {
        var movieMainPage = false
    }
    //验证
    var check = checkAdminPower(req.body.username, req.body.token, req.
    body.id)
    if (check.error == 0) {
        //验证用户的情况
        user.findByUsername(req.body.username, function (err, findUser) {
            if (findUser[0].userAdmin && !findUser[0].userStop) {
//根据数据集建立需要存入数据库的数据
                var saveMovie = new movie({
                    movieName: req.body.movieName,
                    movieImg: req.body.movieImg,
                    movieVideo: req.body.movieVideo,
                    movieDownload: req.body.movieDownload,
                    movieTime: Date.now(),
                    movieNumSuppose: 0,
                    movieNumDownload: 0,
                    movieMainPage: movieMainPage,
                })
//保存合适的数据集
                saveMovie.save(function (err) {
                    if (err) {
                        res.json({status: 1, message: err})
                    } else {
                        res.json({status: 0, message: "添加成功"})
                    }
                })
            } else {
                res.json({error: 1, message: "用户没有获得权限或者已经停用"})
            }
        })
```

```
    } else {
        res.json({status: 1, message: check.message})
    }
});
```

在上述代码中，首先对用户进行相关的验证，并且对用户的后台权限即 userAdmin 字段进行判定，验证成功后通过 saveMovie.save()方法存储添加的电影。

如果没有成功通过权限判定，显示结果如图 5-53 所示。

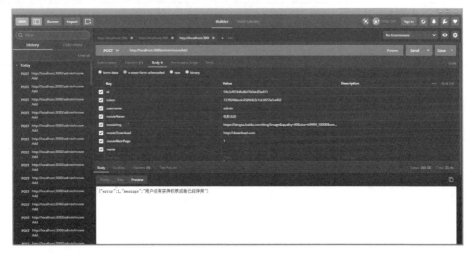

图 5-53　权限判定未通过

如果用户拥有相关的权限，则可以成功在 MongoDB 中添加新增的电影，通过 new movie()方法可以传入该电影的数据类型，包括电影名称（movieName）和电影封面（movieImg）等，效果如图 5-54 所示。

图 5-54　电影添加成功

5.7.2　删除电影

/admin/movieDel 路由用于删除电影，该路由需要的参数及其说明如表 5-18 所示。

表 5-18　/admin/movieDel路由请求参数及其说明

key	说　　明
id	用户的ID
token	用户的Token值
username	用户的用户名
movieId	用户需要删除的movieId

首先依旧对/admin/movieDel 路由中所需要的数据进行验证，完整的代码如下：

```
// 验证数据的完整性，这里使用简单的 if 方式，可以使用正则表达式对输入的数据格式进行验证
if (!req.body.movieId) {
        res.json({status: 1, message: "电影 id 传递失败"})
    }
    if (!req.body.username) {
        res.json({status: 1, message: "用户名为空"})
    }
    if (!req.body.token) {
        res.json({status: 1, message: "登录出错"})
    }
    if (!req.body.id) {
        res.json({status: 1, message: "用户传递错误"})
    }
```

验证数据完成之后，需要对获得的数据进行整理和操作，完整的代码如下：

```
//删除后台添加的电影条目
router.post('/movieDel', function (req, res, next) {
    ...
        //验证代码
        var check = checkAdminPower(req.body.username, req.body.token,
        req.body.id)
        if (check.error == 0) {
            user.findByUsername(req.body.username, function (err, findUser) {
                if (findUser[0].userAdmin && !findUser[0].userStop) {
                    movie.remove({_id: req.body.movieId}, function (err,
                    delMovie) {
                        res.json({status: 0, message: '删除成功', data:
                        delMovie})
                    })
                } else {
                    res.json({error: 1, message: "用户没有获得权限或者已经停用"})
                }
            })
        }
        else {
```

```
            res.json({status: 1, message: check.message})
        }
    }
)
```

上述代码是验证相关的账户，如果通过验证，则执行删除电影的操作。使用 Postman 进行测试，结果如图 5-55 所示。

图 5-55　删除电影成功

5.7.3　更新电影

/admin/movieUpdate 路由用于修改电影的内容，通过打包相关的参数，以 _id 为键，更新所有的电影内容，/admin/movieUpdate 路由需要的参数及其说明如表 5-19 所示。

表 5-19　/admin/movieUpdate 路由请求参数及其说明

Key	说　　明
id	用户ID
token	用户Token值
username	用户名称
movieId	修改的movieId
movieInfo	修改的所有电影的字段，如果未修改，可以为空

/admin/movieUpdate 路由的完整逻辑代码如下：

```
//修改后台添加的条目
router.post('/movieUpdate', ...... (req, res), next) {
    // 验证数据的完整性，这里使用简单的 if 方式，可以使用正则表达式对输入的数据格式进行验证
```

```
    if (!req.body.movieId) {
        res.json({status: 1, message: "电影 id 传递失败"})
    }
    if (!req.body.username) {
        res.json({status: 1, message: "用户名为空"})
    }
    if (!req.body.token) {
        res.json({status: 1, message: "登录出错"})
    }
    if (!req.body.id) {
        res.json({status: 1, message: "用户传递错误"})
    }

    //在前台打包一个电影对象并全部发送至后台直接存储
    var saveData = req.body.movieInfo
    //验证
    var check = checkAdminPower(req.body.username, req.body.token, req.
    body.id)
    if (check.error == 0) {
        user.findByUsername(req.body.username, function (err, findUser) {
            if (findUser[0].userAdmin && !findUser[0].userStop) {
// 更新操作
                movie.update({_id: req.body.movieId}, saveData, function
                (err, delMovie) {
                    res.json({status: 0, message: '删除成功', data: delMovie})
                })
            } else {
                res.json({error: 1, message: "用户没有获得权限或者已经停用"})
            }

        })
    } else {
        res.json({status: 1, message: check.message})
    }
});
```

对电影数据的完整性进行判断后，再对用户的权限进行判定，如果用户权限符合要求，则会调用 movie 数据集的 update()方法，对 movie 数据集对应 ID 的内容信息进行更新操作，从而完成一次更新。

5.7.4　获取所有电影

/admin/movie 路由用于显示后台的所有电影，无须传递参数，使用 get 方式进行请求。/admin/movie 路由的完整代码如下，显示效果如图 5-56 所示。

```
// 显示后台的所有电影
router.get('/movie', function (req, res, next) {
    movie.findAll(function (err, allMovie) {
        res.json({status: 0, message: '获取成功', data: allMovie})
    })
});
```

直接使用 findAll 进行所有数据的获取和显示操作，将数据集的全部内容均返回至前台显示。

注意：为了方便开发，这里仅展示了数条数据的返回，暂时无须分页操作。如果数据量巨大，在一页视图中完全显示是非常不现实的，因此需要通过相应的参数将数据进行分页显示。

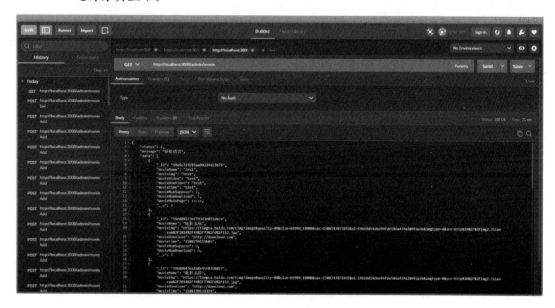

图 5-56　获取所有电影

5.7.5　获取用户评论

/admin/commentsList 路由用于显示后台的所有 comments（用户评论），不需要分类或者按照电影分类，无须传递参数，使用 get 方式进行请求。/admin/commentsList 路由的完整代码如下：

```
//显示后台的所有评论
router.get('/commentsList', function (req, res, next) {
    comment.findAll(function (err, allComment) {
        res.json({status: 0, message: '获取成功', data: allComment})
    })
});
```

5.7.6　审核用户评论

/admin/checkComment 路由用于对前台用户的电影评论进行审核，不经过审核的评论不应该显示。/admin/checkComment 路由需要的请求参数及其说明如表 5-20 所示。

表 5-20　　/admin/checkComment路由请求参数及其说明

key	说　　明
id	用户ID
token	用户的Token值
username	用户名称
commentId	提交评论的ID

只需要改变电影的 check 字段即可，完整的代码如下：

```
//审核评论
router.post('/checkComment', function (req, res, next) {
// 验证数据的完整性，这里使用简单的 if 方式，可以使用正则表达式对输入的格式进行验证
    if (!req.body.commentId) {
        res.json({status: 1, message: "评论 id 传递失败"})
    }
    if (!req.body.username) {
        res.json({status: 1, message: "用户名为空"})
    }
    if (!req.body.token) {
        res.json({status: 1, message: "登录出错"})
    }
    if (!req.body.id) {
        res.json({status: 1, message: "用户传递错误"})
    }
}
// 验证权限
    var check = checkAdminPower(req.body.username, req.body.token, req.
    body.id)
    if (check.error == 0) {
        user.findByUsername(req.body.username, function (err, findUser) {
            if (findUser[0].userAdmin && !findUser[0].userStop) {
// 更新操作
                comment.update({_id: req.body.commentId}, {check: true},
                function (err, updateComment) {
                    res.json({status: 0, message: '审核成功', data: updateComment})
                })
            } else {
                res.json({error: 1, message: "用户没有获得权限或者已经停用"})
            }
        })
    } else {
        res.json({status: 1, message: check.message})
    }
});
```

使用 post 请求后，数据库的字段如图 5-57 所示。通过对获取数据的完整性检查，对需要审核的数据进行相关的判断后，检测用户的权限。如果用户权限在许可的状态下，则成功通过评论审核；如果权限不符合，则不更改评论的状态。

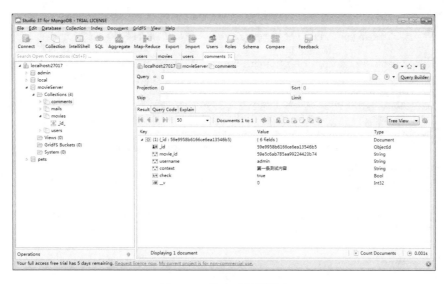

图 5-57　修改后的数据库

5.7.7　删除用户评论

/admin/delComment 路由用于删除一些垃圾评论，需要验证相关的用户权限和登录状态。/admin/delComment 路由请求参数及其说明如表 5-21 所示。

表 5-21　/admin/delComment路由请求参数及其说明

key	说　　明
id	用户ID
token	用户Token值
username	用户名称
commentId	提交的评论ID

/admin/delComment 路由的完整代码如下：

```
//删除用户的评论
router.post('/delComment', function (req, res, next) {
// 验证数据的完整性，这里使用简单的 if 方式，可以使用正则表达式对输入的数据格式进行验证
  if (!req.body.commentId) {
     res.json({status: 1, message: "评论 id 传递失败"})
  }
  if (!req.body.username) {
     res.json({status: 1, message: "用户名为空"})
  }
  if (!req.body.token) {
     res.json({status: 1, message: "登录出错"})
  }
```

```
    if (!req.body.id) {
        res.json({status: 1, message: "用户传递错误"})
    }
    var check = checkAdminPower(req.body.username, req.body.token, req.
    body.id)
    if (check.error == 0) {
        user.findByUsername(req.body.username, function (err, findUser) {
            if (findUser[0].userAdmin && !findUser[0].userStop) {
// 删除操作
                comment.remove({_id: req.body.commentId}, function (err,
                delComment) {
                    res.json({status: 0, message: '删除成功', data: delComment})
                })
            } else {
                res.json({error: 1, message: "用户没有获得权限或者已经停用"})
            }
        })
    } else {
        res.json({status: 1, message: check.message})
    }
});
```

使用数据集的 remove()方法进行删除操作，记录需要被删除的内容_id，在确认用户拥有管理员权限后直接对相关的数据进行 remove 操作，达到删除数据的目的。

🔔注意：在真实的应用环境下，对数据的删除应该谨慎并且最好使用回收站机制，对回收的数据进行暂存，以便数据可以进行回档和保存，而不是直接删除数据。

5.7.8　封停用户

/admin/stopUser 路由用于在违规行为下封停用户，使用户无法登录。

更改 user 模型的 stop 字段，使其默认的 false 更新为 true，即做相关的封停处理，/admin/stopUser 路由需要的参数及其说明如表 5-22 所示。

表 5-22　/admin/stopUser路由请求参数及其说明

key	说　　明
id	用户ID
token	用户的Token
username	用户名称
userId	需要封停的用户ID

/admin/stopUser 路由的完整代码如下：

```
//封停用户
router.post('/stopUser', function (req, res, next) {
//验证用户信息的完整性，这里使用简单的 if 方式，可以使用正则表达式对输入的数据格式进行
    验证
```

```
    if (!req.body.userId) {
        res.json({status: 1, message: "用户 id 传递失败"})
    }
    if (!req.body.username) {
        res.json({status: 1, message: "用户名为空"})
    }
    if (!req.body.token) {
        res.json({status: 1, message: "登录出错"})
    }
    if (!req.body.id) {
        res.json({status: 1, message: "用户传递错误"})
    }
    var check = checkAdminPower(req.body.username, req.body.token, req.
    body.id)
if (check.error == 0) {
//在数据库中查找用户是否存在
        user.findByUsername(req.body.username, function (err, findUser) {
            if (findUser[0].userAdmin && !findUser[0].userStop) {
// 更新操作
                user.update({_id: req.body.userId}, {userStop: true}, function
                (err, updateUser) {
                    res.json({status: 0, message: '封停成功', data: updateUser})
                })
            } else {
                res.json({error: 1, message: "用户没有获得权限或者已经停用"})
            }
        })

    } else {
        res.json({status: 1, message: check.message})
    }
});
```

验证成功后，根据用户 ID 来更改 user 封停的 userAdmin 字段并将其设置为 true。使用 Postman 进行测试的效果如图 5-58 所示。

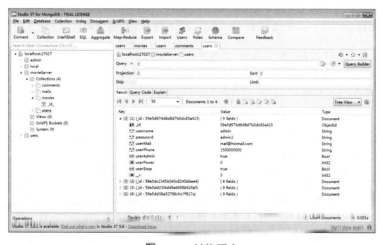

图 5-58　封停用户

5.7.9　更新用户密码

　　/admin/changeUser 路由用于更新用户的密码。如果用户在前台无法更新密码，可以联系系统管理员无条件更新用户密码。/admin/changeUser 路由需要的参数及其说明如表 5-23 所示。

表 5-23　/admin/changeUser路由请求参数及其说明

key	说　　明
id	用户ID
token	用户Token值
username	用户名称
userId	需要封停的用户ID
newPassword	用户的新密码

　　/admin/changeUser 路由的完整代码如下：

```
//更新用户密码（管理员）
router.post('/changeUser', function (req, res, next) {
// 验证用户密码的完整性，这里使用简单的 if 方式，可以使用正则表达式对输入的数据格式进
   行验证
   if (!req.body.userId) {
      res.json({status: 1, message: "用户 id 传递失败"})
   }
   if (!req.body.username) {
      res.json({status: 1, message: "用户名为空"})
   }
   if (!req.body.token) {
      res.json({status: 1, message: "登录出错"})
   }
   if (!req.body.id) {
      res.json({status: 1, message: "用户传递错误"})
   }
   if (!req.body.newPassword) {
      res.json({status: 1, message: "用户新密码错误"})
   }
}
// 检测权限
   var check = checkAdminPower(req.body.username, req.body.token, req.
   body.id)
if (check.error == 0) {
//在数据库中查找用户是否存在
   user.findByUsername(req.body.username, function (err, findUser) {
      if (findUser[0].userAdmin && !findUser[0].userStop) {
         user.update({_id: req.body.userId}, {password: req.body.
         newPassword}, function (err, updateUser) {
//返回需要的内容
            res.json({status: 0, message: '修改成功', data: updateUser})
```

```
                  })
              } else {
//返回错误
                  res.json({error: 1, message: "用户没有获得权限或者已经停用"})
              }
          })
      } else {
//返回错误
          res.json({status: 1, message: check.message})
      }
  });
```

更改后的密码在数据库中的显示如图 5-59 所示。不同于用户自身的更新密码操作，假设管理员的权限是无限大的，那么他可以直接对用户的密码进行重置操作，则在验证用户身份的同时可以直接更改数据库。

图 5-59　更新密码

5.7.10　显示所有用户

/admin/showUser 路由用于显示所有的 user 列表，读取所有的 users 数据对象（无论是否封停或是否前后台），在后台用户的管理页面展示。

/admin/showUser 路由的完整代码如下：

```
//显示后端所有用户的资料（列表）
router.post(' /showUser', function (req, res, next) {
// 验证完整性，这里使用简单的 if 方式，可以使用正则表达式对输入的格式进行验证
    if (!req.body.username) {
        res.json({status: 1, message: "用户名为空"})
    }
    if (!req.body.token) {
        res.json({status: 1, message: "登录出错"})
    }
    if (!req.body.id) {
```

```
            res.json({status: 1, message: "用户传递错误"})
    }
    // 检测权限
    var check = checkAdminPower(req.body.username, req.body.token, req.
    body.id)
if (check.error == 0) {
    // 在数据库中查找是否存在该登录用户
        user.findByUsername(req.body.username, function (err, findUser) {
            if (findUser[0].userAdmin && !findUser[0].userStop) {
                user.findAll(function (err, alluser) {
    // 返回需要的内容
                    res.json({status: 0, message: '获取成功', data: alluser})
                })
            } else {
                res.json({error: 1, message: "用户没有获得权限或者已经停用"})
            }
        })
    } else {
        res.json({status: 1, message: check.message})
    }
});
```

后台的管理需要对用户进行统计和分类操作，本例只是显示出所有的用户，对于一个成熟的系统来说不只是内容的更新，更多的应该是对用户行为的挖掘。Postman 的测试效果如图 5-60 所示。

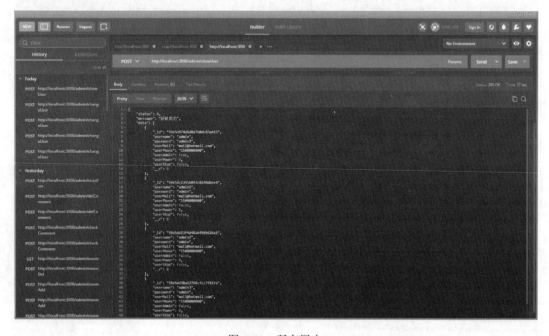

图 5-60　所有用户

5.7.11　管理用户权限

/admin/powerUpdate 路由通过更新用户的后台权限，让用户具备后台管理员的权限。
/admin/powerUpdate 路由的完整代码如下：

```
//这里只是对后台权限的管理，只是作为示例
router.post('/powerUpdate', function (req, res, next) {
// 验证信息的完整性，这里使用简单的if方式，可以使用正则表达式对输入的数据格式进行验证
    if (!req.body.userId) {
        res.json({status: 1, message: "用户id传递失败"})
    }
    if (!req.body.username) {
        res.json({status: 1, message: "用户名为空"})
    }
    if (!req.body.token) {
        res.json({status: 1, message: "登录出错"})
    }
    if (!req.body.id) {
        res.json({status: 1, message: "用户传递错误"})
    }
}
// 检测权限
    var check = checkAdminPower(req.body.username, req.body.token, req.
    body.id)
if (check.error == 0) {

// 在数据库中查找是否存在登录的用户
    user.findByUsername(req.body.username, function (err, findUser) {
        if (findUser[0].userAdmin && !findUser[0].userStop) {
// 更新操作
            user.update({_id: req.body.userId}, {userAdmin: true},
            function (err, updateUser) {
                res.json({status: 0, message: '修改成功', data:
                updateUser})
            })
        } else {
// 返回错误
            res.json({error: 1, message: "用户没有获得权限或者已经停用"})
        }
    })
} else {
// 返回错误
    res.json({status: 1, message: check.message})
    }
});
```

/admin/powerUpdate 路由通过管理员用户进行接口的请求，通过验证后将 user 数据集
的 userAdmin 字段重置为 true。数据库更新后的显示效果如图 5-61 所示。

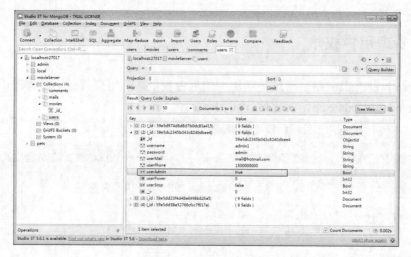

图 5-61　更新的后台权限

5.7.12　新增文章

/admin/addArticle 路由用于增加前台文章和需要发布的文章等相关字段，/admin/addArticle 路由请求参数及其说明如表 5-24 所示。

表 5-24　/admin/addArticle路由请求参数及其说明

Key	说　明
id	用户ID
token	用户的Token值
username	用户名称
userId	需要封停的用户ID
articleTitle	文章的标题
articleContext	文章内容

/admin/addArticle 路由的完整代码如下：

```
//后台新增文章
router.post('/addArticle', function (req, res, next) {
//验证文章信息的完整性，这里使用简单的if方式，可以使用正则表达式对输入的数据格式进行
  验证
    if (!req.body.token) {
        res.json({status: 1, message: "登录出错"})
    }
    if (!req.body.id) {
        res.json({status: 1, message: "用户传递错误"})
    }
    if (!req.body.articleTitle) {
        res.json({status: 1, message: "文章名称为空"})
```

```
    }
    if (!req.body.articleContext) {
        res.json({status: 1, message: "文章内容为空"})
    }
    //验证
    var check = checkAdminPower(req.body.username, req.body.token, req.
    body.id)
if (check.error == 0) {
//在数据库中查找登录用户是否存在
        user.findByUsername(req.body.username, function (err, findUser) {
            if (findUser[0].userAdmin && !findUser[0].userStop) {
                //有权限的情况下
                var saveArticle = new article({
                    articleTitle: req.body.articleTitle,
                    articleContext: req.body.articleContext,
                    articleTime: Date.now()
                })
                saveArticle.save(function (err) {
                    if(err){
                        res.json({status: 1, message: err})
                    }
                })
            } else {
                res.json({error: 1, message: "用户没有获得权限或者已经停用"})
            }
        })
    } else {
        res.json({status: 1, message: check.message})
    }
});
```

当用户权限验证完成后可以直接进行添加文章操作，对所有的文章数据进行完整性验证后，将 article 数据集存入数据库并返回相应的成功提示信息。数据库添加完成后如图 5-62 所示。

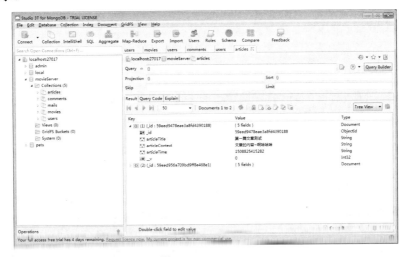

图 5-62　添加文章

5.7.13　删除文章

/admin/delArticle 路由用于文章的删除操作，需要对用户的权限进行验证，请求参数及其说明如表 5-25 所示。

表 5-25　/admin/delArticle路由请求参数及其说明

Key	说　　明
id	用户ID
token	用户的Token值
username	用户名称
articleId	需要删除的文章ID

/admin/delArticle 路由的完整代码如下：

```
//后台删除文章
router.post('/delArticle', function (req, res, next) {
// 验证文章信息的完整性，这里使用简单的 if 方式，可以使用正则表达式对输入的数据格式进
   行验证
   if (!req.body.articleId) {
       res.json({status: 1, message: "文章 id 传递失败"})
   }
   if (!req.body.username) {
       res.json({status: 1, message: "用户名为空"})
   }
   if (!req.body.token) {
       res.json({status: 1, message: "登录出错"})
   }
   if (!req.body.id) {
       res.json({status: 1, message: "用户传递错误"})
   }
}
// 检测权限
   var check = checkAdminPower(req.body.username, req.body.token, req.
   body.id)
   if (check.error == 0) {
       user.findByUsername(req.body.username, function (err, findUser) {
           if (findUser[0].userAdmin && !findUser[0].userStop) {

               article.remove({_id: req.body.articleId}, function (err,
               delArticle) {
                   res.json({status: 0, message: '删除成功', data: delArticle})
               })
           } else {
               res.json({error: 1, message: "用户没有获得权限或者已经停用"})
           }
       })
   } else {
       res.json({status: 1, message: check.message})
```

```
    }
});
```

首先对需要删除的文章_id 和相关的用户权限进行验证，验证成功后则直接将文章数据集对应_id 的数据进行删除。删除后的效果如图 5-63 所示。

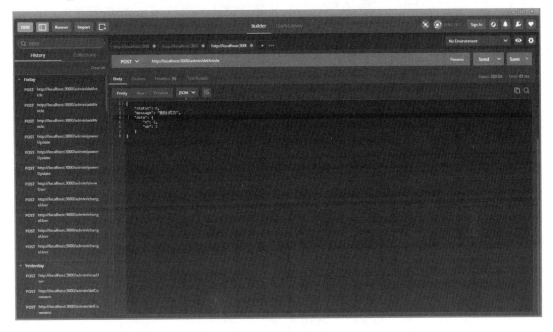

图 5-63　删除文章

5.7.14　新增主页推荐

/admin/addRecommend 路由用于热点信息（主页）的增加操作，需要判定用户的权限为 post 请求方式，相关的参数及其说明如表 5-26 所示。

表 5-26　/admin/addRecommend路由请求参数及其说明

Key	说　明
id	用户ID
token	用户的Token值
username	用户名称
recommendImg	推荐图片链接
recommendSrc	推荐内容链接，单击将跳转到该链接地址
recommendTitle	推荐标题

/admin/addRecommend 路由的完整代码如下：

```
//新增主页推荐
router.post('/addRecommend', function (req, res, next) {
// 验证数据的完整性，这里使用简单的 if 方式，可以使用正则表达式对于输入的格式进行验证
    if (!req.body.token) {
        res.json({status: 1, message: "登录出错"})
    }
    if (!req.body.id) {
        res.json({status: 1, message: "用户传递错误"})
    }
    if (!req.body.recommendImg) {
        res.json({status: 1, message: "推荐图片为空"})
    }
    if (!req.body.recommendSrc) {
        res.json({status: 1, message: "推荐跳转地址为空"})
    }
    if (!req.body.recommendTitle) {
        res.json({status: 1, message: "推荐标题为空"})
    }

    //验证
    var check = checkAdminPower(req.body.username, req.body.token, req.
    body.id)
    if (check.error == 0) {
        //有权限的情况下
        user.findByUsername(req.body.username, function (err, findUser) {
            if (findUser[0].userAdmin && !findUser[0].userStop) {

                var saveRecommend = new recommend({
                    recommendImg: req.body.recommendImg,
                    recommendSrc: req.body.recommendSrc,
                    recommendTitle: req.body.recommendTitle
                })
                saveRecommend.save(function (err) {
                    if(err){
                        res.json({status: 1, message: err})
                    }else{
                        res.json({status: 0, message: '保存成功'})
                    }
                })
            } else {
                res.json({error: 1, message: "用户没有获得权限或者已经停用"})
            }
        })
    } else {
        res.json({status: 1, message: check.message})
    }
});
```

　　首先仍然对数据进行完整性验证，如果数据验证成功，则将数据保存至相关的数据集中，即成功地增加了一条首页推荐信息。增加后的数据库显示效果如图 5-64 所示。

图 5-64　增加热点

5.7.15　删除热点信息

/admin/delRecommend 路由用于热点信息（主页）的删除操作，需要判定用户的权限为 post 请求方式，相关的参数及其说明如表 5-27 所示。

表 5-27　/admin/delRecommend路由请求参数及其说明

Key	说　　明
id	用户ID
token	用户的Token值
username	用户名称
recommendId	需要删除的推荐ID

/admin/delRecommend 路由的完整代码如下：

```
//删除主页推荐
router.post('/delRecommend', function (req, res, next) {
// 验证完整性，这里使用简单的 if 方式，可以使用正则表达式对输入的格式进行验证
    if (!req.body.recommendId) {
        res.json({status: 1, message: "评论 id 传递失败"})
    }
    if (!req.body.username) {
        res.json({status: 1, message: "用户名为空"})
    }
    if (!req.body.token) {
        res.json({status: 1, message: "登录出错"})
    }
    if (!req.body.id) {
        res.json({status: 1, message: "用户传递错误"})
```

```
    }
    //检测权限
var check = checkAdminPower(req.body.username, req.body.token, req.body.id)
if (check.error == 0) {
//在数据库中查找是否存在
        user.findByUsername(req.body.username, function (err, findUser) {
            if (findUser[0].userAdmin && !findUser[0].userStop) {
                recommend.remove({_id: req.body.recommendId}, function
                (err, delRecommend) {
                    res.json({status: 0, message: '删除成功', data: delRecommend})
                })
            } else {
                res.json({error: 1, message: "用户没有获得权限或者已经停用"})
            }
        })
    } else {
        res.json({status: 1, message: check.message})
    }
});
```

首先对用户的权限进行判断，如果用户的权限和数据完整性都没有问题，则将此数据直接用 remove()方法进行删除，删除成功后如图 5-65 所示。

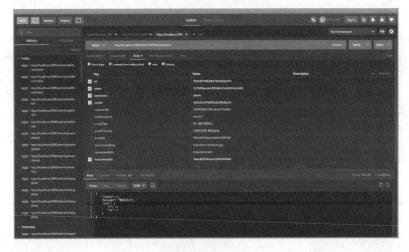

图 5-65　删除热点

5.8　小结与练习

5.8.1　小结

本章是编写项目的后台 API，提高了读者的学习门槛，但本章内容非常重要。对于初学者而言,后端 API 开发的学习难度较大,考虑到入门的难度和后端 API 开发的不易理解,我们选择了 Node.js 及 Express 作为开发工具,读者应熟练掌握 JavaScript 的编写方式和相关 NPM 项目管理命令的使用,为学习 Vue.js 打下扎实的基础。

　　读者不需要完全掌握后端 API 的开发和 Express 的使用,只需要将本章视为 Vue.js 的基础部分进行学习即可,因为单一的 View 层是做不了太多事情的。

5.8.2　练习

　　1. 在自己的计算机上搭建相关的开发环境。

　　2. 参照本章介绍的开发内容进行后端开发,为 Vue.js 的学习做好准备。

　　3. 完成相关的代码编写并使用 Postman 进行测试。

　　4. 思考一些更好的实现手段和方法,将本章的代码进行优化,删除多余和重复的部分,以达到更好的效果。

第 6 章　Vue.js 项目开发技术解析

本章我们将正式进入 Vue.js 的项目开发。通过第 5 章的介绍，我们学习了后台逻辑设计过程。本章我们将从最简单的页面开始，逐步展开前台页面设计的学习。

6.1　Vue.js 实例

Vue.js 作为前端页面视图层的渐进式框架，其本身只关注于视图层。在一个 Vue.js 工程中，最基层的实例称之为根实例。通过根实例可以进行页面或组件的更新和显示。对于项目本身而言，无论是什么样的页面，都要基于该根实例进行显示。

6.1.1　何为构造器

对于 Vue.js 项目来说，每个应用的起步都需要使用 Vue.js 构造函数创建一个根实例，代码如下：

```
//逻辑代码，建立Vue.js实例
const vm = Vue.createApp({
 //选项
})
```

🗩注意：这里的 vm 是 ViewModel 的简称。虽然 Vue.js 并不是完全遵循 MVC 模型，但是受到了它的启发。

在实例化 Vue.js 时需要传入一个选项对象，它包含数据、模板、挂载元素、方法和生命周期钩子等选项，全部的选项可以在 API 文档中查看。

对于已经创建的相关构造器，可以将其扩展为其他构造器，相当于对某个构造器的继承，从而达到可复用组件构造器的目的。演示代码如下：

```
var MyComponent = Vue.extend({
 // 扩展选项
})
```

```
// 所有的 `MyComponent` 实例都将以预定义的扩展选项被创建
var myComponentInstance = new MyComponent()
```

虽然可以用命令的方式创建扩展实例，但在多数情况下是将组件构造器注册为一个自定义元素，然后声明式地用在模板中。

6.1.2　实例的属性和方法

每个 Vue.js 实例在被创建之前都要经过一系列的初始化过程，在初始化过程中加入一些 data 属性，即表示此实例的一些响应事件或数据属性等。例如，需要设置数据监听、编译模板和挂载实例到 DOM 中，在数据变化时更新 DOM。在这个过程中也会运行一些叫作生命周期钩子的函数，给予用户在一些特定的场景下执行其他代码的机会。关于生命周期的介绍见 6.1.3 小节。

当 data 对象中既定的值发生改变时，视图会自动产生"响应"并及时匹配值，产生响应的效果。例如，可以初始化以下代码：

```
const App = {
        setup() {
            // 逻辑代码，定义相关变量
            //通过 reactive 定义响应式对象
            const data = Vue.reactive({
                a: 1
            });
            //设置属性也会影响原始数据
            data.a = 2;
            //将所有数据返回
            return {
                ... Vue.toRefs(data)
            }
        }
    }
    //将 data 对象加入一个 Vue.js 实例中
    const app = Vue.createApp(App).mount('#app')
```

在上述代码中，当 data 属性中的数据改变时，视图会重新渲染。

注意：只有当实例被创建时，data 中存在的属性才是响应式的。也就是说，如果添加一个新的属性，例如：

vm.b = 'hi'

那么对 b 的改动将不会触发任何视图的更新。如果开发者以后需要一个属性，但是 开始它为空或不存在，那么仅需要设置一些初始值即可。

除了 data 属性，Vue.js 实例暴露了一些有用的实例属性和方法。它们都有前缀$，以便与用户定义的属性区分开。例如：

```
const vm = Vue.createApp({
// 定义相关的变量
        data() {
            return {
                a: 1,
            }
        }
    }).mount('#app')
vm.$data === data // => true
vm.$el === document.getElementById('example') // => true
// $watch 是一个实例方法
vm.$watch('a', function (newValue, oldValue) {
  // 这个回调将在`vm.a`改变后调用
})
```

6.1.3　生命周期

当监听的数据发生变化、需要编译模板、将实例挂载到 DOM 上和更新 DOM 等操作时，允许插入开发者添加的特定代码。setup()中包括 created 等钩子事件，原先在 Vue 2.x 中的部分钩子在 Vue 3 中变为以下形式：

- beforeCreate→使用 setup();
- created→使用 setup();
- beforeMount→onBeforeMount;
- mounted→onMounted;
- beforeUpdate→onBeforeUpdate;
- updated→onUpdated;
- beforeDestroy→onBeforeUnmount;
- destroyed→onUnmounted;
- errorCaptured→onErrorCaptured。

代码示例如下：

```
const App = {
    setup() {
        const data = Vue.reactive({
            a: 1
        });
        //设置属性也会影响原始数据
        data.a = 2;
```

```
        //将所有数据返回
        onMounted(() => {
            console.log('mounted!')
        })
        onUpdated(() => {
            console.log('updated!')
        })
        onUnmounted(() => {
            console.log('unmounted!')
        })
        return {
            ...Vue.toRefs(data)
        }
    }
}
//将 data 对象加入一个 Vue.js 实例中
const vm = Vue.createApp(App)
vm.mount('#app')
```

为什么叫作钩子呢？是因为某个实例事件发生后需要响应已经预设好的代码，即某一个钩子钩住了一个实例的状态或者事件。

还有一些钩子适用于实例生命周期的不同场景下，如 onMounted、onUpdated 和 onUnmounted。

正如人类有生命周期一样，一个程序和程序中的每一个实例、组件都存在生命周期。

一个人的生命周期由出生开始，到死亡结束，从出生到死亡的几十年（或者更长）的时间里将会发生很多大事件，这些事件将会影响一些人或整个世界。相对于一个程序或 Vue.js 中的一个实例来说，其生命周期始于创建，当新建（createApp）一个实例时，证明其生命周期的开始，当销毁（onUnmounted）一个实例之后，证明其生命周期的完结。

当然，在实例创建和销毁期间可能会产生一些其他事件，令此实例到达某个状态，而这个状态下执行的事件调用称为钩子事件。

如图 6-1 为 Vue.js 完整实例的生命周期示意。

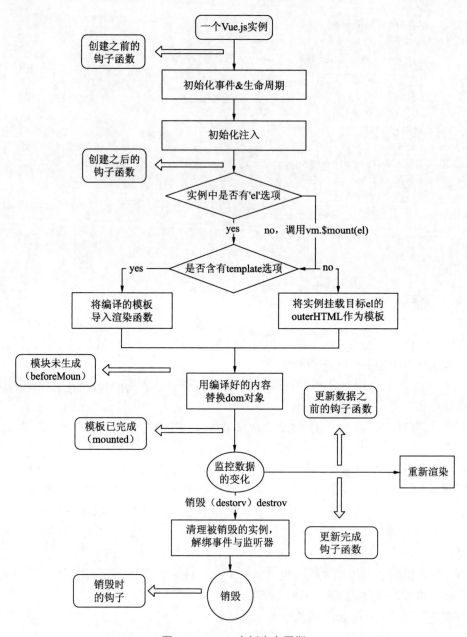

图 6-1　Vue.js 实例生命周期

6.2　Vue.js 路由

在第 5 章我们已经学习过路由，Vue.js 也提供了相关的路由插件，通过对不同路由路径的定义，可以标明 Vue.js 中可供访问的路径并且方便管理和调试。在工程中，一般采用一个路径对应一个功能的形式来定义页面。在本书的项目中是一个路由路径对应一个*.vue 文件，访问该路径，即相当于显示*.vue 文件。

6.2.1　RESTful 模式的路由

RESTful 作为一种软件架构风格（是设计风格而不是标准）只提供了一组设计原则和约束条件，它主要用于客户端和服务器交互。基于这个风格设计的软件可以更简洁，更有层次，更易于实现缓存等机制。

在 REST 样式的 Web 服务中，每个资源都有一个地址。资源是方法调用的目标，方法调用对所有资源都是一样的。这些方法都是标准方法，包括 HTTP GET、POST、PUT、DELETE，还可能包括 HEADER 和 OPTIONS 方法。

第 5 章的 Express 开发即采用了 RESTful 模式的 API 模式，在 Vue.js 中也使用相关的路由对页面跳转进行控制。

6.2.2　安装 vue-router

vue-router 提供了对 Vue.js 的路由控制和管理功能，也是官方提供的路由控制组件，通过 vue-router 可以非常方便地进行路由控制。

使用 Vue.js+vue-router 形式创建单页应用是非常简单的。使用 Vue.js，可以通过组合组件的形式构建应用程序，当开发者将 vue-router 添加进来后，需要做的就是将组件映射到路由上，然后告诉 vue-router 在哪里渲染它们。

vue-router 的安装方法有以下两种方式。

1. 直接引入CDN

使用 CDN 进行安装时可以使用 BootCDN 提供的 CDN 服务。打开网址 https://www.bootcdn.cn/vue-router/，页面如图 6-2 所示。

然后使用<script></script>进行引入：

```
<script src="https://www.bootcdn.cn/vue-router/2.7.0/vue-router.js"></script>
```

或者下载 vue-router.js 文件后将其放置在项目文件夹中，使用如下代码进行引入：

```
<script src="/path/to/vue.js"></script>
<script src="/path/to/vue-router.js"></script>
```

2. 使用Shell安装

安装命令如下：

```
npm install vue-router
```

如果需要在一个模块化工程中使用 vue-router，则必须通过 Vue.use()明确安装路由功能：

```
// 引入相关的代码包
import Vue from 'vue'
import VueRouter from 'vue-router'
// 使用引入的包
Vue.use(VueRouter)
```

图 6-2 vue-router 页面

6.3 Vue.js 路由配置 vue-router

本节将介绍 vue-router 的一些基本概念，读者可以大致浏览后直接编写代码，当编写过程中出现一些问题时，再有针对性地进行学习。

通过动态路由的配置，可以有效地开发和管理相关的路由路径，这是工程化项目中非常必要的一个环节。

6.3.1 动态路由匹配

动态路由的匹配经常需要把某种模式匹配到的所有路由全都映射到同一个组件上。例如，现在有一个 User 组件，所有 ID 不相同的用户都要使用这个组件来渲染，那么可以在 vue-router 的路由路径中使用"动态路径参数"（dynamic segment）来达到效果。

【示例 6-1】动态路由的匹配。

注意：本节会用一个实例来验证所有的路由配置，即整个第 6 章的示例会在同一个工程中，具体参见代码文件"第 6 章实例"项目。首先需要在该项目中新建 Vue.js 的开发环境，限于篇幅，这里不再赘述。

（1）使用 NPM 命令启动实例，首先确定一个公用的页面，这里命名为 User.vue，将该页面放在项目的 src/components 文件夹下。完整的代码如下：

```
<template>
<!--HTML 页面的部分代码-->
  <div>用户页面</div>
</template>
```

（2）编写 src/router/index.js，设定一条新的路由，完整的代码如下：

```
//引入相关的代码包
import { createRouter, createWebHashHistory } from 'vue-router'
import Home from '../views/Home.vue'
import User from '../views/User.vue'

// 定义路由
const routes = [
  {
    path: '/',
    name: 'Home',
    component: Home
  },
  {
    path: '/user/:id',
    component: User
  }
]

const router = createRouter({
  history: createWebHashHistory(),
  routes
})

export default router
```

上述配置方式使所有/user/****路由都会映射到相同的路由上，也就是说，会访问同一个页面，如图 6-3 所示。

（3）路径的定义参数使用冒号"："进行标记和连接。当匹配到一个路由时，参数值会被设置为 route.params 属性，然后可以在每个组件内通过 route.params 属性获取该参数值。例如，可以更新 User 的模板，输出当前用户的 ID。更改 User.vue 为下面的代码：

```
<template>
  <div class="user">
    <img alt="Vue logo" src="../assets/logo.png" />
    <div>用户页面, Hello {{ id }}</div>
  </div>
</template>
```

```
<script>
// 第一步：引入 useRoute
import { useRoute } from 'vue-router'
export default {
  name: 'User',
  setup() {
// 第二步：使用 route
    const route = useRoute()
return {
// 第三步：获取参数
      id :route.params.id
    }
  }
}
</script>
```

图 6-3　路由访问

（4）再次刷新页面，显示效果如图 6-4 所示。

图 6-4　显示访问的用户

开发者可以在一个路由中设置多个路径参数，对应的值都会设置到 route.params 中，当用户访问时，会自动匹配相关的路径，如表 6-1 所示。

表 6-1　匹配路径

模　式	匹配路径	route.params
/user/：username	/user/evan	{ username：'evan' }
/user/：username/post/：post_id	/user/evan/post/123	{ username：'evan'，post_id：123 }

除了 route.params 之外，route 对象还提供了其他有用的信息。例如，route.query（如果 URL 中有查询参数）和 route.hash 等。

📖提醒：当使用路由参数时，如从/user/foo 导航到 user/bar，原来的组件实例会被复用。因为两个路由都渲染同一个组件，相比销毁再创建操作，复用操作更加高效，但这也意味着组件的生命周期钩子不会再被调用。

复用组件时，如果想对路由参数的变化作出响应，可以简单地 watch（监测变化）$route 对象。

vue-router 使用 path-to-regexp 作为路径匹配引擎，其支持很多高级的匹配模式。例如，可选的动态路径参数，匹配 0 个或多个、一个或多个甚至自定义的正则匹配等。

🔔注意：有时同一个路径可以匹配多个路由，此时匹配的优先级是按照路由的定义顺序来匹配的，即谁先定义的，谁的优先级就最高，后续的定义不会替代之前已经定义的地址。

6.3.2　嵌套路由

现实中的应用界面通常由多层嵌套的组件组合而成。同样，在 URL 中，各段动态路径也是按某种结构来对应嵌套的各层组件。例如 URL 路径/user/foo 就对应 User 组件中嵌套的 Foo 组件，即作为路由路径，首先会执行/user 路由匹配的相关处理，然后再进行其他的路由匹配。路由嵌套规则如图 6-5 所示。

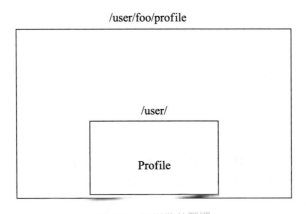

图 6-5　路由嵌套规则

借助 vue-router，使用嵌套路由配置可以简单地表达相互包含和嵌套这种关系。

【示例 6-2】再次使用本章的示例程序，只需要更改 router/index.js。首先定义一个 VIP 常量，再更改 user/:id 路由下的内容。完整的代码如下：

```javascript
import { createRouter, createWebHashHistory } from 'vue-router'
import Home from '../views/Home.vue'
import User from '../views/User.vue'

const VIP = { template: '' }
// 定义路由
const routes = [
  {
    path: '/',
    name: 'Home',
    component: Home
  },
  {
    path: '/user/:id',
    component: User,
    children: [
      {
        path: 'vip',
        component: VIP
      }
    ]
  }
]

const router = createRouter({
 history: createWebHashHistory(),
 routes
})
export default router
```

🔔注意：以 "/" 开头的嵌套路径会被视为根路径，这让开发者可以充分地使用嵌套组件而无须设置嵌套的路径。

可以发现，children 配置就是类似于 routes 配置的路由配置数组，因此开发者可以自由地嵌套多层路由。

此时，基于上面的配置，当用户访问/user/XXX/这个路径（除了/user/vip 路径的其他任意值）时，User 的出口是不会渲染任何东西的，这是因为没有匹配到合适的子路由。如果想要渲染新的页面或者进行其他操作，可以提供一个空的子路由。

访问网址 http://localhost:8080/#/user/xx/vip，会渲染出原本 User 控件的内容，如图 6-6 所示。

将最后的 vip 换成其他的任意路径，如访问 http://localhost:8080/#/user/xx/vip1，都不能渲染成功，如图 6-7 所示。

图 6-6　渲染 User 控件

图 6-7　页面不能成功渲染

6.3.3　编程式导航

在 vue-router 中提供了一个新的组件，实现对路由路径的导航功能，即<router-link>。<router-link>支持用户在具有路由功能的应用中（单击）导航。通过 to 属性指定目标地址，默认渲染成带有正确链接的<a>标签，可以通过配置 tag 属性生成其他标签。另外，当目标路由成功激活时，链接元素会自动设置一个表示激活的 CSS 类名。

那么相对 HTML 中的<a href="...">标签而言，<router-link>有什么优势呢？一般来说，其包含以下优势：

- 无论 HTML 5 History 模式还是 Hash 模式，它们的表现行为一致。如果要切换路由模式，或者在 IE 9 中降级使用 Hash 模式，无须进行任何变动。
- 在 HTML 5 History 模式下，router-link 会守卫单击事件，让浏览器不再重新加载页面。
- 在 HTML 5 History 模式下使用 base 选项之后，所有的 to 属性都不需要写（基路径）了。

除了使用<router-link>创建<a>标签来定义导航链接之外，开发者还可以借助 router 实例中的方法，通过编写代码来实现。

1. router.push()方法

router.push()方法的完整调用方式如下：

```
router.push(location, onComplete?, onAbort?)
```

🔲注意：在 Vue.js 实例内部，可以通过$router 访问路由实例，因此可以调用 this.$router.push。

想要导航到不同的 URL，可以使用 router.push()方法。该方法会向 history 栈添加一个新的记录，因此当用户单击浏览器的"后退"按钮时，会回到之前的 URL。

当用户单击<router-link>标签时，router.push()方法会在程序内部自行调用并执行相关的操作，因此，单击<router-link : to="..."> 等同于调用 router.push(...)。

router.push()方法的参数可以是一个字符串路径或一个描述地址的对象，其完整的代码示例如下：

```
//字符串
router.push('home')

//对象
router.push({ path: 'home' })

// 命名的路由
router.push({ name: 'user', params: { userId: 123 }})

// 带查询参数，变成 /register?plan=private
router.push({ path: 'register', query: { plan: 'private' }})
//这里的 params 不生效
router.push({ path: '/user',params: { userId }})// -> /user
```

🔲注意：如果提供了 path 参数，则通过 params 传递的参数会被忽略。例如，在上例中，第 5 种路由的调用提供了 path 参数，但是之后又提供了 params 参数，那么 params 参数就是无效的。但是在上例子中，第 4 种带查询参数的路由使用了 query 参数，因此该参数不会被忽略。如果想要在一个路由路径中增加参数，则需要使用下例中的写法，即需要提供路由 name 或手写完整的带有参数的 path。

```
const userId = 123
router.push({ name: 'user', params: { userId }}) // -> /user/123
router.push({ path: `/user/${userId}` }) // -> /user/123
```

同样的规则也适用于 router-link 组件的 to 属性。

🔲注意：如果目的地和当前路由相同，只有参数发生了改变（如从一个用户资料到另一个/users/1->/users/2），则需要使用 beforeRouteUpdate 来响应这个变化（如抓取用户信息）。

颉腾文化
JIE TENG CULTURE

知
识
生
产
的
原
创
基
地

BASE FOR
ORIGINAL CREATIVE CONTENT

2．router.replace()方法

router.replace()方法的完整调用方式如下：

```
router.replace(location, onComplete?, onAbort?)
```

router.replace()方法跟 router.push()很像，唯一的不同就是，该方法不会向 history 添加新记录，而是自动替换掉当前的 history 记录。

完整的声明式代码如下：

```
<router-link : to="..." replace>    router.replace(...)
```

即在直接跳转的标签中增加一个 replace 参数。

3．router.go()方法

router.go()方法的完整调用方式如下：

```
router.go(n)
```

router.go()方法的参数是一个整数，意思是在 history 记录中向前或者后退多少步，类似 window.history.go(n)。该方法的使用示例如下：

```
//在浏览器记录中前进一步，等同于 history.forward()
router.go(1)

//后退一步记录，等同于 history.back()
router.go(-1)

//前进 3 步记录
router.go(3)

//如果 history 记录不够用，则会自动失效
router.go(-100)
router.go(100)
```

为了方便读者记忆和理解这几种方式，下面对相关的声明式和编程式做一下对比，如表 6-2 所示。

表 6-2　对应功能和表达式

声　明　式	编　程　式	说　明
<router-link : to="...">	router.push(...)	导航跳转页面
<router-link : to="..." replace>	router.replace(...)	替换当前页面
	router.go(n)	正向前进或者后退

6.3.4 命名路由

有时，通过一个名称来标识一个路由更方便，特别是链接一个路由或者执行一些跳转的情况。可以在创建 router 实例时，在 router 配置中给某个路由设置名称，即其 name 属性。

【示例6-3】继续之前的实例项目，修改 user 的路由配置，在其中增加一个 name 属性。代码如下：

```
{
  path: '/user/:id',
  component: User,
  name: 'user',
  children: [
    {
      path: 'vip',
      component: VIP
    }
  ]
}
```

在上述代码中制定了一个名称为 user 的路由，其中包含一个作为传递的 id 参数，并且使用的 component 为 User（需要引入已经写好的 user 模块）。

如果要链接到一个命名路由，可以使用前面介绍的 router-link 给 to 属性传递一个对象，本例选择在主页默认生成的 HelloWorld.vue 文件中增加一个新的链接，代码如下：

```
<router-link :to="{ name: 'user', params: { id: 123 }}">User</router-link>
```

当然也可以直接使用 JavaScript 代码的 router.push() 方法实现页面的跳转和相关的传递参数操作，代码如下：

```
router.push({ name: 'user', params: { id: 123 }})
```

以上两种方式都会把路由导航到/user/123 路径下。打开网址 http://localhost:8080/#/，单击主页上新编写的 User 链接，会自动跳转到 http://localhost:8080/#/user/123 页面，同时，页面显示如图 6-8 所示。

图 6-8 命名路由

6.3.5　命名视图

有时候一个工程需要同时（同级）展示多个视图，但是当页面并不复杂或不需要重新编写新的页面进行嵌套时，可以使用视图的别名，通过组合不同名称的视图来显示相关的页面。

【示例 6-4】创建一个布局，有 sidebar（侧导航）和 main（主内容）两个视图。在界面中可以拥有多个单独命名的视图，而不是只有一个单独的出口。如果 router-view 没有设置名字，那么默认为 default。

完整的调用方式如下，其中，a、b 为相关的组件，而第一个未指定名称的组件为默认 default 组件。

```
<router-view class="view one"></router-view>
<router-view class="view two" name="a"></router-view>
<router-view class="view three" name="b"></router-view>
```

一个视图使用一个组件渲染，因此对于同一个路由，多个视图就需要多个组件，以确保正确使用 components（带上 s）配置。

```
//定义路由
  const routes = [
    {
      path: '/',
      components: {
        default: Foo,
        a: Bar,
        b: Baz
      }
    }
  ]
})
export default createRouter({
  history: createWebHashHistory(),
  routes
})
```

可以在示例程序中进行测试，首先修改入口的 App.vue 文件，增加其他两个 <router-view/>：

```
<!--HTML 页面代码部分-->
<template>
  <div id="app">
    <img src="./assets/logo.png">
    <router-view/>
    <router-view name="a"/>
    <router-view name="b"/>
  </div>
</template>
```

接着需要在 router/index.js 中新增一个测试路由，并且编写 3 个相关的常量（viewNamed、viewNamedA 和 viewNamedB），然后将 3 个视图（默认视图、视图 A 和视图 B）分别赋值给这 3 个常量，以便将这些视图在页面中显示。代码如下：

```
// 定义视图命名路由
const viewNamed = { template: '<div>默认视图</div>' }
const viewNamedA = { template: '<div>视图 A</div>' }
const viewNamedB = { template: '<div>视图 B</div>' }
```

接着编写路由，将 A 组件赋予 a 显示，B 组件赋予 b 显示，完整的代码如下：

```
{
  path: '/viewNamed',
  components: {
    default: viewNamed,
    a: viewNamedA,
    b: viewNamedB
  }
}
```

然后刷新页面，访问测试的路由地址 http://localhost:8080/#/viewNamed，效果如图 6-9 所示，可以看到，成功显示了 3 个路由的内容。但是此处需要注意，在 Vue.js 3 版本中，使用 vue-cli 创建的项目必须将其改为运行时编译才能正确显示多个视图，可以在项目根目录下添加一个配置文件 vue.config.js，在其中添加以下代码，然后重启运行即可。

```
module.exports = { runtimeCompiler: true }      // 确定是运行时候编译
```

为什么需要多个视图模式呢？主要是为了应对使用命名视图创建嵌套视图的复杂布局情况，在多复用和合理设计的情况下，可以极大地减少重复代码量。

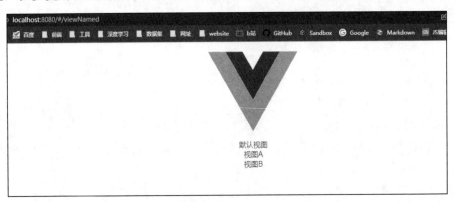

图 6-9　显示 3 个视图

6.3.6　重定向和别名

重定向（Redirect）就是通过各种方法将网络请求重新定个方向转到其他位置，简单来说就是，当用户访问一个相关的路由地址时，将其访问的地址自动跳转至其他指定的地址。

【示例 6-5】Vue.js 重定向也是通过 routes 配置来完成的，本例是从/a 重定向到/b。

```
//定义路由
export default createRouter({
  history: createWebHashHistory(),
  routes
})
const routes = [
    { path: '/a', redirect: '/b' }
    ]
```

当然，重定向的目标也可以是一个命名路由，完整的代码如下，其中传入了一个名为 name、值为 foo 的参数，会重新定向至指定的命名路由中。

```
// 定义路由
const router = createRouter({
  history: createWebHashHistory(),
  routes: [
    { path: '/a', redirect: { name: 'foo' }}
    ]
})
```

当然对于重定向方法，也可以直接通过一个方法和相关的判定,动态返回重定向目标,使用户跳转至不同的目标。

```
// 定义路由
const router = createRouter({
  history: createWebHashHistory(),
  routes: [
    { path: '/a', redirect: to => {
      //方法接收目标路由作为参数
      //return 重定向的字符串路径/路径对象
    }}
    ]

})
```

同样，Vue.js 还提供了别名访问功能，通过别名访问方式访问的路由路径将会自动使用用户访问的路由，但是显示的内容却会使用代码指定的路由路径。

注意：别名和重定向的区别在于，重定向相当于对用户路径进行了相关跳转，将会在用户的地址栏中显示重定向后的页面地址，而别名相当于用户访问的页面地址的路径，即该页面本身，不产生跳转操作。

例如，/a 的别名是/b，意味着当用户访问/b 时，URL 会保持为/b，但是路由匹配则为/a，就像用户访问/a 一样。

以下代码为上述对应的路由配置：

```
//定义路由
const router = createRouter({
  history: createWebHashHistory(),
  routes: [
    { path: '/a', component: A, alias: '/b' }
  ]
})
```

别名功能让开发者可以自由地将 UI 结构映射到任意的 URL 上，而不是受限于配置的嵌套路由结构。

6.3.7　路由组件传递参数

如果对于一个组件/a，用户在组件/a 存在的页面上进行一些操作后跳转其他页面，或者在/a 组件使用其他组件（如使用/b 组件）时需要传递一些参数和内容，或者在页面中显示这些参数，那么应该如何进行参数的传递呢？

可以使用 route.params.id 方式传递参数，这种用法非常方便和简单。但是在组件中使用$route 会使其与对应路由形成高度耦合，从而使组件只能在某些特定的 URL 上使用，限制了其灵活性。

例如示例 6-6，在 User 路由中显示参数 ID 传递的代码，这里为$route 耦合的状态。

【示例 6-6】新建一个 UserProps 路由用于路由解耦，可以在 router/index.js 文件中新增一个路由定义，用于测试该路由传参的方式。

（1）建立一个名为 UserProps.vue 的页面，页面代码如下，使用包含命名视图的路由，必须分别为每个命名视图添加`props`选项。

```html
<!--HTML 页面代码部分-->
<template>
  <div>用户路由解耦页面，Hello {{ id }}</div>
</template>
<script>
// 逻辑代码
export default {
  // props 传递数据
  props: ['id']
}
</script>
```

（2）在 index.js 中新增访问的路由和 props 传递参数的方式，代码如下：

```js
// 路由解耦
{
  path: '/UserProps/:id',
  component: UserProps,
  props: true
}
```

这样，当用户访问 http://localhost:8080/#/UserProps/111 时，可以显示出正确的传递参

数值，如图 6-10 所示。

图 6-10　页面解耦

注意：原来使用 route.params.id 的方式依旧是可行的。

使用路由解耦的方式在组件内传递参数，可以让开发者在任何地方使用该组件，这种方式可以使组件更易于重用和测试。

6.3.8　HTML 5 History 模式

vue-router 默认使用 Hash 模式——使用 URL 的 Hash 来模拟一个完整的 URL，当 URL 改变时，页面不会重新加载。

如果不想要很长且无固定含义的 Hash，也可以用路由的 History 模式，这种模式充分利用 history.pushState 的 API 来完成 URL 跳转，无须重新加载页面。使用 History 模式时，需要引入 createWebHistory 代码如下：

```
import { createRouter, createWebHistory } from 'vue-router'
const router = createRouter({
  history: createWebHistory(),
  routes
})
```

当开发者使用 History 模式时，URL 就像正常的 URL 一样，如 http://yoursite.com/user/id，这种方式更符合用户的习惯。但是这种模式在项目的真实生产环境下还需要后台配置支持。因为 Vue.js 的应用是一个单页客户端应用，如果后台没有正确配置，当用户在浏览器端直接访问 http://oursite.com/user/id 时，就会返回无法找到相关页面的 404 错误提示。

因此，需要在服务器端增加一个覆盖所有情况的候选资源：如果 URL 匹配不到任何静态资源，则应该返回同一个 index.html 页面，这个页面就是 App 依赖的页面。

6.4　数据获取与处理

数据获取是网站系统中非常重要的环节，对一个网站或一个系统而言，最重要的部分就是存放在数据库中的数据。也就是说，用户和系统之间传递的数据非常重要。本节将介绍在 Vue.js 中数据的获取方式和处理方式。

6.4.1　导航守卫

正如其名，vue-router 提供的导航守卫主要通过跳转或取消的方式守卫导航。可以有多种机会植入导航守卫，它们会在不同的情况下生效。例如，全局性的、在单个路由中使用的，或者在一个组件中使用的。

> 📑说明：守卫的意思可能读者不易理解，可以将其理解为"钩子"，即像鱼钩一样放置在执行某个方法的地方（执行之前、执行中、执行完成等状态），等待用户请求"上钩"（执行）的操作。因为官方的翻译为"守卫"，所以这里沿用官方说明。

参数或查询的改变并不会触发进入或离开导航守卫。开发者可以通过观察$route 对象来应对这些变化，或使用 beforeRouteUpdate 组件在导航路径发生变化时执行相应的操作。

> 🔔注意：这里导航的意义是改变用户访问的 URL 地址，页面参数的变化并不能触发"导航"操作。

1. 全局守卫

开发者可以使用 router.beforeEach 注册一个全局前置守卫，即在所有的路由访问时都会执行的操作。

```
const router = createRouter({ ... })

router.beforeEach((to, from, next) => {
  ...
})
```

当一个导航被触发时，全局前置守卫按照创建顺序进行调用。守卫是异步解析执行，此时导航在所有守卫释放完之前一直处于等待状态。

每个守卫方法接收 3 个参数，说明如下：

- to:Route：即将要进入的目标路由对象。
- from:Route：当前导航正要离开的路由。
- next:Function：一定要调用 next()方法来释放这个守卫。执行效果依赖 next()方法的调用参数。

关于 next 参数有以下几种形式：

- next()：执行管道中的下一个守卫。如果全部守卫都执行完了，则导航的状态就是 confirmed（确认的）。
- next(false)：中断当前的导航。如果浏览器的 URL 改变了（可能是用户手动更改或者单击了浏览器的后退按钮），那么 URL 地址会重置到 from 路由对应的地址。
- next('/')或者 next({path：'/'})：跳转到一个不同的地址。当前的导航被中断，然后进行一个新的导航。
- next(error)：如果传入的 next 参数是一个 Error 实例，则导航会被终止且该错误会被传递给 router.onError()注册过的回调。

```
router.beforeEach((to, from, next) => {
    ...
    next();                    //如果需要继续执行，必须先调用 next()方法
})
```

🔔**注意**：使用路由守卫钩子（beforeEach）时，必须要调用 next()方法，否则路由守卫钩子就不会被释放。

2．全局解析守卫

在 Vue.js 2.5.0 以上的版本中，可以用 router.beforeResolve 注册一个全局守卫。这与 router.beforeEach 类似，不同的是在导航被确认之前，同时当所有组件内的守卫和异步路由组件被解析之后，解析守卫就会被调用。

3．全局后置钩子

开发者也可以注册全局后置钩子，和守卫不同的是，这些钩子不会接受 next()方法，也不会改变导航本身：

```
router.afterEach((to, from) => {
    ...
})
```

4．路由独享的守卫

在路由配置上可以直接定义 beforeEnter 守卫：

```
//定义路由
const router = createRouter({
  routes: [
    {
      path: '/foo',
      component: Foo,
      beforeEnter: (to, from, next) => {
```

```
        ...
      }
    }
  ]
})
```

这些守卫与全局前置守卫的方法参数是一样的。

5．组件内的守卫

开发者也可以在路由组件内直接定义以下路由导航守卫：

- beforeRouteEnter；
- beforeRouteUpdate；
- beforeRouteLeave。

具体说明如表 6-3 所示。

下面是一个例子：

```
const Foo = {
  template: `...`,
  beforeRouteEnter (to, from, next) {
    ...
  },
  beforeRouteUpdate (to, from, next) {
    ...
  },
  beforeRouteLeave (to, from, next) {
    ...
  }
}
```

表 6-3　导航守卫

导航守卫	说　　明
beforeRouteEnter	在渲染该组件的对应路由被确认前调用，不能获取组件实例`this`，因为当守卫执行前，组件实例还没有被创建
beforeRouteUpdate	在当前路由改变但是该组件被复用时调用。举例来说，对于一个带有动态参数的路径/foo/: id，在/foo/1和/foo/2之间跳转时，由于会渲染同样的Foo组件，因此组件实例会被复用，而这个钩子就会在这种情况下被调用，可以访问组件实例`this`
beforeRouteLeave	当导航离开该组件的对应路由时调用，可以访问组件实例`this`

🔔注意：由于 beforeRouteEnter 守卫是在导航确认前被调用的，所以 beforeRouteEnter 守卫不能访问 this，也就是说，即将登场的新组件还没有创建，但是可以传一个回调给 next()方法来访问组件实例。在进入导航（路由地址）时执行回调，并且把组件实例作为回调方法的参数。

```
beforeRouteEnter (to, from, next) {
  next(vm => {
```

```
    // 通过 `vm` 访问组件实例
  })
}
```

可以在 beforeRouteLeave 中直接访问 this，这个离开守卫通常用来禁止用户在未保存修改前突然离开。可以通过 next(false)来取消导航。

完整的导航解析流程（从上至下的执行顺序）如下：

（1）导航被触发。

（2）在失活的组件里调用离开守卫。

（3）调用全局的 beforeEach 守卫。

（4）在重用的组件里调用 beforeRouteUpdate 守卫。

（5）在路由配置里调用 beforeEnter 守卫。

（6）解析异步路由组件。

（7）在被激活的组件里调用 beforeRouteEnter 守卫。

（8）调用全局的 beforeResolve 守卫。

（9）导航被确认。

（10）调用全局的 afterEach 守卫。

（11）触发 DOM 更新。

（12）用创建好的实例调用 beforeRouteEnter 守卫中传给 next 的回调函数。

6.4.2　数据获取与处理

有时进入某个路由后，需要从服务器获取数据。例如，在渲染用户信息时，需要从服务器获取用户的数据。开发者可以通过两种方式来实现。

- 导航完成之后获取：先完成导航，然后在接下来的组件生命周期钩子中获取数据。在数据获取期间显示"加载中"之类的提示。
- 导航完成之前获取：导航完成前，在路由进入的守卫中获取数据，在数据获取成功之后执行导航。

【示例 6-7】以两种方式（导航完成后和导航完成前）获取数据。

1．导航完成后获取数据

当使用导航完成后获取数据这种方式时，程序会马上导航和渲染组件，然后在组件的 created 钩子中获取数据。这让开发者有机会在数据获取期间展示一个 loading 状态，还可以在不同视图间展示不同的 loading 状态。

假设有一个 Post 组件，需要基于 route.params.id 获取文章数据：

```
<!--HTML 页面代码部分-->
<template>
  <div class="post">
```

```
      <!-- 效果显示部分 -->
      <div class="loading" v-if="loading">Loading...</div>

      <div v-if="error" class="error">{{ error }}</div>

      <div v-if="post" class="content">
        <h2>{{ post.title }}</h2>
        <p>{{ post.body }}</p>
      </div>
    </div>
</template>

<script>
import { reactive, toRefs, watch } from 'vue'
import { useRouter } from 'vue-router'
export default {
  setup () {
    //定义相关的变量
    const data = reactive({
      loading: false,
      post: null,
      error: null
    })
    // 监听路由
    const route = useRouter();
    watch(
      () => route.currentRoute.value.path,
      (val) => {
        //要执行的方法
        fetchData()
      }
    )
    //相关的方法定义
    let fetchData = () => {
      this.error = this.post = null
      this.loading = true
      //这里可以将 getPost()方法替换为其他方法
      getPost(route.params.id, (err, post) => {
        this.loading = false
        if (err) {
          this.error = err.toString()
        } else {
          this.post = post
        }
      })
    }
    //组件创建完后获取数据
    //此时数据本身已经被监控了
    fetchData();

    return {
      ...toRefs(data),
      fetchData
    }
```

```
    },
  }
```

2．在导航完成前获取数据

通过这种方式，开发者在导航转入新的路由前获取数据。可以在接下来的组件的
beforeRouteEnter 守卫中获取数据，当数据获取成功后只调用 next()方法。

```
setup () {
  //定义相关的变量
  const data = reactive({
    post: null,
    error: null
  });
  let setData = (err, post) => {
    if (err) {
      data.error = err.toString()
    } else {
      data.post = post
    }
  };
  beforeRouteEnter: (to, from, next) => {
    getPost(to.params.id, (err, post) => {
      next(vm => vm.setData(err, post))
    })
  };
  //路由改变前，组件就已经渲染完了
  //逻辑稍有不同
  beforeRouteUpdate: (to, from, next) => {
    data.post = null
    getPost(to.params.id, (err, post) => {
      setData(err, post)
      next()
    })
  };
  return {
    ...toRefs(data),
    setData
  }
}
```

注意：在获取后面的视图数据时，系统会停留在当前的界面上，因此建议在数据获取量
大时，显示一个进度条或者提示框。如果数据获取失败，还要展示一些全局错误
的提醒信息。

6.5 电影网站项目的路由设计

前面带头做介绍路由，本节正式对 Vue.js 中的路由进行相应的编写和设计。

本节将会从零开始展示一个包含多种功能的电影网站项目是如何搭建、设计，以及编写且成功运行的。本例是一个简单的电影资源发布网站，包含用户的操作、新闻的发布展示等功能。下面就正式开始编写项目吧。

6.5.1 新建 Vue.js 项目

【示例 6-8】建立电影网站项目。

（1）需要在项目中使用 Vue.js 命令行工具创建新项目。使用以下命令进行 Vue.js 项目的初始化和安装。

```
vue create book_view
```

（2）此处会给出一些选择，如是否自动安装 vue-router 组件，以及是否需要选择 Vue.js 版本，这里分别选中这两项之后按空格键，其他选项如图 6-11 所示，最后选择 3.x 版本，然后按 Enter 键，如图 6-12 所示。

（3）根据提示，依次进行相应选择，最后按 Enter 键进行安装。

（4）安装成功后，进入该项目文件夹，使用 npm run serve 命令运行程序，成功运行的效果如图 6-13 所示。

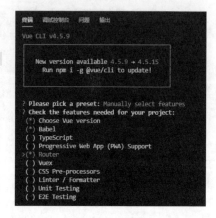

图 6-11 选项效果

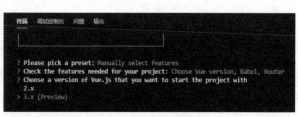

图 6-12 选择 3.x 版本

图 6-13 Vue.js 启动成功

（5）因为此项目会极大地依赖后端的数据服务器，所以需要一些相关的请求包，安装 Vue.js 网络请求模块 axios，命令如下：

```
npm install axios
```

🔔注意：如果因为网络等原因无法正常安装，请使用 CNPM 进行安装。

（6）安装后需要在 routes\index.js 中引入并注册该组件，Vue.js 3.0 与 2.x 版本不同，全局注册需要通过 app.config.globalProperties.$axios = axios 进行挂载，代码如下：

```
import axios from 'axios'

const app = createApp(App)

// 全局 ctx(this) 上挂载 $axios
app.config.globalProperties.$axios = axios
```

这里需要注意，由于本项目的后台数据来源是在第 5 章中使用 Express 编写的服务端程序，所以对于所有的 Vue.js 发起的请求需要支持跨域。

什么叫作跨域呢？通常情况下是指两个不在同一域名下的页面无法进行正常通信，或者无法获取其他域名下的数据。主要原因是浏览器出于安全考虑采用了同源策略，通过浏览器对 JavaScript 的限制，可以防止用户恶意获取非法数据。当直接请求不支持跨域的服务时，错误提示如图 6-14 所示。

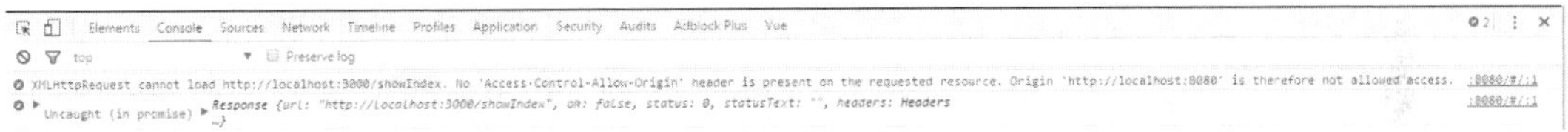

图 6-14 控制台错误

此时必须进行跨域请求，Vue.js 和 Express 提供了两种可以支持跨域的方式。

一种是 Vue.js 的方式，对于不支持跨域的服务器端的请求，客户端并不能配置影响服务器端的代码。如果需要完成跨域功能，可以使用代理的方法，具体方法是在项目根目录下创建 vue.config.js 文件，在其中配置如下代码：

```
module.exports = {
    devServer: {
      proxy: {
        '/api': {
          target: '',                //服务器接口域名
          changeOrigin: true,        //是否跨域
          pathRewrite: {             //路径重置
            '^/api': ''
          }
        }
      }
    }
  };
```

注意：如果需要跨域，只要将 changeOrigin 设置为 true 即可，pathRewrite 路径重置则可有可无。

另一种方式需要更改 Express 编写的服务器端代码，在 app.js 中进行全路由的配置，具体的跨域代码如下。

```
app.all('*',function (req, res, next) {
```

```
    res.header('Access-Control-Allow-Origin', '*');
    res.header('Access-Control-Allow-Headers', 'Content-Type, Content-Length,
    Authorization, Accept, X-Requested-With , yourHeaderFeild');
    res.header('Access-Control-Allow-Methods', 'PUT, POST, GET, DELETE,
    OPTIONS');

    if (req.method == 'OPTIONS') {
        res.send(200);                          //请求快速返回
    }
    else {
        next();
    }
});
```

> 注意：以上代码需要在所有的路由路径配置之前执行，否则代码之前定义的路由不接受
> 此跨域的头部配置。如果开发者不需要所有的路由都支持跨域，也可以选择在单
> 个路由中配置相关的头信息。

6.5.2　前台路由页面编写

本小节将编写项目的前台路由，通过编写相应的路由组件，引入相关的路由。

首先尝试建立主页的路由。打开在 6.5.1 小节新建的项目文件 router/index.js，在自动构建的项目中，它是整个项目的路由配置文件。要建立一个相关的路由，只需要在 const routes 常量中建立一个 JSON 类型的串就可以定义路由了。例如以下代码：

```
import Index from '../views/Index.vue'

const routes = [
  {
    path: '/',
    component: () => import('../views/Index.vue'),
    meta: {
      title: 'home'
    }
  }
]
```

上述代码建立了一个简单的路由页面，而此页面为在/views/文件中定义的页面或组件。

本项目的全部路由页面（.vue 文件）在"项目目录/src/views"文件目录下，而有复用意义的组件会在自动生成的"项目目录/src/components"下。

> 注意：读者可以根据习惯或者自己喜欢的方式建立文件夹，放置自己的代码。

如果建立了相关的页面内容，可以使用以下代码引入 Routers/index.js 文件：

```
import IndexPage from '../views/index.vue'
```

如果按照上述代码的方式引入路由页面，在定义路由时可以使用以下代码，能达到和

上述代码一样的效果。

```
const routes = [
  {
    path: '/',
    component: () => import('../views/Index.vue'),
    meta: {
      title: 'home'
    }
  }
]
```

　　读者没有必要在此时配置所有的路由和相关文件，后面会带着读者逐一完成每一个相关路由的定义和页面的编写，此处的代码仅为查错和总结而用。

6.5.3　路由测试

　　保存代码后，可以在启动的控制台中看到自动重启成功的提示，如图 6-15 所示，在浏览器中输入测试地址，查看相关的页面。

图 6-15　自动重启成功

　　项目启动后，输入测试的地址 http://localhost:8080/#/，即可以访问相关的页面，如果在 6.5.2 小节中定义一个新的路由如下：

```
  {
    path: '/movieList',
    component: MovieList
  },
```

　　那么测试时的访问地址为 http://localhost:8080/#/movieList，可以访问已经定义的那个组件。

6.6　小结与练习

6.6.1　小结

本章主要介绍了 RESTful 模式、vue-router 的安装和使用，并且指导读者建立了 Vue.js 的完整项目。从第 7 章开始会对 Vue.js 模板进行介绍，本章的内容是第 7 章的基础，通过对本章的学习，读者可以对 Vue.js 的基础有一定的了解。

6.6.2　练习

1．自行完成对 vue-router 的学习和相关内容的练习。

2．建立一个新工程用于项目的开发。

3．根据第 5 章服务器端的构建自行思考：如何设计路由才能完成 View 端的项目开发？

第7章 模板学习

本章将从主页开始，结合一些基本的模板介绍和功能练习，使用 CSS 和 JavaScript 对页面逻辑进行设计并编写相应的代码。

7.1 Vue.js 模板

Vue.js 是建立在视图层面的技术，其模板系统是非常重要的功能之一。展现给用户的视图页面，需要提供最佳的体验和功能，而 Vue.js 的模板系统非常方便，广受开发者的追捧和欢迎。

本节主要介绍 Vue.js 的模板及其使用方法。

7.1.1 什么是模板

首先需要了解一下什么是模板系统。

任何一个用于 Web 编写或者面向使用者的应用必定有模板的存在。模板规定了一个系统应当以怎样的交互形式和 UI 风格面向使用者，而遵循这套模板的规定进行设计和完善，也是软件开发的基本模式。但是，如果所有的页面都根据模板进行单一页面的编写，几乎是不可能的。因为一个系统不应该只有几个静态页面，随着业务数据和用户的增加，页面应该是无限多的。为了解决这个问题，出现了新的技术——模板引擎。通过不同的数据和内容，加上一个统一的模板（格式），就可以得到一个属于一个用户或者特定业务数据的定制页面，不但减少了编码量，而且极大方便了将来可能对于样式的更新操作。

模板引擎是为了使用户界面与业务数据（内容）分离而生成的一种特定格式的文档。它能够让开发者以更友好的方式拼接字符串，使项目代码更加清晰和易于维护。模板引擎可以简单地理解为输入模板字符串+数据，然后得到渲染过的字符串（页面）。模板引擎的标准语法为：{{ 数据 }}。

如果读者学习过 JavaScript 或者其他 Web 开发语言，对用户页面进行更新时一般是在后端渲染出 HTML 页面并返回给前端页面。但是用渲染出来的字符串全部替换 innerHTML（<template></template>标签里的内容）是一种效率很低的更新方式。这样的模板引擎在纯前端情境下已经不再是好的选择。

这是为什么呢？因为后端服务器的资源是有限的，并且对数据的处理会随着用户数量的增加而叠加，用户的每次操作，都是与页面进行交互，从而使页面重新渲染，而页面的渲染会消耗服务器资源，少量的用户操作或许不会导致服务器卡顿，当出现成千上万甚至更多的用户时，可能仅是网络请求就会让服务器无响应甚至宕机。如果将页面渲染放在用户端（前端），用户只有一个，几十毫秒的渲染时间与请求延迟比起来根本算不上瓶颈，既增强了用户的体验，又减轻了服务器的压力。

Vue.js 为用户提供了这样一套强大的模板系统，这也是 Vue.js 等前端框架如此流行的原因之一。

7.1.2　为什么使用模板

JavaScript 模板引擎作为数据与界面分离工作中最重要的一环，当开发者创建 Vue.js 的 JavaScript 应用时，必然会用到 Vue.js 的模板系统。

Vue.js 的模板系统不只是一个单纯的字符串模板系统，它还为使用者添加了更多的实用功能。

作为 MVVM 类型的框架，Vue.js 采用的是数据驱动视图绑定引擎，通过前后端的绑定状态，后端的数据更新后，前端相关的显示也会同时更新。

使用前端模板引擎的原因有以下几点：

- 预防 XSS 攻击；
- 支持片段的复用；
- 支持数据输出时的处理；
- 支持动态数据；
- 与异步流程严密结合。

7.2　Vue.js 模板语法

Vue.js 允许开发者采用简洁的模板语法声明式地将数据渲染进 DOM。结合响应系统，当应用状态改变时，Vue.js 能够智能地计算出重新渲染组件的最小代价并应用到 DOM 操作上。

🔔注意：如果开发者熟悉虚拟 DOM 并且偏爱 JavaScript 的原始力量也可以不用模板，可以直接编写渲染（render）函数，使用可选的 JSX（JavaScript 和 XML 结合的一种格式）语法。

7.2.1　文本输出

数据绑定最常见的形式就是使用 Mustache 语法（双大括号）的文本插值，代码如下：

```
<span>Message: {{ msg }}</span>
```

Mustache 标签会被替代为对应数据对象的 msg 属性的值。无论何时，当绑定的数据对象的 msg 属性发生变化时，插值处的内容都会更新。

使用 v-once 指令可以一次性地插值，当数据改变时，插值处的内容不会更新。但需要注意，这种方式会影响使用 v-node 指令的节点上所有的数据绑定，例如：

```
<span v-once>这个将不会改变: {{ msg }}</span>
```

【示例 7-1】在项目代码中新建一个 Vue.js 工程，使用命令行工具即可。

说明：建立并成功启动工程的方法在前面章节中均有讲解，这里直接编写页面。

（1）在 src/views 文件夹下建立新的页面文件 ShowText.vue，代码如下：

```
<!--HTML 页面代码部分-->
<template>
  <div>
    <!-- 定义显示的节点 -->
    {{msg}}
  </div>
</template>

<script>
import { ref } from 'vue'
export default {
  setup () {
    // 定义相关的变量
    let msg = ref('helloWorld');
    return {
      msg
    }
  },
}
</script>
```

在 ShowText.vue 页面中，脚本的响应式数据值返回一个名为 msg 的字符串，其内容是 HelloWorld。

（2）更改 router/index.js 文件，为其增加一个访问路由，首先在 index.js 中引入页面，代码如下：

```
import ShowText from '../views/ShowText.vue'
```

然后在 router 中定义 ShowText.vue 页面的路由，代码如下：

```
const routes = [
  {
```

```
    path: '/ShowText',
    name: 'ShowText',
    component: ShowText
  },
]
```

（3）输入地址 http://localhost:8080/#/ShowText，访问页面成功后，将显示 HelloWorld
字样，效果如图 7-1 所示。

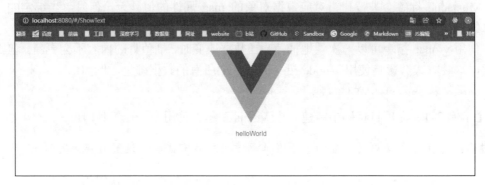

图 7-1　显示字符串

7.2.2　纯 HTML 输出

双大括号（{{}}）会将数据解释为普通文本，而非 HTML 代码。为了输出真正的 HTML
代码，开发者需要使用 v-html 指令：

```
<div v-html="rawHtml"></div>
```

此时 div 的内容将会被替换为属性值 rawHtml，直接作为 HTML 会忽略解析属性值中
绑定的数据。开发者不能使用 v-html 来复合局部模板，因为 Vue.js 不是基于字符串的模板
引擎。反之，对于用户界面（UI），组件更适合作为可重用和可组合的基本单位。

🔔注意：开发者在站点上动态渲染的 HTML 可能会非常危险，因为很容易导致 XSS 攻击。
　　　　因此只能对可信内容使用 HTML 插值，不要对用户提供的内容使用插值。

【示例 7-2】展示直接输出 HTML 和不直接输出 HTML 两种方法的效果对比。首先建
立一个测试页面 ShowHTML.vue，设定一个变量为 msg，其本身是一段 HTML 代码。
完整的页面文件代码如下：

```
<!--HTML 页面代码部分-->
<template>
  <div>
    <label>直接输出的模式：</label>
    <div>{{msg}}</div>
    <label>解析后输出的模式：</label>
    <div v-html="msg"></div>
```

```
  </div>
</template>
<script>
// 逻辑代码部分
export default {
  data () {
return {
// 定义相关的变量
    msg: '<div style="font-size: 30px;color:red">helloWorld</div>'
   }
  }
}
</script>
```

在 router/index.js 中设置路由，添加的代码如下：

```
// HTML 显示
{
  path: '/ShowHTML',
  component: ShowHTML
}
```

保存成功后，访问页面 http://localhost:8081/#/ShowHTML 时就可以看到，使用 v-html 标签输出的内容是 HTML 中需要显示的内容，并且成功显示出在 Style 中设置的样式；而直接输出 msg 的方式，则输出了 HTML 文字，页面如图 7-2 所示。

图 7-2　v-html 应用

7.2.3　JavaScript 表达式

目前为止，在 Vue.js 的模板中，一直都只绑定简单的属性键值。实际上对于所有的数据绑定，Vue.js 都提供了 JavaScript 表达式支持。

```
{{ number + 1 }}
{{ ok ? 'YES' : 'NO' }}
```

```
{{ message.split('').reverse().join('') }}
<div v-bind:id="'list-' + id"></div>
```

Vue.js 支持 JavaScript 表达式这个特性可以作为动画显示或者控制数据的显示，下面通过示例来说明。

【示例 7-3】将输入的两个数字进行相加操作并输出结果，制作一个简单的加和器。

在 views 文件夹下建立新的页面文件 JSExpressionTest.vue，代码如下：

```
<!--HTML 页面代码部分-->
<template>
  <div>
    <label>数字 1: </label>
    <input v-model="int1"/>
    <br/>
    <br/>
    <label>数字 2: </label>
    <input v-model="int2"/>
    <br/>
    <label> 展示 JavaScript 表达式，您输入的数字加和为</label>
    {{parseInt(int1)+parseInt(int2)}}
  </div>
</template>
<script>
// 逻辑代码部分
export default {
  data () {
    return {
      int1: 0,
      int2: 0
    }
  }
}
</script>
```

在上面的代码中设置了两个用于在页面中展示的变量（int1 和 int2）并且双向绑定在两个输入框中，通过更改两个输入框中的数字，可以直接改变这两个变量的值。相加的操作并不是在 JavaScript 的代码中进行，而是直接使用了一个 JavaScript 表达式。

在 router/index.js 文件中设置 JSExpressionTest.vue 页面的路由，添加的代码如下：

```
// JavaScript 表达式
{
  path: '/JSExpression',
  component: JSExpression
}
```

进入 http://localhost:8080/#/JSExpression 页面，显示效果如图 7-3 所示，在文本框中输入相应的数字后会自动相加并且更新显示值。

这些表达式会在所属 Vue.js 实例的数据作用域下作为 JavaScript 被解析。但有个限制就是，每个绑定只能包含单个表达式，因此下面的例子都不会生效。

```
<!-- 这是语句，不是表达式 -->
```

```
{{ var a = 1 }}
<!-- 流控制也不会生效，请使用三元表达式 -->
{{ if (ok) { return message } }}
```

图 7-3　JavaScript 表达式

7.2.4　指令参数

指令（Directives）是带有 v-前缀的特殊属性。指令属性的值预期是单个 JavaScript 表达式（v-for 是例外情况，稍后再介绍）。指令的职责是当表达式的值改变时，将其产生的连带影响，响应式地作用于 DOM。例如下面的例子：

```
<p v-if="seen">现在开发者看到我了</p>
```

这里，v-if 指令将根据表达式 seen 值的真假来插入/移除<p>元素。

有一些指令能够接收一个"参数"，在指令名称之后以冒号表示。例如，v-bind 指令可以用于响应式地更新 HTML 属性：

```
<a v-bind:href="url"></a>
```

这里 href 是参数，告知 v-bind 指令将该元素的 href 属性与表达式 URL 的值进行绑定。

另一个例子是 v-on 指令，它用于监听 DOM 事件：

```
<a v-on:click="doSomething">
```

这里，参数是监听的事件名。在任何一个系统中都无法避免地会进行事件的监听。

修饰符（Modifiers）是以半角句号（.）指明的特殊后缀，用于指出一个指令应该以特殊方式绑定。例如，prevent 修饰符告诉 v-on 指令对于触发的事件调用 event.prevent Default()：

```
<form v-on:submit.prevent="onSubmit"></form>
```

在接下来对 v-on 和 v-bind 等功能的介绍中，我们会进一步了解其代表的意义和相应的使用方法。

v-前缀作为一种视觉提示，用来识别模板中 Vue.js 特定的特性。当开发者使用 Vue.js 为现有标签添加动态行为时，v-前缀很有帮助，然而，对于一些频繁用到的指令来说则会很烦琐。同时，在构建由 Vue.js 管理所有模板的单页面应用程序（SPA-single page application）时，v-前缀就变得没那么重要了。因此，Vue.js 为 v-bind 和 v-on 这两个最常用的指令提供了特定简写。

v-bind 的简写方式如下：

```
<!-- 完整语法 -->
<a v-bind:href="url"></a>
<!-- 缩写 -->
<a :href="url"></a>
```

相应的，v-on 的简写方式如下：

```
<!-- 完整语法 -->
<a v-on:click="doSomething"></a>
<!-- 缩写 -->
<a @click="doSomething"></a>
```

它们看起来与普通的 HTML 略有不同，但是@其实也是合法字符，在所有支持 Vue.js 的浏览器中都能被正确地解析，而且不会出现在最终渲染的标记中。

📖注意：简写语法或完整的语法都是完全可选的，在我们更深入地了解它们的作用后，会庆幸有简写的功能。

7.3　计算属性和观察者属性

为了让模板的内容变得更加干净和整洁，同时不会影响代码的可用性，Vue.js 提出了计算属性和观察者属性。本节将介绍计算属性和观察者属性，并且提供简单的示例帮助读者加深理解。

7.3.1　计算属性

模板内的表达式非常便利，但这类表达式实际上多用于简单运算。因为在模板中放入太多的逻辑会让模板过"重"且难以维护，例如下方的代码：

```
<div id="example">
  {{ message.split('').reverse().join('') }}
</div>
```

这里的模板不再简单和清晰，开发者需要看一会才知道，以上代码是显示变量 message

的翻转字符串。如果开发者想要在模板中多次引用此处的翻转字符串，则更难处理，这就是对于任何复杂逻辑，开发者都应当使用计算属性的原因。

【示例 7-4】计算属性的使用。

```
<template>
  <div id="example">
    <p>Original message: "{{ message }}"</p>
    <p>Computed reversed message: "{{ reversedMessage }}"</p>
  </div>
</template>

<script>
import { ref,computed } from 'vue'
export default {
  setup () {
    // 定义相关的变量
    let message = ref('Hello');
    const reversedMessage = computed(() =>message.value.split('').
reverse().join(''))
    return {
      message,
      reversedMessage
    }
  },
}
</script>
```

结果如下：

```
Original message: "Hello"
Computed reversed message: "olleH"
```

说明：这里声明了一个 Vue.js 的计算属性 reversedMessage，其本质是一个数字加工方法，computed 内部的回调函数可以用作该属性的 getter 函数：

```
console.log(reversedMessage.value) // => 'olleH'
    message.value = 'Goodbye'
    console.log(reversedMessage.value) // => 'eybdooG'
```

可以打开浏览器的控制台修改例子中 vm 的数值和变量，而 vm.reversed Message 的值始终取决于 message 的值，因此可以在不同的变量中获得相应的返回内容。

可以像绑定普通属性一样在模板中绑定计算属性，并且计算属性的名称也可以随时定义。Vue.js 内部能够知道 reversedMessage 依赖于 message，因此，当 message 发生变化时，所有依赖于 reversedMessage 的绑定也会更新。而且最妙的是我们已经以声明的方式创建了这种依赖关系：计算属性的 getter 函数没有连带影响，这使得它易于测试和推理。

7.3.2　计算属性的缓存与方法

在表达式中调用任意方法可以达到与计算属性同样的效果：

```
<p>Reversed message: "{{ reversedMessage() }}"</p>
```

逻辑代码如下：

```
/ 定义方法
  const reversedMessage = function () {
    return this.message.split('').reverse().join('')
  }
```

其实，可以将同一个函数定义为一个方法而不是一个计算属性。这两种方式的运行结果都是相同的。不同的是，计算属性是基于它们的依赖进行缓存的，计算属性只有在它的相关依赖发生变化时才会重新求值。这意味着只要 message 还没有变化，多次访问 reversedMessage 计算属性会立即返回之前的计算结果，而不必再次执行函数。这也同样意味着下面的计算属性将不再更新，因为 Date.now()不是响应式依赖：

```
const newDate = computed(() => {
  return Date.now()
})
```

与计算属性相比使用 function 方法，每当触发重新渲染时，方法调用方式总是再次执行函数而不会依赖缓存。

🔔注意：这里涉及缓存的概念。为什么需要缓存？假设有一个性能开销比较大的计算属性 A，它需要遍历一个极大的数组并进行大量的计算，而且可能还有其他的计算属性依赖于 A。如果没有缓存，将不可避免地多次执行 A 的 getter 方法。如果开发者不希望用缓存，需要用方法来替代。

7.3.3　计算属性与被观察的属性

Vue.js 提供了一个 watch 属性来观察和响应 Vue.js 实例中的数据变动情况。当有一些数据需要随着其他数据变动而变动时，很容易滥用 watch，特别是如果开发者之前使用过 AngularJS 的话。通常，更好的办法是使用计算属性而不是命令式的 watch 回调。示例如下：

【示例 7-5】watch 属性的使用。

```
<!--HTML 页面代码部分-->
<div id="demo">{{ fullName }}</div>
```

逻辑代码部分：

```
<script>
import {toRefs, reactive, watch } from 'vue'
export default {
  setup () {
    // 定义相关的变量
    const data = reactive({
      firstName: 'Foo',
      lastName: 'Bar',
```

```
      fullName: 'Foo Bar'
    })
    watch(() => data.firstName, (newVal, oldVal) => {
      data.fullName = newVal + ' ' + data.lastName
    })
    watch(() => data.lastName, (newVal, oldVal) => {
      data.fullName = data.firstName + ' ' + newVal
    })
    return {
      ...toRefs(data)
    }
  },
}
</script>
```

7.3.4　计算属性的 setter 方法

计算属性默认只有 getter 方法，但在需要时也可以提供一个 setter 方法：

```
  ...
    computed({
    //getter 方法
    get: () => data.fullName = data.firstName + data.lastName,
    // setter 方法
    set: (newValue) => {
      var names = newValue.split(' ')
      data.firstName = names[0]
      data.lastName = names[names.length - 1]
    }
  })
  ...
```

再次运行 data.fullName='John Doe'时，setter 方法会被调用，data.firstName 和 data.lastName 也会相应地被更新。

▢注意：这里不一定要使用 setter 方式进行赋值，对一个程序来说，合理的代码才是最重要的。

7.3.5　观察者

虽然计算属性在大多数情况下都适用，但是单计算属性不适用于异步或开销较大的操作，基于此原因，Vue.js 通过 watch 选项提供了一个更通用的方法来响应数据的变化。对于每个 watch，相当于实现了一个观察者（watcher），这些观察者一旦发现被观察的数据发生变化，就会自动通知更新者（updater）进行响应。

7.3.6　聊天机器人小实例

本小节将制作一个监听用户输入并且获取用户输入的例子——自动答复机器人，用来测试前面学习的观察者属性及其他功能。这里使用第三方的免费机器人 API，来实现简单的对话和监听功能。

1．注册一个机器人

用户注册一个属于自己的机器人，申请相关的接口，即可以获得机器人给予的回复。这里提供的免费小机器人，使用简单的 post 进行消息的传输和内容的获取，只需要传递一个相关的 key 值即可。

注意：为了方便读者学习，这里的机器人只提供文字性的对话功能，不保证其稳定性和功能性，仅用于测试。

（1）访问网站 http://robottest.uneedzf.com/，注册账号并且填写相关的信息，如图 7-4 所示。

图 7-4　注册页面

（2）注册成功后会自动登录 Token 获取页面，在此页面上会有 Token 键值一些简单的信息，包括但不限于使用次数和最后使用时间。单击左侧的"+"号按钮可以新建 Token 键值，如图 7-5 所示。

图 7-5　管理页面

（3）此时可以看到在页面上新增了一个 Token 键值，包含基本信息，使用该 Token 键值即可以获取需要的聊天回复，如图 7-6 所示。

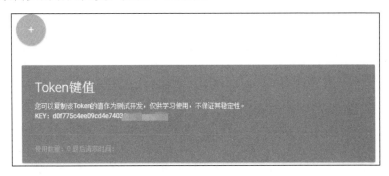

图 7-6　Token 键值

用于接收 POST 请求的 API 地址为 http://robottest.uneedzf.com/api/talk2Robot，接收的参数有两个，分别是 token 和 message，参数及其说明参见表 7-1 所示。

表 7-1　请求参数

参　　　数	类　　　型	描　　　述
token	String	得到的Token值
message	String	用户输入的信息

用户请求该接口会返回不同的内容，但都拥有相同的格式，具体说明参见表 7-2 所示。

表 7-2　返回说明

字段名称	类　　　型	说　　　明
code	Int	用于判断请求是否成功，返回值为0，表示请求成功，为1表示请求失败
message	String	用户请求失败的说明和错误情况
data	String	用户请求成功后返回的值

2. 安装HTTP插件

要成功运行聊天机器人项目，需要为整个项目提供 HTTP 请求，这里需要使用插件，如 vue-resource 和 axios 等。但是 Vue.js 3.0 无法与 vue-resource 兼容使用，并且 vue-resource 本身已经停更，因此我们选用 axios，并且 axios 的功能比较强大和丰富。

使用 axios 需要先安装。使用 NPM 安装 axios：

```
npm install --save axios
```

安装成功后的效果如图 7-7 所示。

要在 Vue.js 的项目中引入 axios 包，可以在使用 Vue.js 实例的项目处引用，本例选择在路由管理的 router/index.js 中引入，代码如下：

图 7-7　安装成功

```
import axios from 'axios'
const app = createApp(App)
app.config.globalProperties.$axios=axios
```

3. 开发Vue.js机器人项目

接下来编写 Vue.js 的页面代码，该项目依旧建立在本章示例中。

（1）新增一个页面 views/RobotTest.vue。页面部分需要一个用于对话的输入框，并在这个输入框中绑定一个可以获取的值，在下方给出一个显示答案的变量，代码如下：

```
<template>
  <div id="">
    <p>
      提问：
      <input v-model="question">
    </p>
    <p>{{ answer }}</p>
  </div>
</template>
```

（2）对初始绑定的值进行初始化，编写一个 watch()方法（相当于实现一个观察者）用来检测用户在 input 中输入的操作，并且实时检测是否达到了本例的完成标准（本例的问题中含有中文“？”符号，用该符号作为用户完成输入的标准）。

（3）用户完成输入后会自动调用 HTTP 的 post 请求相关的 API 接口，在用户的 Token 值和内容验证成功后，接口会返回需要的数据信息，只需要将其显示在页面上即可完成一个简单的和机器人对话的页面。

完整的逻辑代码如下：

```
<script>
import { reactive, toRefs } from 'vuew'
export default {
  //逻辑代码部分
```

```
  setup () {
    const data = reactive({
      question: '',                                    //问题输入
      answer: '你还没有问人家问题呀~'                    //初始化的回答
    });
    watch(() => data.question, (newVal, oldVal) => {
      //如果 `question` 发生改变，这个函数就会运行
      data.answer = '等待发问~~'
      data.getAnswer()
    })
    // 通过该方法可以访问 API，如果有返回的内容，则显示在界面上
    const getAnswer = () => {
      if (data.question.indexOf('? ') !== -1) {
        data.answer = '思考中……'
        //发送给用户的信息，这里使用了 vue-respurce 方式
        $axios.post('http://robottest.uneedzf.com/api/talk2Robot',
          { token: '*****', message: data.question })
          //开发者需要更改 Token 的值
          .then(function (res) {
            //根据返回的情况回复用户不同的内容
            if (res.data.code === 0) {
              data.answer = res.data.data
            } else {
              data.answer = res.data.message
            }
          })
          .catch(function (error) {
            // 如果请求失败或者发送错误，获取并输出错误信息
            console.log(error);
          });
      } else {
        // 当用户使用了非"？"的字符结尾时，需要显示的内容
        data.answer = '一个问题一般由一个? 结尾哦 ' +
          '♪(^▽^*)'
        return 0
      }
    }
    return {
      ...toRefs(data),
      getAnswer
    }
  },
}
</script>
```

（4）在 router/index.js 下建立相关的路由路径，代码如下：

```
import RobotTest from '../views/RobotTest.vue'
```

在 routes 中新增路径：

```
//机器人聊天测试
{
  path: '/RobotTest',
```

```
    component: RobotTest
}
```

（5）访问 http://localhost:8080/#/RobotTest，在输入框中输入内容即可获得相关的问题回复。当输入内容时，watch 对象会检测每次的输入，如果用户没有输入"？"符号，则不会发送任何请求，显示效果如图 7-8 所示。

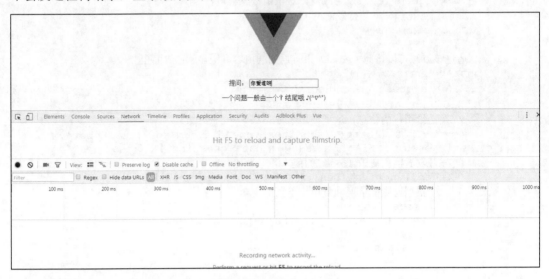

图 7-8　未发送请求时

在用户输入"？"字符后，页面会向服务器发送用户输入的内容，并且根据服务器的返回值显示出相应的结果，如图 7-9 所示。

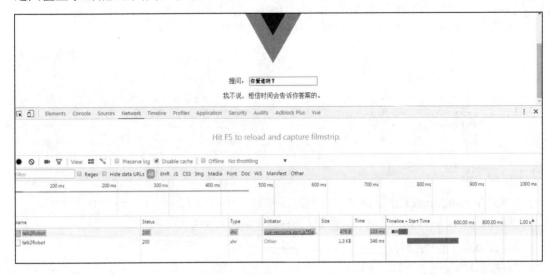

图 7-9　显示相关的答案

至此，一个简单的和机器人对话的小项目就完成了。

🔔**注意**：本例的大部分内容超出了本章的范围，读者可参考第 8 章的内容。本例只是引导读者完成一个有趣的项目，进而讲解一些概念性的知识。

7.4　电影网站的页面实现

本节将实现电影网站的页面功能，为了方便读者理解，这里只选择前面介绍过的内容进行静态页面的编写，读者可以通过本节的学习一步步地理解编码原理，学习完所有知识点后再进行完整的工程代码的编写。

7.4.1　主页

电影网站的主页包括电影推荐内容、大图推荐，以及相关的新闻内容。接下来开始编辑相关的代码。首先在 router/index.js 中定义主页的路由，代码如下：

```
{
  path: '/',
  component: () => import('../views/Index.vue'),
  meta: {
    title: 'home'
  }
},
```

这里使用的是 views/index.vue 文件，因此在 views 文件夹下新建一个 index.vue 模板文件。

🔔**注意**：建立一个 Vue.js 的相应模板时，应当考虑其本身的可复用性（如一些通用的头部和尾部等），因此这里直接将其定义成组件的形式，方便在其他页面中调用。

1．主页的头部

对于主页的规划，可以参照 3.2.3 小节的网站的页面设计。在主页中添加一个公用的头部组件，此组件创建在 components 文件夹下并命名为 MovieIndexHeader.vue 文件。下面先构建两个链接和一些简单的样式，并不需要编写逻辑部分的代码，完整的代码如下：

```
<template>
  <div class="header">
    <router-link to="/">
      <div class="header_menu">主页</div>
    </router-link>
    <router-link to="/movieList">
      <div class="header_menu">电影</div>
```

```
        </router-link>
      </div>
</template>
<script>
export default {
    // 逻辑代码部分
    setup() {

    },
}
</script>
<style lang="css" scoped>
.header{
  width: 100%;
  height: 60px;
  position: fixed;
  left: 0;
  top: 0;
  color: #000;
  background-color:#a5a5a5;
  border-bottom: 2px solid #000;
}
  .header_menu{
    padding-left: 60px;
    padding-top: 20px;
    float: left;
    color:#fff;
  }
</style>
```

MovieIndexHeader.vue 组件会用在一些页面的头部，作为网站的头部导航。

2. 主页的尾部

接下来编写主页的尾部，其本身也是可以复用的，因此也可以将其定义为一个组件并命名为 CommonFooter.vue，该组件同样创建在 components 文件夹下，完整的代码如下：

```
<template>
  <div class="footer">
    <div class="footer">
      <p>Vue.js 实例</p>
</div>
  </div>
</template>
<script>
<script>
export default {
    // 逻辑代码部分
    setup() {

    },
}
</script>
<style lang="css">
```

```
  .footer {
    height: 60px;
    width: 100%;
    position: fixed;
    bottom: 0;
    left: 0;
    border-top: 2px solid #ccc;
    background-color: #000;
  }
  .footer  p{
    font-size: 10px;
    color: #fff;
    text-align: center;
  }
</style>
```

除了基本的网页头部和网页尾部信息外，根据第 3 章的设计，网站主页还可以拆分成其他几种组件，如用于登录的用户模块、新闻列表模块、电影列表组件，以及作为主页推荐的大图显示模块。

3. 主页的用户模块

在 nav 导航下新建一行数据，如果用户未登录时显示登录按钮，链接至登录页面。在 components 文件夹下新建用户登录和登录状态显示的组件 UserMessage.vue，完整的代码如下（注意此时并不涉及逻辑和用户的状态判断，只是一个静态的页面）：

```
<template>
    <div class="header">
      <router-link to="/loginPage">
       <div class="header_menu">登录</div>
      </router-link>
    </div>
</template>.
<!--这里需要一开始就对 Session 进行检测，如果存在 Session 则直接显示登录按钮，如不存在则跳转链接-->
<script>
export default {
    // 逻辑代码部分
    setup() {

    },
}
</script>
<style lang="css" scoped>
.header{
  width: 103%;
  height: 30px;
  left: 0;
  top: 0;
  color: #000;
  background-color:#00BB5C;
}
```

```css
.header_menu{
  padding-right: 60px;
  padding-top: 10px;
  float: right;
  color:#fff;
  font-size:8px;
}
</style>
```

4．主页的大图推荐

接下来是主页的大图推荐内容，这里依旧新建一个组件，暂时只显示一个图片，并且不添加动态效果。

在 components 文件夹下新建 IndexHeaderPic.vue 文件作为主页的大图推荐组件，完整的代码如下：

```vue
<template>
  <div class="headerPic">
    <div>
      <p class="imgTitle">{{recommendTitle}}</p>
      <a href="baidu.com" >
        <img src="图片地址" class="headerImg"/>
      </a>
    </div>
  </div>
</template>
<script>
export default {
    // 逻辑代码部分
    setup() {

    },
}
</script>
<style lang="css" scoped>
.headerPic{
  height: 300px;
  width: 100%;
  background-color: antiquewhite;
}
  .headerImg{
    height: 300px;
    width: 100%;
  }
  .imgTitle{
    z-index: 2;
    padding-left: 45%;
    padding-top: 230px;
    position: absolute;
    color:#fff;
    font-size:20px;
  }
</style>
```

5. 主页的其他组件

主页还需要两个与内容相关的组件，一个用于显示主页推荐的电影列表，另一个用于显示主页新闻的列表。建立这类组件，只需要一行代码即可，然后在相关的页面中循环执行这一行代码，就可以获得相关的列表。

🔔 **注意**：这类组件也可以定义为完全独立的，即不需要在相关的 page 中循环，只需要引入即可。笔者这样写的原因主要是希望组件可以在多处使用，而获得的数据并不一定一致，因此数据的获取写在了相关的 page 中。

首先是对推荐电影的获取，需要在 components 文件夹下建立一个 moviesList.vue 文件，moviesList 组件也会用于所有电影列表，完整的代码如下：

```css
<template>
  <div class="movieList">
    <div>
    <router-link :to="电影地址" class="goods-list-link">
      电影名称……等
      </router-link>
    </div>
  </div>
</template>
<script>
export default {
    // 逻辑代码部分
    setup() {

    },
}
</script>
<style lang="css" scoped>
.movieList{
  padding: 5px;
  border-bottom: 1px dashed #ababab;
}
</style>
```

这里的 `<router-link>` 标签用于跳转。

同样，在 components 文件夹下建立一个新闻列表组件并命名为 newsList.vue 文件，代码如下：

```css
<template>
  <li class="goods-list">
  <div class="newsList">
    <router-link :to="新闻标签" class="goods-list-link">
        文章标题，时间等……
    </router-link>
  </div>
  </li>
</template>
```

```
<script>
export default {
    // 逻辑代码部分
    setup() {

    },
}
</script>
<style lang="css" scoped>
  .newsList{
    padding: 5px;
    font-size: 10px;
    border-bottom: 1px dashed #ababab;
  }
</style>
```

到此为止，主页中的所有组件都完成了，只剩下主页自身的内容了，需要在 pages 文件夹下建立 Index.vue 文件，并且引入之前写好的所有需要使用的组件，然后再进行相关的样式调整。Index.vue 页面的代码如下：

```
<template>
  <div class="container">
  <div>
     <movie-index-header ></movie-index-header>    <!-- 展示引入的 header 组件 -->
  </div>
  <div class="userMessage">
<!--展示引入的用户信息组件 -->
    <user-message></user-message>
  </div>
  <div class="contentPic">
<!--展示引入的大图组件 -->
     <index-header-pic></index-header-pic>
  </div>
  <div class="contentMain">
    <div>
      <div class="contentLeft">
        <ul class="cont-ul">
          <movies-list></movies-list><!--引入 MovieList-->
        </ul>
      </div>
    </div>
    <div>
      <div class="contentRight">
        <ul class="cont-ul">
          <!-- list 组件展示区 -->
          <news-list ></news-list>
        </ul>
      </div>
    </div>
  </div>
    <common-footer></common-footer>    <!-- 展示引入的 footer 组件 -->
```

```
        </div>
    </template>
    <script>
    import MovieIndexHeader from '../components/MovieIndexHeader'
    import CommonFooter from '../components/CommonFooter'
    import NewsList from '../components/NewsList'
    import MoviesList from '../components/MoviesList'
    import IndexHeaderPic from '../components/IndexHeaderPic'
    import UserMessage from '../components/UserMessage'
    export default {
        // 逻辑代码部分
        components: {
            MovieIndexHeader,
            CommonFooter,
            NewsList,
            MoviesList,
            IndexHeaderPic,
            UserMessage
        },

        //这里用于获取数据，需要获得主页推荐、主页新闻列表和主页电影列表
        setup () {

        }
    }
    </script>

    <style lang="css" scoped>
        .container {
            width: 100%;
            margin: 0 auto;
        }
        .contentMain{
            height: 50px;
        }
        .userMessage{
            padding-top:60px;
            margin-top:-10px;
            margin-left: -10px;
        }
        .contentPic{
            padding-top:5px;
        }
        .contentLeft{
            width: 60%;
            float: left;
            margin-top: 5px;
            border-top: 1px solid #000;
        }
        .contentRight{
            width: 38%;
            margin-left:1% ;
            float: left;
            margin-top: 5px;
            border-top: 1px solid #000;
```

```
    }
  .cont-ul {
    padding-top: 0.5rem;
    background-color: #fff;
  }
  .cont-ul::after {
    content: '';
    display: block;
    clear: both;
    width: 0;
    height: 0;
  }
</style>
```

注意：请读者自行添加相关的"假"数据或者直接进入 8.4 节主页逻辑部分的学习，在学习完 v-for 后将会制作出完整的网页模板。

完成后的页面即可运行，效果如图 7-10 所示。

图 7-10　主页显示效果

注意：本小节至 7.4.9 小节的所有页面均为静态页面，完整的 JavaScript 数据获取与处理请参考第 8 章。

7.4.2 电影列表页

在 pages 文件夹下新建一个名为 moviesList.vue 的组件作为单击导航栏上的电影后跳转的链接。接下来在 index.js 中建立相关的路由。

首先引入相关的页面组件：

```
import MovieList from '../views/moviesList.vue'
```

接着在 routes 中添加一个对象，路由名称为 movieList，代码如下：

```
{
  path:'/movieList',
  component:MovieList
},
```

然后编辑 moviesList.vue 组件中的代码，对于电影列表页面，只需要引入统一的网页头部和尾部，所有的电影列表即可使用前面写好的电影列表控件 moviesList 了，完整的代码如下：

```
<template>
  <div class="container">
    <div>
      <movie-index-header ></movie-index-header><!-- 展示引入的 header 组件 -->
    </div>
    <div class="contentMain">
      <div>
        <div class="contentLeft">
          <ul class="cont-ul">
            <movies-list></movies-list><!--引入 MovieList-->
          </ul>
        </div>
      </div>
    </div>
    <div>
      <common-footer></common-footer>  <!-- 展示引入的 footer 组件 -->
    </div>
  </div>
</template>
<script>
import MovieIndexHeader from '../components/MovieIndexHeader'
import CommonFooter from '../components/CommonFooter'
import MoviesList from '../components/MoviesList'
export default {
  name: 'movieList',
  components: {
    MovieIndexHeader,
    CommonFooter,
    MoviesList
  },
  setup () {
  ),
```

```
  }
</script>
<!-- 样式规定 -->
<style lang="css" scoped>
  .container {
    width: 100%;
    margin: 0 auto;
  }
  .contentMain{
    padding-top: 150px;
  }
  .contentText{
    font-size: 15px;
    padding-top: 20px;
  }
</style>
```

页面的完整显示效果如图 7-11 所示。

图 7-11　列表显示效果

7.4.3　电影详情页

前面已经完成了电影列表组件的编写，本节将实现电影详情页的编写，就是单击电影
列表后需要跳转的页面，然后显示电影的下载、点赞、评论等内容。

（1）在 views 文件夹下建立 movieDetail.vue 作为电影详情页。

（2）在 index.js 中引入并建立相关的路由。

```
import MovieDetail from '../views/movieDetail.vue'
```

（3）在 routes 中建立名为 movieDetail 的路由，代码如下：

```
{
  path:'/movieDetail',
  component:MovieDetail
},
```

（4）编辑 movieDetail.vue 文件，引入 3 个相关的组件，分别是公用的 header、公用的 footer 和用于显示所有评论的评论组件。评论组件创建在 components 文件夹下并命名为 Comment.vue。

由于评论组件只需要在新闻和电影页面中使用，所以无须将其继续分成更小的组件，此处将评论显示和发布评论功能同时放在一个页面中。

Comment.vue 的完整代码如下：

```
<!--HTML 页面代码-->
<template>
<div>
<label >评论</label>
<hr>
<div>
   <li v-for="item in items">
   XXX 评论：XXX
  </li>
</div>

<div style="padding: 5px">
   <textarea v-model="context" style="width: 80%;height:50px ;"
   placeholder="内容"></textarea>
</div>
<div style="padding-top: 10px">
   <button v-on:click="send_comment">评论</button>
</div>
</div>

</template>
<!--获取所有的评论,并且可以回复评论,对于文章详情页,也可以使用上述评论代码-->
<script>
</script>
<style lang="css" scoped>
</style>
```

这样只需要在 movieDetail.vue 页面中引入 Comment.vue 控件即可显示一个相关的电影详情和评论页。

页面 movieDetail.vue 的代码如下：

```
<template>
<!--HTML 页面代码-->
  <div class="container">
    <div>

      <movie-index header ></movie-index-header> <!-- 展示引入的 header 组件 -->
```

```
      </div>
      <div class="contentMain">
        <div class="">
          <h1>电影名称</h1>
          <div class="viewNum">下载次数： </div>
        </div>
        <div class="">
        <button >单击下载</button>
        </div>
        <div>
          <img class="headerImg" >
        </div>
         <divclass="btnPosition">
          <div class="SupportBtn">点赞<div></div></div>
          </div>
      </div>
      <div>
      <comment v-bind:movie_id="movie_id"></comment>
</div>
      <div>
        <common-footer></common-footer>  <!-- 展示引入的 footer 组件 -->
      </div>
  </div>
</template>
<script>
import MovieIndexHeader from '../components/MovieIndexHeader'
import CommonFooter from '../components/CommonFooter'
import Comment from '../components/Comment.vue'
import { reactive, toRefs } from 'vue'
export default {
  name: 'MovieDetail',
  components: {
    MovieIndexHeader,
    CommonFooter,
    Comment,
  },
  setup () {
    const data = reactive({
      detail: [],
      });
    }
    return {
      ...toRefs(data),
  }
  },
}
</script>
<!-- 样式规定 -->
<style lang="css" scoped>
  .headerImg{
    height: 200px;
```

```
  }
  .container {
    width: 100%;
    margin: 0 auto;
  }
  .contentMain{
    padding-top: 150px;
  }

  .btnPosition{
    padding-left: 48%;
  }
  .SupportBtn{
    border: solid 1px #000;
    width: 60px;
  }
  .viewNum{
    font-size: 10px;
  }
</style>
```

页面显示效果如图 7-12 所示。

图 7-12 电影详情页

7.4.4 新闻详情页

主页的另外一个功能就是显示主页新闻的详情，该页面和电影详情页基本一致，除去公用购头部和尾部，也可以使用用户的相关评论组件，代码如下：

```html
<template>
  <div class="container">
    <div>
      <movie-index-header ></movie-index-header> <!-- 展示引入的 header 组件 -->
    </div>
    <div class="contentMain">
        <h1>文章题目</h1>
        <div>文章的发布时间</div>
        <div class="contentText">文章的内容</div>
    </div>
        <comment></comment>
    <div>
      <common-footer></common-footer> <!-- 展示引入的 footer 组件 -->
    </div>
  </div>
</template>
<script>
import MovieIndexHeader from '../components/MovieIndexHeader'
import CommonFooter from '../components/CommonFooter'
import Comment from '../components/Comment.vue'
let article_id = 0
export default {
  name: 'newDetail',
  components: {
    MovieIndexHeader,
    CommonFooter,
    Comment,
  },
  setup () {

  }
}
</script>
<!-- 样式规定 -->
<style lang="css" scoped>
  .container {
    width: 100%;
    margin: 0 auto;
  }
  .contentMain{
    padding-top: 150px;
  }
  .contentText{
    font-size: 15px;
    padding-top: 20px;
  }
</style>
```

页面显示效果如图 7-13 所示。

图 7-13　新闻详情页

7.4.5　用户登录页

终于到了用户相关的内容页面了，首先回顾一下在主页中的用户状态组件，如果用户没有登录的话，单击"登录"按钮则会跳转至一个新的页面，用于用户的登录和注册等功能。

在 index.js 中引入和确定路由，内容如下：

```
import LoginPage from '../views/loginPage.vue'
```

确定 URL 路径：

```
{
  path:'/loginPage',
  component:LoginPage
},
```

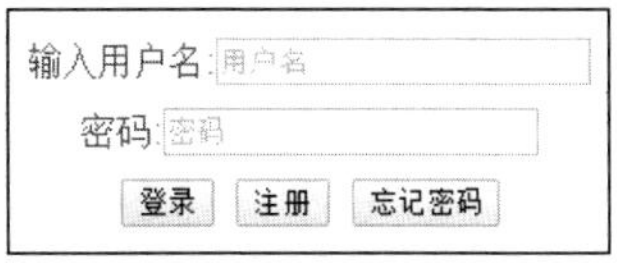

图 7-14　用户登录页

基本的登录页面如图 7-14 所示。

这个页面非常简单，只需要 3 个按钮和 2 个文本框。在 views 文件夹下建立一个 loginPage.vue 文件，完整的代码如下：

```
<!--HTML 页面代码部分-->
<template>
  <div>
    <div>
     <div>
      <div class="box">
         <label>输入用户名:</label>
         <input placeholder="用户名">
</div>
     <div class="box">
```

```
    <label>密码:</label>
    <input  placeholder="密码">
  </div>
  <div  class="box">
    <button >登录</button>
    <button  style="margin-left: 10px">注册</button>
    <button  style="margin-left: 10px" >忘记密码</button>
</div>
</div>
</div>
</div>
</template>
<script>
</script>
<!-- 样式规定 -->
<style>
  .box{
    display: flex;
    justify-content: center;
    align-items: center;
    padding-top: 10px;
  }
</style>
```

7.4.6　用户注册页

用户注册页面提供用户注册的功能，在 pages 文件夹下建立一个相关的页面文件 registerPage.vue。在 index.js 中引入该文件并且指定其路由，代码如下：

引入文件：

```
import RegisterPage from '../views/registerPage.vue'
```

指定路由：

```
  {
    path:'/register',
    component:RegisterPage
  },
```

单击登录页面的"注册"按钮，或者直接访问该路由，就可以自动跳转到该页面（需要实现登录页面的跳转功能，可以参考第 8 章）。

registerPage.vue 的页面代码如下：

```
<!-- 样式规定 -->
<template>
  <div>
<!--所需要的内容-->.
    <div>
    <div>
    <div class="box">
            <label>输入用户名:</label>
    <input placeholder="用户名">
```

```
</div>
    <div class="box">
    <label>输入密码:</label>
    <input placeholder="密码">
    </div>
        <div class="box">
    <label>重复输入密码:</label>
    <input placeholder="密码">
    </div>
        <div class="box">
    <label>输入邮箱:</label>
    <input placeholder="邮箱">
    </div>
        <div class="box">
    <label>输入手机:</label>
    <input placeholder="手机">
    </div>
    <div  class="box">
    <button >注册</button>

</div>

</div>
</div>


</div>

</template>
<script>
//逻辑代码
  export default {
    //定义相关的变量
    setup(){
    },
  }


  }
</script>
<!-- 样式规定 -->
<style>
  .box{
    display: flex;
    justify-content: center;
    align-items: center;
    padding-top: 10px;
  }
</style>
```

在注册页面中，需要一些简单的 input 组件用于填写用户资料，还需要一个注册按钮进行数据的提交工作。页面显示效果如图 7-15 所示。

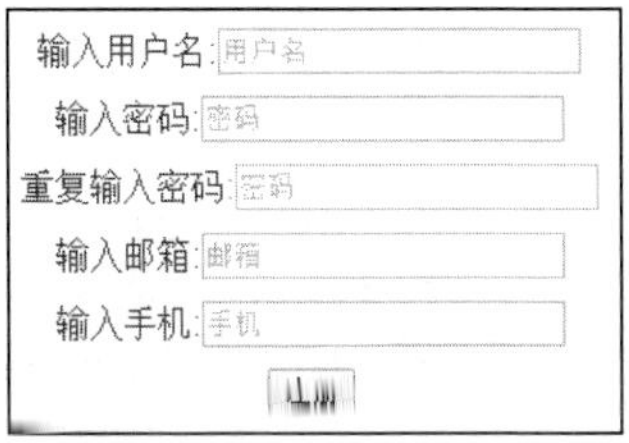

图 7-15　用户注册页

7.4.7　用户密码找回页

在一个系统的实际使用中经常会出现用户忘记密码的情况，用户密码找回页的功能就是为了帮助用户找回或更改密码。

通过用户名、邮箱、手机号的三重验证，可以不用找回老密码直接更新用户的密码。本页面的功能分为两部分：资料验证和更改密码。

🔖**注意**：本例的资料验证方式并不推荐，此处只是作为一个简单的演示示例，读者在实际开发中可以使用短信验证、邮箱验证等方式来完成密码的更改操作。

这里，在用户密码找回页面中没有编写根据验证结果显示不同表单的代码，所有的表单都会显示出来，而第 8 章会根据用户是否验证成功来显示不同的表单。主要代码如下：

```
<template>
  <div>
    <div>
    <div>
    <div class="box">
            <label>输入用户名:</label>
    <input placeholder="用户名">
</div>
    <div class="box">
    <label>输入邮箱:</label>
    <input placeholder="邮箱">
    </div>
    <div class="box">
    <label>输入手机:</label>
    <input placeholder="手机">
    </div>

    <div  class="box">
    <button >找回密码</button>
</div>


    </div>
    <div>
    <div class="box" >
    <label>输入新密码:</label>
    <input  placeholder="输入新密码">
    </div>
     <div  class="box">
    <button >修改密码</button>
</div>
    </div>
    </div>
</div>
```

```
    </div>

  </template>
  <script>
  </script>
  <!-- 样式规定 -->
  <style>
    .box{
      display: flex;
      justify-content: center;
      align-items: center;
      padding-top: 10px;
    }
  </style>
```

　　本小节的页面需要对用户的数据进行验证，在 input 组件上填写数据是为了方便测试。当用户填写完相应数据后单击"找回密码"按钮，会显示新密码的输入框和修改密码的按钮（显示与否的控制见第 8 章），页面显示效果如图 7-16 所示。

图 7-16　用户修改密码页

7.4.8　用户详情页

　　一个完整的用户详情页包括用户详情显示、用户密码修改、站内信等功能。

　　在 views 文件夹下建立 userInfo.vue 作为该页面的模板文件，完整的代码如下：

```
<template>
  <div class="container">
  <div>
    <movie-index-header ></movie-index-header> <!-- 展示引入的 header 组件 -->
  </div>
  <div class="userMessage">
    <user-message></user-message>
  </div>
<!--用户的相关信息-->

<div>
  <div class="box">用户名：用户名</div>
</div>
<div>
  <div class="box">用户邮箱：邮箱 </div>
</div>
<div>
  <div class="box">用户电话：电话 </div>
</div>
<div>
  <div class="box">用户状态：用户状态（封停与否）</div>
</div>
<div>
  <button>修改密码</button>
```

```
    </div>
    <!-下面第一对<div></div>中的代码用于密码的修改，需要在平时隐藏起来，其实现逻辑在第 8
章中讲解-->
    <div>
        <div class="box" >
        <label>输入旧密码:</label>
        <input placeholder="输入旧密码">
        </div>
        <div class="box" >
        <label>输入新密码:</label>
        <input placeholder="输入新密码">
        </div>
         <div  class="box">
        <button>修改密码</button>
    </div>
    </div>
    <div style="padding-top: 10px">
    <!--需要跳转至新的页面-->
      <router-link to="/sendEmail">
        <button>发送站内信</button>
    </router-link>

    </div>
        <common-footer></common-footer>  <!-- 展示引入的 footer 组件 -->
      </div>
    </template>
    <script>
    import MovieIndexHeader from '../components/MovieIndexHeader'
    import CommonFooter from '../components/commonFooter'
    import UserMessage from '../components/UserMessage'
    // 逻辑代码部分
    <script>
    import MovieIndexHeader from '../components/MovieIndexHeader'
    import CommonFooter from '../components/CommonFooter'
    import UserMessage from '../components/UserMessage'
    export default {
      name: 'userInfo',
      components: {
        MovieIndexHeader,
        CommonFooter,
        UserMessage
      },
      setup() {

      },
    }
    </script>
    <style lang="css" scoped>
      .box{
        display: inline-flex;
      }
      .container {
        width: 100%;
```

```
     margin: 0 auto;
  }
  .userMessage{
    padding-top:60px;
    margin-top:-10px;
    margin-left: -10px;
  }
</style>
```

本小节介绍的用户详情页面功能非常简单，只需要将后台返回的资料和信息进行展示即可。这里使用了<div>控件进行数据的填充，页面上有两个按钮，一个是"发送站内信"按钮，另一个是"修改密码"按钮。页面显示效果如图 7-17 所示。

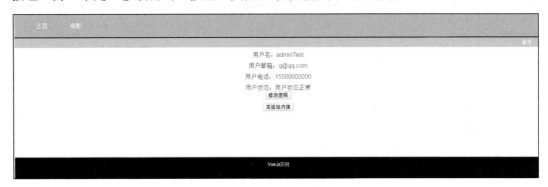

图 7-17 用户详情页

7.4.9 站内信页

常见的站内信系统一般分为发件方和收件方。两者的对话，应当以列表的方式显示在页面上。对于页面设计而言，需要一个发送站内信的列表和一个收到站内信的列表，这两个列表应当是一致的，因此可以统一为一个组件。

在 components 文件夹下新建一个 EmailList.vue 用于用户列表信息显示，完整的代码如下：

```
<template>
<div class="message">
  <div>
     题目
</div>
<div>
     来源用户
</div>
<div>
     一条的内容
</div>
</div>
</template>
```

```
<script>
// 逻辑代码部分
export default {
}
</script>
<style lang="css" scoped>
  .message{
    border: 1px solid;
  }
</style>
```

同样，也可以将对话框分离出来。在 components 文件夹下新建一个名为 SendTalk-Box.vue 的文件用于实现作为对话框的组件。该文件的完整代码如下：

```
<template>
<div>
<div>
<input placeholder="发送用户名">
</div>
    <div style="padding: 10px">
     <input placeholder="发送标题">
</div>

    <div style="padding: 5px">
     <textarea style="width: 80%;height:50px ;" placeholder="内容">
     </textarea>
</div>

<div style="padding-top: 10px">
    <button>发送站内信</button>
</div>
</div>

</template>
<script>
</script>
<style lang="css" scoped>
</style>
```

写好这两个组件之后，将它们在一个页面中进行组合。在 pages 文件夹下建立一个文件并命名为 sendEmail.vue，将该文件作为用户单击站内信列表之后跳转的页面，完整的代码如下：

```
<template>
  <div class="container">
  <div>
     <movie-index-header ></movie-index-header>  <!-- 展示引入的 header 组件 -->
  </div>
  <div class="userMessage">
    <user-message></user-message>
  </div>
<!--用户的相关信息-->
<label>收件箱</label>
```

```
<div>
  <email-list></email-list>
</div>
<label>发件箱</label>
<div>
  <email-list></email-list>
</div>

<send-talk-box></send-talk-box>
    <common-footer></common-footer>  <!-- 展示引入的 footer 组件 -->
  </div>
</template>
<script>
import MovieIndexHeader from '../components/MovieIndexHeader'
import CommonFooter from '../components/commonFooter'
import UserMessage from '../components/UserMessage'
import EmailList from '../components/EmailList.vue'
import SendTalkBox from '../components/SendTalkBox.vue'
// 逻辑代码部分
export default {
  components: {
    MovieIndexHeader,
    CommonFooter,
    UserMessage,
    EmailList,
    SendTalkBox,
  },
  setup() {
  },
}
</script>

<style lang="css" scoped>
  .box{
    display: inline-flex;
  }
  .container {
    width: 100%;
    margin: 0 auto;
  }
  .userMessage{
    padding-top:60px;
    margin-top:-10px;
    margin-left: -10px;
  }
</style>
```

在上面的代码中引入了两个组件并将它们显示在页面中。至此，一个完整的站内信页面就完成了。

7.5　小结与练习

7.5.1　小结

本章主要介绍了各种组件的编写。项目的大部分页面目前还是静态页面，并没有出现大量的 JavaScript 逻辑性代码。在第 8 章的学习中，将会对所有的页面进行动态化处理，即加入数据获取和循环列表判断等操作，将页面和逻辑部分相结合，实现一些简单的功能。

本章只是讲解了前端页面的编写，希望读者可以在客户端页面的示例中独立思考，完成后台页面的编写。

7.5.2　练习

1．独立思考和设计，完成后台页面的设计和编写。

2．思考怎样才能对代码进行优化，结合第 8 章的内容完成整个页面的编写并在本机上能够成功运行。

第8章 让页面变成动态页面

对于一个网页而言，只是简单的静态页面是远远不够的。本章将编写电影网站的所有页面逻辑代码，使原本的静态页面网站变成能够处理用户请求和显示动态项目的网站。

本章涉及大量 Vue.js 和 JavaScript 语法，通过本章的学习，读者可以了解 Vue.js 的各种基础语句和处理器的使用。

8.1 条 件 渲 染

条件渲染（v-if）是 Vue.js 的一个重要指令，用于控制页面元素的显示与隐藏，执行不同的代码将会得到不同的显示效果，方便根据用户的权限或组别展示不同的页面，达到设定的逻辑效果。

8.1.1 v-if 应用

在字符串模板或者传统的语句中，if 模板应该是由相应的条件块组成的，如下方的条件块。

【示例 8-1】v-if 的应用。

```
<!-- 模板 -->
{{#if ok}}
  <h1>Yes</h1>
{{/if}}
```

在 Vue.js 中，为了符合 HTML 代码规范，在标签中使用 v-if 进行判断也可以实现同样的功能，例如：

```
<h1 v-if="ok">Yes</h1>
```

v-if 也提供了 else 条件语句，可以使用 v-else 来添加一个 else 块：

```
<h1 v-if="ok">Yes</h1>
<h1 v-else>No</h1>
```

除了 else，在 Vue.js 2.1 以上的版本中还提供了 else…if 功能，标签为 v-else-if。顾名思义，就是充当 v-if 的 else if 块。可以链式地使用多次，例如：

```
<div v-if="type === 'A'">
  A
</div>
<div v-else-if="type === 'B'">
  B
</div>
<div v-else-if="type === 'C'">
  C
</div>
<div v-else>
  Not A/B/C
</div>
```

注意：v-else-if 元素必须紧跟在 v-if 或 v-else-if 语句之后，否则会出现错误。

8.1.2　v-show 应用

另一个用于条件展示元素的指令是 v-show，其用法与 v-if 基本相似。

【示例 8-2】v-show 的应用。

```
<h1 v-show="ok">Hello!</h1>
```

不同的是，带有 v-show 的元素始终会被渲染并保留在 DOM 中。使用 v-show 可以方便地切换元素的 CSS 属性 display。

注意：v-show 不支持<template> </template>语法，也不支持 v-else。

v-if 是真正的条件渲染，因为它可以确保在元素切换过程中条件块内的事件监听器和子组件被销毁或重建。

v-if 也是惰性的，如果在初始渲染时条件为假，则它什么也不做，直到条件第一次变为真时才开始渲染条件块。

相比之下，v-show 就简单得多，不管初始条件是什么，元素总会被渲染，并且只是简单地基于 CSS 进行切换。

一般来说，v-if 的切换开销更大，而 v-show 的初始渲染开销更大。因此，如果需要频繁地切换元素，使用 v-show 较好；如果在运行时条件不会改变，则使用 v-if 较好。

8.2　列　表　渲　染

列表渲染是网页开发必不可少的一项，通过一个数组循环，可以利用模板显示相关的列表和众多的内容。

通过简单的循环方式，可以将需要显示的内容渲染在页面上。对于一些显示效果类似的部分，使用列表渲染可以进行多组件复用，减少了大量重复的代码，达到使用 for 循环的操作。

8.2.1 v-for 列表渲染

用 v-for 把一个数组对应为一组元素，可以循环显示一个模板或一些内容。v-for 指令使用 item in items 形式的特殊语法，items 是源数据数组，item 是数组元素迭代的别名。

【示例 8-3】v-for 的应用。

```
<ul id="example-1">
  <li v-for="item in items">
    {{ item.message }}
  </li>
</ul>
```

逻辑代码如下：

```
const App = {
    setup() {
        // 逻辑代码部分，定义相关变量
        const data = Vue.reactive({
            items:[
                { message: 'Foo' },
                { message: 'Bar' }
            ]
        })
        return {
            ...Vue.toRefs(data)
        }
    }
}
    // 逻辑代码部分，建立 Vue.js 实例
    const app = Vue.createApp(App).mount('#app')
```

在 v-for 块中，拥有对父作用域属性的完全访问权限。v-for 还支持一个可选的第 2 参数为当前项的索引，代码如下：

```
<ul id="example-2">
  <li v-for="(item, index) in items">
    {{ parentMessage }} - {{ index }} - {{ item.message }}
  </li>
</ul>
```

逻辑代码如下：

```
// 逻辑代码部分，定义相关变量
    const data = Vue.reactive({
        parentMessage: 'Parent',
        items:[
            { message: 'Foo' },
            { message: 'Bar' }
        ]
    })
    return {
```

```
    ...Vue.toRefs(data)
  }
```

8.2.2　使用 of 作为分隔符

开发者也可以用 of 替代 in 作为分隔符，因为它是最接近 JavaScript 迭代器的语法，而这样使用也更像自然语言。

【示例 8-4】of 的应用。

```
<div v-for="item of items"></div>
```

v-for 也可以通过一个对象的属性来迭代。一个对象的 v-for 和一个数组的循环是一致的，如下面的示例：

```
<div id="app">
    <ul class="demo">
      <li v-for="value in object">
        {{ value }}
      </li>
    </ul>
</div>
```

逻辑代码如下：

```
const App = {
    setup() {
        // 逻辑代码部分，定义相关变量
        const data = Vue.reactive({
            object: {
                firstName: 'John',
                lastName: 'Doe',
                age: 30
            }
        })
        return {
            ...Vue.toRefs(data)
        }
    }
}
// 逻辑代码部分，建立 Vue.js 实例
const app = Vue.createApp(App).mount('#app')
```

同时，开发者也可以把第 2 个参数作为键名，实现加 key 的双循环输出，这个方法同样也适用于对象。

【示例 8-5】key 双循环输出。

```
<div v-for="(value, key) in object">
  {{ key }}: {{ value }}
</div>
```

第 3 个参数为索引：

```
<div v-for="(value, key, index) in object">
  {{ index }}. {{ key }}: {{ value }}
</div>
```

🔔注意：遍历对象时是按 Object.keys()的结果进行遍历的，但是不能保证在不同的 JavaScript 引擎下的结果是一致的。

如果需要对一些数据进行过滤或排序等操作，可以使用 v-for。如果只想显示一个数组过滤或排序的副本，而不实际改变或重置原始数据，则可以通过计算属性来完成。

```
<li v-for="n in evenNumbers">{{ n }}</li>
```

逻辑代码如下：

```
const data = Vue.reactive({
    numbers: [1, 2, 3, 4, 5]
})
let evenNumbers = Vue.computed(()=> {
    return data.numbers.filter(function (number) {
        return number % 2 === 0
    })}
)
return {
    ...Vue.toRefs(data),
    evenNumbers
}
```

在计算属性不适用的情况下（如在嵌套 v-for 循环中），可以使用一个方法（method）来代替。

【示例 8-6】使用方法代替计算属性。

```
<li v-for="n in even(numbers)">{{ n }}</li>
```

逻辑代码如下：

```
const data = Vue.reactive({
        numbers: [1, 2, 3, 4, 5]
    })
let even = (numbers) => {
    return data.numbers.filter(function (number) {
        return number % 2 === 0
    })
}
return {
    ...Vue.toRefs(data),
    even
}
```

同样，v-for 也可以取整数，在这种情况下，它将重复多次模板。代码如下：

```
<div>
  <span v-for="n in 10">{{ n }} </span>
</div>
```

如果在<template></template>中使用 v-for，其使用方法类似于 v-if，即也可以利用带有 v-for 的<template>渲染多个元素。例如下面的代码：

```
<ul>
  <template v-for="item in items">
    <li>{{ item.msg }}</li>
    <li class="divider"></li>
  </template>
</ul>
```

8.2.3　v-for 与 v-if 同时使用

如果 v-for 和 v-if 同时使用，就存在优先级的问题，需要注意以下几点。

（1）当它们处于同一节点时，v-for 的优先级比 v-if 更高，这意味着 v-if 将分别重复运行于每个 v-for 循环中。当开发者想为仅有的一些项渲染节点时，这种优先级的机制会十分有用，例如：

```
<li v-for="todo in todos" v-if="!todo.isComplete">
  {{ todo }}
</li>
```

上面的代码只传递了未完成的数据，而不会传递所有的数据，减少了不必要的性能消耗。

（2）如果开发者的目的是有条件地跳过循环，可以将 v-if 置于外层元素（或<template>）中。例如：

```
<ul v-if="todos.length">
  <li v-for="todo in todos">
    {{ todo }}
  </li>
</ul>
<p v-else>No todos left!</p>
```

如果需要在一个组件中使用 v-for，在自定义的组件里就可以像任何普通元素一样使用 v-for。

【示例 8-7】v-for 循环嵌套。

```
<my-component v-for="item in items" : key="item.id"></my-component>
```

在 Vue.js 2.2.0 以上的版本中，当在组件中使用 v-for 时，key 是必须要存在的，因此 key 一定是指定的。然而，任何数据都不会被自动传递到组件里，因为组件有自己独立的作用域。为了把迭代数据传递到组件里，需要使用 props：

```
<my-component
  v-for="(item, index) in items"
  v-bind: item="item"
  v-bind: index="index"
  v-bind: key="item.id"
></my-component>
```

不能自动将 item 注入组件的原因是，会使组件与 v-for 的运作紧密耦合。明确组件数据的来源能够使组件在其他场合重复使用。

下面是一个使用 v-for 的完整例子。

【示例 8-8】v-for 的应用。

```
<div id="app">
  <input
    v-model="newTodoText"
    v-on: keyup.enter="addNewTodo"
    placeholder="Add a todo"
  >
  <ul>
    <li
      is="todo-item"
      v-for="(todo, index) in todos"
      v-bind: key="todo.id"
      v-bind: title="todo.title"
      v-on: remove="todos.splice(index, 1)"
    ></li>
  </ul>
</div>
```

注意：这里的 is="todo-item"，在使用 DOM 模板时是十分必要的，因为在<ul>元素内只有<li>元素会被看作有效内容。这样实现的效果与<todo-item>相同，但是可以避开一些潜在的浏览器解析错误。

示例 8-8 的逻辑代码如下：

```
Vue.component('todo-item', {
  template: '\
    <li>\
      {{ title }}\
      <button v-on: click="$emit(\'remove\')">X</button>\
    </li>\
  ',
  props: ['title']
})
Vue.createApp({
  const data = reactive({
    newTodoText: '',
    todos: [
      {
        id: 1,
        title: 'Do the dishes',
      },
      {
        id: 2,
        title: 'Take out the trash',
      },
      {
        id: 3,
        title: 'Mow the lawn'
```

```
      }
    ],
    nextTodoId: 4
  })
  addNewTodo = () => {
  data.todos.push({
      id: data.nextTodoId++,
      title: data.newTodoText
  })
  data.newTodoText = ''
  }
  return {
      ...toRefs(data),
      addNewTodo
  }
})
```

8.2.4　key 关键字的使用

当使用 v-for 更新已渲染过的元素列表时，默认用"就地复用"策略。如果数据项的顺序被改变，Vue.js 不会移动 DOM 元素来匹配数据项的顺序，而是简单复用此处的每个元素，并且确保在特定索引下能够显示被渲染的每个元素。这个默认模式是高效的，但是只适用于不依赖子组件状态或临时 DOM 状态（如表单输入值）的列表渲染输出。

为了给 Vue.js 一个提示，以便能跟踪每个节点的身份，从而重用和重新排序现有元素，开发者需要为每项提供一个唯一的 key 属性。理想状态下，每个节点都是存在 key 值的，并且这个 key 值是唯一的。这个特殊的属性需要用 v-bind 来绑定动态值（在这里使用简写）。

```
<div v-for="item in items" : key="item.id">
  <!-- 内容 -->
</div>
```

建议在使用 v-for 时提供 key，除非遍历输出的 OM 内容非常简单，或者是刻意依赖默认模式以提升性能。

📖说明：key 关键字是 Vue.js 识别节点的一个通用机制，并不与 v-for 特别关联。此外，key 还有其他用途，不再展开介绍。

8.3　事件处理器 v-on

可以用 v-on 指令监听 DOM 事件来触发一些 JavaScript 代码，相当于 JavaScript 中的 onClick 事件。在按钮被触动或某个操作触发时会执行该事件。

【示例 8-9】v-on 的使用。

```
<div id="example-1">
  <button v-on: click="counter += 1">增加 1</button>
  <p>这个按钮被单击了 {{ counter }} 次。</p>
</div>
```

示例 8-9 的逻辑代码如下，当用户单击了该按钮后，会自动在当前的数字上进行加 1 操作，并显示在页面上。

```
Vue.createApp({
        setup(){
            const data = Vue.reactive({
                counter: 0
            })
            return {
                ...Vue.toRefs(data)
            }
        }
}).mount('#example-1')
```

8.3.1　方法事件处理器

许多事件的处理逻辑都很复杂，直接把 JavaScript 代码写在 v-on 指令中是不可行的。v-on 可以接收一个定义的方法来调用 JavaScript 代码。

【示例 8-10】方法事件处理器的使用。

```
<div id="app">
  <!--设立一个 div-->
  <div>
      <!--对于 button 设计 v-on 监听方法-->
      <button v-on:click="greet">Greet</button>
  </div>
</div>
```

然后对监听单击事件的 greet 方法进行定义。逻辑代码如下：

```
const App = {
    setup() {
        // 逻辑代码部分，定义相关变量
        const data = Vue.reactive({
            name: 'Vue.js'
        })
        let greet = (event) => {
            alert('Hello ' + data.name + '!')
            // `event`是原生的 DOM 事件
            if (event) {
                alert(event.target.tagName)
            }
        }
        return {
            ...Vue.toRefs(data),
            greet
        }
```

```
    }
  }
  // 逻辑代码部分，建立 Vue.js 实例
  const app = Vue.createApp(App).mount('#app')
```

当用户单击 Greet 按钮时，会弹出一个对话框，显示 Hello.Vue.js，如图 8-1 所示。关闭该对话框后，又会弹出 tagName 的信息，显示为 Button。

图 8-1　Vue.js 方法示例效果

8.3.2　内联处理器

除了直接绑定一个方法名，也可以使用内联 JavaScript 语句直接将方法内部的处理过程绑定到元素上。此时 JavaScript 的基本函数和语法都可以直接用于 DOM 元素上。

【示例 8-11】内联处理器的使用。

```
<div id="example-3">
  <button v-on: click="say('hi')">Say hi</button>
  <button v-on: click="say('what')">Say what</button>
</div>
```

示例 8-11 的逻辑代码如下：

```
const app = Vue.createApp({
    setup() {
        let say = (message) => {
            alert(message)
        }
        return {
            say
        }
    }
}).mount('#example-3')
```

有时也需要在内联语句处理器中访问原生的 DOM 事件。可以在 DOM 事件中使用特殊变量$event（事件变量）指定内容并传入需要执行的方法中，示例如下：

```
<button v-on: click="warn('Form cannot be submitted yet.', $event)">
  Submit
</button>
```

逻辑代码如下：

```
    ...
const app = Vue.createApp({
    setup() {
        let warn = (message, event) => {
            //现在我们可以访问原生事件对象
            if (event) event.preventDefault()
            alert(message)
        }
        return {
            warn
        }
    }
})).mount('#example-3')
```

8.3.3　事件修饰符

在事件处理程序中调用 event.preventDefault()或 event.stopPropagation()方法是常见的需求。虽然可以调用 methods 方法轻松实现这个需求，但是 methods 方法一般只处理纯粹的数据逻辑，而不处理 DOM 事件细节。

为了解决这个问题，Vue.js 为 v-on 提供了以下事件修饰符，通过由点（.）表示的指令后缀来调用修饰符。

- .stop；
- .prevent；
- .capture；
- .self；
- .once。

示例代码如下：

```
<!-- 阻止单击事件冒泡 -->
<a v-on: click.stop="doThis"></a>
<!-- 提交事件不再重载页面 -->
<form v-on: submit.prevent="onSubmit"></form>
<!-- 修饰符可以串联 -->
<a v-on: click.stop.prevent="doThat"></a>
<!-- 只有修饰符 -->
<form v-on: submit.prevent></form>
<!-- 添加事件侦听器时使用事件捕获模式 -->
<div v-on: click.capture="doThis">...</div>
<!-- 当事件在该元素（不是子元素）中触发时触发回调 -->
<div v-on: click.self="doThat">...</div>
<!-- 单击事件只会触发一次 -->
<a v-on: click.once="doThis">...
```

注意：使用修饰符的顺序很重要，相应的代码会以同样的顺序产生。用@click.prevent.self 会阻止所有的单击操作，而@click.self.prevent 只会阻止元素上的单击操作，因此这两个修饰符的顺序不同也会影响后序元素的操作结果。

8.3.4　键值修饰符

在监听键盘事件时，我们经常监测常用的键值。Vue.js 允许为 v-on 在监听键盘事件时添加关键修饰符：

```
<!-- 只有当 keyCode 是 13 时调用 vm.submit() -->
<input v-on: keyup.13="submit">
```

记住所有的 keyCode 比较困难，因此 Vue.js 为最常用的按键提供了别名：

```
<!-- 同上 -->
<input v-on: keyup.enter="submit">
<!-- 缩写语法 -->
<input @keyup.enter="submit">
```

全部的按键别名如下：
- .enter；
- .tab；
- .delete（捕获“删除”和“退格”键）；
- .esc；
- .space；
- .up；
- .down；
- .left；
- .right。

可以通过全局 config.keyCodes 对象自定义键值修饰符的别名：

```
// 可以使用 v-on: keyup.f1
Vue.config.keyCodes.f1 = 112
```

8.3.5　修饰键

以下修饰键用于开启鼠标或键盘监听事件，当按键被按下时触发响应。
- .Ctrl；
- .Alt；
- .Shift；
- .meta。

🔔**注意**：对于 macOS 系统的计算机，meta 对应的按键是⌘。对于 Windows 系统的计算机，
　　　 meta 对应的按键是 Windows 徽标键⊞。

示例代码如下：

```
<!-- Alt + C -->
<input @keyup.alt.67="clear">
<!-- Ctrl + Click -->
<div @click.ctrl="doSomething">Do something</div>
```

修饰键与正常的按键不同，如果修饰键和 keyup 事件一起使用，在事件引发后必须按
下正常的按键（即修饰键必须与键盘上的键名对应）。例如，要引发 keyup.ctrl，必须在按
下 Ctrl 时释放其他按键，只释放 Ctrl 键不会引发事件。

🔔**注意**：修饰键在 Vue.js 2.10 以上版本中才能使用。

8.3.6　鼠标的 3 个按键修饰符

鼠标的 3 个按键修饰符如下：
- .left；
- .right；
- .middle。

这些修饰符会限制处理程序监听特定的鼠标按键。

8.4　交互的灵魂——表单

开发者可以用 v-model 指令在表单控件元素上创建双向数据绑定，该指令会根据控件
类型自动选取正确的方法来更新元素。v-model 本质上就是语法糖，负责监听用户的输入
事件以更新数据，并处理一些特别的例子。

🔔**注意**：v-model 会忽略所有表单元素的 value、checked 和 selected 特性的初始值，因为
　　　 它会选择 Vue.js 实例数据作为具体的值。开发者应该通过 JavaScript 在组件的
　　　 data 选项中声明初始值。

8.4.1　文本输入

文本输入的示例代码如下：

```
<div id="app">
    <!--改立一个div-->
```

```
    <div>
        <!--相应的表单元件-->
        <input v-model="message" placeholder="编辑">
        <p>Message is: {{ message }}</p>
    </div>
</div>
<script>
const app = Vue.createApp({
    setup() {
        let message = Vue.ref('')
        // 定义各种方法

        return {
            message,
        }
    }
}).mount('#app')
</script>
```

图 8-2　文本输入框

文本输入框的显示效果如图 8-2 所示。

8.4.2　多行文本

多行文本是网页中的代码块，示例代码如下：

```
<div id="app">
    <!--设立一个 div-->
    <div>
        <!--相应的表单件-->
        <span>message is: </span>
        <p style="white-space:pre-line;">{{ message }}</p>
        <br>
        <textarea v-model="message"
placeholder="多行文本"></textarea>

    </div>
</div>
<script>
const app = Vue.createApp({
    setup() {
        let message = Vue.ref('')
        // 定义各种方法

        return {
            message,
        }
    }
}).mount('#app')
</script>
```

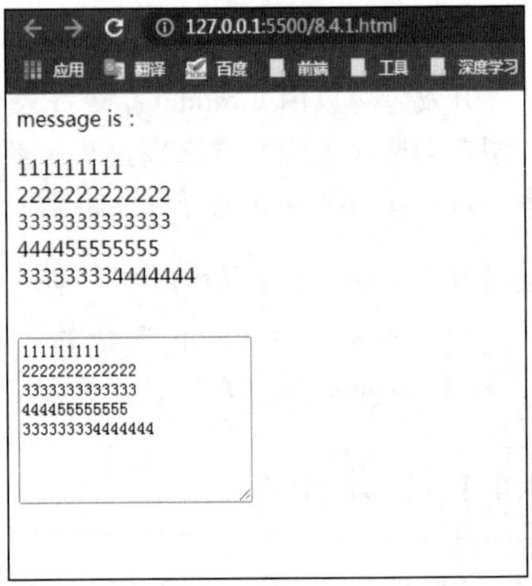

图 8-3　多行文本的输入

多行文本的显示效果如图 8-3 所示。

注意：在文本区域插值（<textarea></textarea>）并不会生效，应该用 v-model 来代替。

8.4.3　复选框

复选框用于逻辑值的勾选，单个复选框的代码如下：

```
<input type="checkbox" id="checkbox" v-model="checked">
<label for="checkbox">{{ checked }}</label>
```

【示例 8-12】在页面上设置多个复选框，使其绑定到一个数组中。

```
<div id="app">
    <!--设立一个div-->
    <div>
        <!--相应的表单元件-->
        <input type="checkbox" id="name1" value="张三" v-model="checked
        Names">
        <label for="name1">张三</label>
        <input type="checkbox" id="name2" value="李四" v-model="checked
        Names">
        <label for="name2">李四</label>
        <input type="checkbox" id="name3" value="王二" v-model="checked
        Names">
        <label for="name3">王二</label>
        <br>
        <span>Checked names: {{ checkedNames }}</span>
    </div>
</div>
```

逻辑代码如下：

```
const app = Vue.createApp({
    setup() {
        const data = Vue.reactive({
            checkedNames: []
        })
        // 定义各种方法

        return {
            ...Vue.toRefs(data)
        }
    }
}).mount('#app')
```

图 8-4　复选框

页面运行后，当用户勾选相关的选项时，会在数组中增加该选项并在页面上显示，如图 8-4 所示。

8.4.4　单选按钮

单选按钮用于表单中一些选择项的选择，其只能选择一个选项。

【示例 8-13】在页面上新建两个单选按钮，并且将两个单选按钮绑定同一个 v-model 值，这时当用户选择一个单选按钮时，其值就会改变。代码如下：

```
<div id="app">
    <!--设立一个div-->
    <div>
        <!--相应的表单元件-->
        <input type="radio" id="one" value="One" v-model="picked">
        <label for="one">One</label>
        <br>
        <input type="radio" id="two" value="Two" v-model="picked">
        <label for="two">Two</label>
        <br>
        <span>选择了：{{ picked }}</span>
    </div>
</div>
```

逻辑代码如下：

```
const app = Vue.createApp({
    setup() {
        const data = Vue.reactive({
            picked: ''
        })
        // 定义各种方法

        return {
            ...Vue.toRefs(data)
        }
    }
}).mount('#app')
```

图 8-5　单选按钮

单选按钮的显示效果如图 8-5 所示。

8.4.5　下拉按钮

当表单中有多个选项时，通过下拉按钮进行控制，可以选择相关的选项。单击下拉按钮后会弹出一个下拉列表。下拉按钮和单选按钮的功能一样，绑定一个对应的 v-model。

【示例 8-14】下拉按钮的使用。

```
<div id="app">
    <!--设立一个div-->
    <div>
        <!--相应的表单元件-->
        <select v-model="selected">
            <option disabled value="">请选择</option>
```

```
        <option>A</option>
        <option>B</option>
        <option>C</option>
      </select>
      <span>Selected: {{ selected }}</span>
    </div>
</div>
```

逻辑代码如下：

```
const data = Vue.reactive({
            selected:''
          })
```

🔔注意：如果 v-model 表达的初始值不匹配任何选项，
　　　　<select>元素就会显示该值，而且，因为值不匹
　　　　配，所以会以"未选中"的状态进行渲染。在 iOS
　　　　中，这种情况会使用户无法选择第一个选项，
　　　　因为 iOS 不会引发 change 事件。因此，类似在
　　　　上述代码中提供 disabled 选项是推荐的做法。

下拉按钮的显示效果如图 8-6 所示。

选择按钮还可以是多选列表，即把它们绑定到一个数
组中。

图 8-6　下拉按钮

【示例 8-15】下拉按钮的使用。

```
<div id="app">
  <select v-model="selected" multiple style="width: 50px;">
    <option>A</option>
    <option>B</option>
    <option>C</option>
  </select>
  <br>
  <span>Selected: {{ selected }}</span>
</div>
```

逻辑代码如下：

```
const data = Vue.reactive({
            selected:''
          })
```

如果是从后台获取数据或通过计算获得动态选项，可以使用 v-for 进行列表渲染。

【示例 8-16】使用 v-for 进行列表渲染。

```
<select v-model="selected">
  <option v-for="option in options" v-bind: value="option.value">
    {{ option.text }}
  </option>
</select>
<span>Selected: {{ selected }}</span>
```

逻辑代码如下：

```
const data = Vue.reactive({
    selected: 'A',
    options: [
        { text: 'One', value: 'A' },
        { text: 'Two', value: 'B' },
        { text: 'Three', value: 'C' }
    ]
})
```

8.5　值 的 绑 定

将数值绑定在一个控件上，针对控件的操作而做出相应的反应或触发某个事件就是值的绑定。值的绑定在网页开发中是非常重要的一个功能。

针对单选按钮、复选框及选择列表选项，v-model 绑定的 value 通常是静态字符串，对于复选框组件是逻辑值（true,false），代码如下：

```
<!-- 当选中单选按钮时, `picked` 为字符串 "a" -->
<input type="radio" v-model="picked" value="a">
<!-- `toggle` 为 true 或 false -->
<input type="checkbox" v-model="toggle">
<!-- 当选中复选框时, `selected` 为字符串 "abc" -->
<select v-model="selected">
  <option value="abc">ABC</option>
</select>
```

有时想绑定到 value 到 Vue.js 实例的一个动态属性上，则可以用 v-bind 进行绑定，并且这个属性的值可以不是字符串。

8.5.1　复选框的值绑定

复选框的值绑定代码如下：

```
<input
  type="checkbox"
  v-model="toggle"
  v-bind: true-value="a"
  v-bind: false-value="b"
>
```

逻辑代码如下：

```
// 选中复选框时
vm.toggle === vm.a
// 没有选中时
vm.toggle === vm.b
```

8.5.2　单选按钮的值绑定

单选按钮的值绑定代码如下：

```
<input type="radio" v-model="pick" v-bind: value="a">
```

逻辑代码如下：

```
// 选中单选按钮时
vm.pick === vm.a
```

8.5.3　下拉列表的设置和值的绑定

下拉列表的设置和值绑定代码如下：

```
<select v-model="selected">
    <!-- 内联对象字面量 -->
  <option v-bind: value="{ number: 123 }">123</option>
</select>
```

逻辑代码如下：

```
//当选中下拉列表中的某一项时
typeof vm.selected // => 'object'
vm.selected.number // => 123
```

8.5.4　完整的表单实例

前面我们介绍了很多表单的用例，本小节将展示一个注册提交表单的实例。

首先需要新建一个 index.html 文件作为该实例的文件，一个完整的注册页面需要用户名、密码和性别等信息。这里使用普通的 input 文本框作为用户名称和密码控件，使用 radio 单选按钮进行性别筛选，使用 checkbox 进行爱好的多项选择，使用 select 控件进行职业选择，最后使用一个 textarea 多行文本输入框作为备注。

页面代码如下，需要在每一个提供输入的控件中使用 v-model 绑定不同的值，用来记录用户的输入。

```
<div id="app" style="display: flex;justify-content: center;">
    <!--设立一个 div-->
    <div>
        <h2>注册表单</h2>
        <br>
        <!--input 的应用-->
        <label>用户名称</label>
        <input v-model="username" placeholder="用户名称">
        <br> <br>
        <label>密码</label>
```

```
        <input type="password" v-model="password" placeholder="输入密码">
        <br> <br>
        <label>重复输入密码</label>
        <input type="password" v-model="rePassword" placeholder="重复输入密码">
        <br> <br>
        <label>性别</label>
        <input type="radio" id="male" value="male" v-model="sex">
        <label for="male">male</label>
        <input type="radio" id="female" value="female" v-model="sex">
        <label for="female">female</label>
        <br> <br>
        <label>爱好</label>
        <input type="checkbox" id="basketball" value="篮球" v-model="hobby">
        <label for="basketball">篮球</label>
        <input type="checkbox" id="football" value="足球" v-model="hobby">
        <label for="football">足球</label>
        <input type="checkbox" id="other" value="其他" v-model="hobby">
        <label for="other">其他</label>
        <br> <br>
        <label>职业</label>
        <select v-model="work">
            <option disabled value="">请选择</option>
            <option>学生</option>
            <option>工作</option>
            <option>其他</option>
        </select>
        <br> <br>
        <label>备注</label>
        <textarea v-model="note" placeholder="备注"></textarea>
        <br> <br>
        <button v-on:click="submit">提交</button>
    </div>
</div>
```

这样就可以获得需要的页面了，页面效果如图 8-7 所示。

接下来需要编写 JavaScript 的逻辑代码，首先需要在 data 数据中进行申明，之后就可以使用该变量进行值的获取和显示等操作了。完整的代码如下：

```
const app = Vue.createApp({
    setup() {
        const data = Vue.reactive({
            username: '',
            password: '',
            rePassword: '',
            sex: '',
            hobby: [],
            work: '',
            note: ''
        })
        // 定义各种方法
        //单击提交按钮之后执行的代码
```

```
        //展示所有的用户提交资料
        let submit = () => {
            if (data.password === data.rePassword) {
                let con = confirm("用户名: " + data.username + ' 性别: ' +
                 data.sex + ' 爱好: ' + data.hobby.join('-') + ' 职业: ' +
                 data.work + ' 备注: ' + data.note); //在页面上弹出对话框
                if (con) alert("提交成功");
                // 这里可以对所有的数据以 post 或者 get 等方式发送请求
                else alert("取消提交");

            } else {
                alert("两次密码输入不一致! ")
            }
        }
        return {
            ...Vue.toRefs(data),
            submit
        }
    }
})).mount('#app')
```

在用户成功地通过验证之后，会进行相应的验证输入操作，在用户单击"确定"按钮后，再次弹出提交成功的提示。显示效果如图 8-8 所示。

图 8-7 注册表单页   图 8-8 提交回显

⌂注意：一个真实的注册操作页面需要更复杂的验证方式，可以在用户单击"确定"按钮后进行服务器的提交操作。

8.6　修　饰　符

本节将介绍一些常用的 Vue.js 修饰符。在一个控件中使用修饰符，可以改变或约束控件，如.nunber 的使用，会自动将值转化成 Number 类型。在一般的开发中，不刻意指定修饰符的值时，会执行默认操作。

8.6.1　.lazy 修饰符

在默认情况下，v-model 在 input 事件中同步输入框的数据，开发者可以添加一个修饰符.lazy，从而转变为在 change 事件中同步，代码如下：

```
<!-- 在 "change"而不是"input"事件中更新-->
<input v-model.lazy="msg" >
```

8.6.2　.number 修饰符

如果想自动将用户的输入值转为 Number 类型（如果原值的转换结果为 NaN 则返回原值），可以添加一个修饰符.number 给 v-model 来处理用户输入的值：

```
<input v-model.number="age" type="number">
```

这很有用，当 type="number"时，在 HTML 中输入的值总会返回数字类型。

8.6.3　.trim 修饰符

如果要自动过滤用户输入的首尾空格，可以在 v-model 上添加.trim 修饰符来过滤输入：

```
<input v-model.trim="msg">
```

8.6.4　修饰符实例

修饰符是为了让开发者能非常方便地使用其特定的功能，对于开发者而言，修饰符并不是必要的功能，可以通过代码来完成修饰符的功能。

下面的实例展示了前面介绍的 3 个修饰符的功能。首先需要 3 个输入框，并且给它们绑定 3 个变量及 3 个修饰符；然后需要显示输入的值，这样可以更直观地展示这 3 个修饰符的作用。

完整的页面代码如下：

```
<div id="app" style="display: flex;justify-content: center;">
    <!--设立一个div-->
```

```
    <div>
        <h2>修饰符表单</h2>
        <br>
        <!--修饰符的应用.lazy-->
        <label>lazy 修饰符</label>
        <input v-model.lazy="input1" placeholder="lazy 修饰符">
        <br> <br>
        <!--修饰符的应用.number-->
        <label>number 修饰符</label>
        <input v-model.number="input2" placeholder="number 修饰符">
        <br> <br>
        <!--修饰符的应用.trim-->
        <label>trim 修饰符</label>
        <input v-model.trim="input3" placeholder="trim 修饰符">
        <br> <br>
        <!--修饰符的应用.lazy-->
        <label>lazy 修饰符</label>
        {{this.input1}}
        <br> <br>
        <!--修饰符的应用.number-->
        <label>number 修饰符</label>
        {{this.input2}}
        <br> <br>
        <!--修饰符的应用.trim-->
        <label>trim 修饰符</label>
        {{this.input3}}
        <br> <br>
    </div>
</div>
<script>
 const app = Vue.createApp({
    setup() {
        const data = Vue.reactive({
            input1: '',
            input2: '',
            input3: '',
        })
        // 定义各种方法

        return {
            ...Vue.toRefs(data),
        }
    }
}).mount('#app')
</script>
```

图 8-9　修饰符的应用

修饰符的应用效果如图 8-9 所示。可以看到，当在第一个 lazy 修饰符文本框中输入内容时，下方的 lazy 显示区并不会同步显示输入的内容，只有当光标移出修饰符文本框时，输入的内容才会在 lazy 显示区中显示。

在 number 修饰符文本框中输入的文字不会显示出来；trim 修饰符会自动去除两边的空格。

修饰符为开发者提供了一些便利，合理利用修饰符，可以在完成一些操作时完全不需要再编写代码，极大地减少了开发者的工作量，并且使代码的可读性更高。

8.7　电影网站的功能实现

本节涉及页面逻辑实现部分，会出现很多新的技术点，本节将会对它们进行简单介绍，如果读者想了解更多内容，可以参考其他资料继续学习。

🔔注意：如果读者是从 7.4 节跳转至本节的，请简单阅读完第 8 章的内容后再进行本节内容的学习。遇到不了解的内容时，请查阅相关资料。

本项目建立在第 7 章的静态页面搭建基础上，而数据库的使用和操作均在前面的章节中讲解过。使用 JavaScript 获取内容时，读者可以先在数据库中新增一些数据供测试用。

8.7.1　获取主页服务器内容

根据第 7 章完成的静态页面，在主页应该完成这样的操作：判断用户的登录状态，显示文章内容、显示电影推荐列表，以及首页图内容的显示。

（1）在服务端启用状态下，通过相关的 API 地址获取数据。请求发送的代码如下：

```
import { getCurrentInstance, reactive, toRefs } from 'vue'
let {proxy} = getCurrentInstance();
proxy.$axios.get(url).then((res) => {
    if (res.data.status == 0) {
      Console.log(res.data.data)
    } else {
      alert("获得失败")
    }
  })
```

上述代码使用了 get 请求 url，将获取的返回内容在控制台中输出，也可以使用 post 请求方式，代码如下，其中，send_data 为 JavaScript 对象。

```
proxy.$axios.post(url, send_data).then((res) => {
    console.log( res.data.data)
})
```

（2）主页需要请求 3 个服务器 API 地址，分别用来获取主页推荐、主页新闻列表和主页电影列表，并将获得的内容放置在定义的变量中，因此需要在 data 中定义变量，代码如下：

```
const data = reactive({
    headerItems: [],
    newsItems: [],
    movieItems: []
})
```

（3）编写获得内容的请求方法，这 3 个请求均放在页面状态的 setup() 中，代码如下：

```
//这里用于获取数据，需要获得主页推荐、主页新闻列表和主页电影列表
setup () {
    const { proxy } = getCurrentInstance();
    const data = reactive({
        headerItems: [],
        newsItems: [],
        movieItems: []
    })
    // 主页推荐
    proxy.$axios.get('http://localhost:3000/showIndex').then((res) => {
        data.headerItems = res.data.data;
        console.log(res.data.data)
    })
    //  获取新闻
    proxy.$axios.get('http://localhost:3000/showArticle').then((res) => {
        data.newsItems = res.data.data;
        console.log(res.data)
    })
    // 获取所有电影
    proxy.$axios.get('http://localhost:3000/showRanking').then((res) => {
        data.movieItems = res.data.data;
        console.log(res.data)
    })
    return {
        ...toRefs(data),
    }
}
```

运行代码，在浏览器的控制台中输出获取的内容（数据库中需要存在内容），如图 8-10 所示。

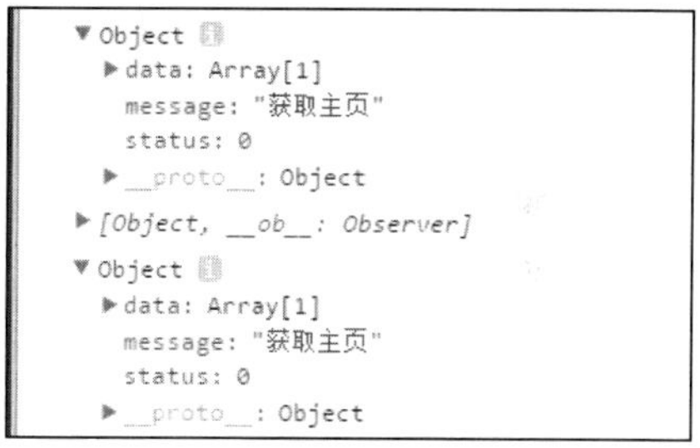

```
▼ Object 🔢
  ▶ data: Array[1]
    message: "获取主页"
    status: 0
  ▶ __proto__: Object
▶ [Object, __ob__: Observer]
▼ Object 🔢
  ▶ data: Array[1]
    message: "获取主页"
    status: 0
  ▶ __proto__: Object
```

图 8-10　输出效果

8.7.2　获取主页推荐内容

前面我们已经获取了相关的内容，接下来是对主页中用到的组件进行填充，改变组件的显示内容。

（1）获取主页大图组件。完整的代码如下：

```
<index-header-pic v-for="item in headerItems" : key="item._id" :
recommendImg="item.recommendImg" : recommendSrc="item.recommendSrc" :
recommendTitle="item.recommendTitle"></index-header-pic>
```

🔔**注意**：各种列表（list）组件需要使用 v-for 遍历获得的数据，在 v-for 循环中，使用:xx="xxx"向子组件传递数据，xx 为 key 值，后面的引号内容为对应的值。

（2）组件内的代码也需要更改，这里使用了 6.3.7 小节介绍的值传递的方法，使用 props 方式进行值的传递。组件的完整代码如下：

```html
<template>
  <div class="headerPic">
    <div>
      <p class="imgTitle">{{recommendTitle}}</p>
      <a v-bind: href=recommendSrc>
        <img v-bind: src=recommendImg class="headerImg"/>
      </a>
    </div>
  </div>
</template>
<script>
//逻辑代码
export default {
  props: ['recommendSrc', 'recommendImg','recommendTitle']
}
</script>
<style lang="css" scoped>
.headerPic{
  height: 100%;
  width: 100%;
  background-color: antiquewhite;
}
 .headerImg{
   height: 100%;
   width: 100%;
 }
 .imgTitle{
   z-index: 2;
   padding-left: 45%;
   position: absolute;
   color: #fff;
   font-size: 20px;
 }
</style>
```

（3）上述代码通过 props 获取 pages 传递的值，并且通过 v-bind 赋值给相关的属性或者直接显示。正确编写代码后，再次打开浏览器，可以看到主页大图组件被正常加载并显示，如图 8-11 所示。

图 8-11　主页大图组件

上面的图片即为 src 的地址，其中的测试文字即是获得的信息文字，单击图片会跳转到后台 API 返回的地址。

注意：本例只支持显示一张图片，即一条数据，当出现两条数据时会造成页面样式错乱。
在第 9 章的优化部分会调整相关样式，支持多图并使之成为动态效果图。

8.7.3　显示主页列表

1. 电影列表组件

更新主页 index.vue 中的 movieList 组件的代码，为该组件增加循环的方法及参数。

```
<movies-list v-for="item in movieItems" : key="item._id" : id="item._id" :
movieName="item.movieName" : movieTime="item.movieTime"></movies-list><!
--引入 MovieList-->
```

组件本身的代码也需要更新。完整的代码如下：

```
<template lang="html">
  <div class="movieList">
    <div>
    <router-link : to="{path: '/movieDetail', query: { id: id }}" class=
"goods-list-link">
        {{movieName}}{{movieTimeShow}}
    </router-link>
    </div>
  </div>
</template>
<script>
  // 逻辑代码
import {ref} from 'vue'
export default {
    // 逻辑代码
    props: ['id','movieName', 'movieTime'],
```

```
    setup(props,ctx) {
        let movieTimeShow = ref('');
        movieTimeShow.value=new Date(parseInt(props.movieTime)).
toLocaleString().replace(/:\d{1,2}$/,' ');
        return{
          movieTimeShow
        }
    },
}
</script>
<style lang="css" scoped>
.movieList{
  padding: 5px;
  border-bottom:  1px dashed #ababab;
}
</style>
```

电影列表组件与主页推荐内容组件不同的是需要对时间进行加工，后台为了方便，使用了时间戳方式进行存储，但显示的却是带有格式的时间，因此所有的时间需要进行 Date 格式化。

为了方便显示用户阅读的时间数据，我们使用下面的 JavaScript 函数格式化获取的 Date 值：

```
new Date(parseInt(props.movieTime)).
toLocaleString().replace(/:\d{1,2}$/,' ')
```

然后使用<router-link>向 movieDetail 页面传递一个对象，也就是说，movieDetail 页面将会通过 ID 获取电影的详细内容。

重启后可以看到电影列表页的显示效果，如图 8-12 所示。

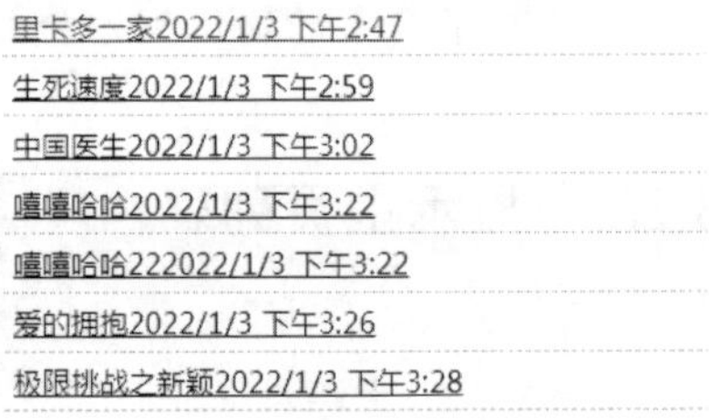

里卡多一家2022/1/3 下午2:47

生死速度2022/1/3 下午2:59

中国医生2022/1/3 下午3:02

嘻嘻哈哈2022/1/3 下午3:22

嘻嘻哈哈2222022/1/3 下午3:22

爱的拥抱2022/1/3 下午3:26

极限挑战之新颖2022/1/3 下午3:28

图 8-12　电影列表页

2. 新闻列表组件

接下来是新闻列表组件的制作，依旧基于原本的 NewList.vue 组件。首先需要更新主页 index.vue 中的组件，为其增加 v-for 属性。更新后的代码如下：

```
<news-list v-for="item in newsItems" : key="item._id" : id="item._id" :
articleTitle="item.articleTitle" : articleTime="item.articleTime">
</news-list>
```

新闻列表组件为每条新闻列表传递了 3 个相关的参数，分别用来标识新闻的唯一 ID、名称、建立的时间，这些都需要在组件中显示。完整的 NewsList.vue 组件代码如下：

```
<template lang="html">
  <li class="goods-list">
  <div class="newsList">
<!-- <router-link></router-link>用于跳转页面，可以理解为 a 标签 -->
  <router-link : to="{path: '/newDetail', query: { id: id }}" class=
"goods-list-link">
```

```
        {{articleTitle}}
        {{articleTimeShow}}
      </router-link>
    </div>
    </li>
</template>

<script>
// 逻辑代码部分
import { ref } from 'vue'
export default {
  props: ['id','articleTitle', 'articleTime'], /*  props 用于子组件获取父组
                                                件的数据 */
  setup(props,ctx) {
    let articleTimeShow = ref('');
    articleTimeShow.value=new Date(parseInt(props.articleTime)).
toLocaleString().replace(/:\d{1,2}$/,' ');
    return {
      articleTimeShow
    }
  },
}
</script>
<style lang="css" scoped>
  .newsList{
    padding: 5px;
    font-size: 10px;
    border-bottom: 1px dashed #ababab;
  }
</style>
```

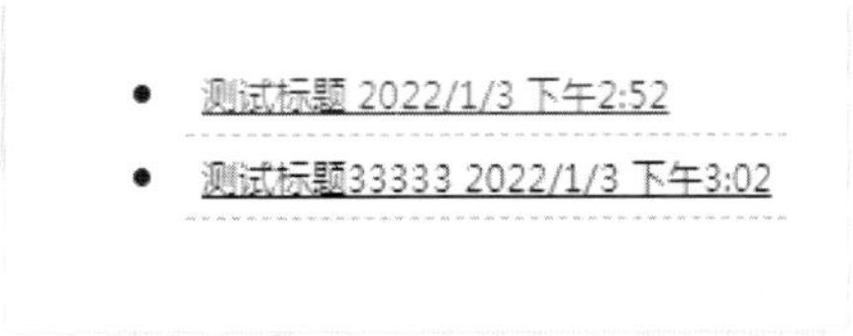

- 测试标题 2022/1/3 下午2:52

- 测试标题33333 2022/1/3 下午3:02

新闻列表页的显示效果如图 8-13 所示。

至此，两个相关的显示组件数据获取完毕。

图 8-13　新闻列表页

8.7.4　显示主页用户状态

在主页的功能中还剩下一个获取用户状态的组件 UserMessage.vue。该组件需要先对
Session 进行检测，如果存在 Session 则直接显示用户登录页，如不存在则跳转链接。

为展现两种不同的效果，需要使用 v-if，其中，isLogin 变量作为控制器，在登录状
态下可以跳转到用户的信息页面。完整的代码如下：

```
<template>
    <div v-if=!isLogin class="header">
      <router-link to="/loginPage">
       <div class="header_menu">登录</div>
      </router-link>
    </div>
    <div v-else class="header">
      <router-link :to="{path: '/userInfo', query: { id: id }}">
        <div class="header_menu">已登录: {{username}}</div>
```

```
      </router-link>
    </div>
</template>.
<!--这里需要先对 Session 进行检测，如果存在 Session 则直接显示用户登录页，如不存在则
跳转链接-->
<script>
import { reactive, toRefs } from 'vue'
export default {
  // 逻辑代码部分
  setup () {
    const data = reactive({
      isLogin: false,
      username: '',
    });
    // 登录成功
    let token = localStorage.getItem('token')
    //    console.log(token)
    if (token) {
      data.isLogin = true
      data.username = localStorage.getItem('username')
      data.id = localStorage.getItem('_id')
    } else {
      console.log('用户登录失败');
    }
    return {
      ...toRefs(data)
    }
  },
}
</script>
<style lang="css" scoped>
.header{
  width: 103%;
  height: 30px;
  left: 0;
  top: 0;
  color: #000;
  background-color: #C3BD5C;
}
  .header_menu{
    padding-right: 60px;
    padding-top: 10px;
    float: right;
    color: #fff;
    font-size: 8px;
  }
</style>
```

注意：这里使用了 localStorage 来存储相关的信息，该信息可以在 Chrome 开发工具中
　　　看到一旦在登录页面上登录成功，就会将 token 值写入 localStorage 中，查看方
　　　式如图 8-14 所示。

当用户为登录状态时，显示效果如图 8-15 所示。

至此，一个完整的主页功能基本上就实现了。

图 8-14 控制台　　　　　　　　　　　图 8-15 登录显示

8.7.5 电影列表页面功能

对于电影列表页来说，前面已经完成了相关组件的编写，因此该页面的实现就简单很多，这也是组件复用带来的便利。这里只需要为电影列表组件增加 v-for 数据即可，完整的页面代码如下：

```
<template >
  <div class="container">
    <div>
      <movie-index-header ></movie-index-header> <!-- 展示引入的 header 组件 -->
    </div>
    <div class="contentMain">
      <div>
        <div class="contentLeft">
        <ul class="cont-ul">
          <movies-list v-for="item in movieItems" : key="item._id" :
          id="item._id" : movieName="item.movieName" : movieTime="item.
          movieTime"></movies-list><!--引入 MovieList-->
        </ul>
        </div>
      </div>
    </div>
    <div>
      <common-footer></common-footer>    <!-- 展示引入的 footer 组件 -->
    </div>
  </div>
</template>
<script>
import MovieIndexHeader from '../components/MovieIndexHeader'
import CommonFooter from '../components/CommonFooter'
import MoviesList from '../components/MoviesList'
import {reactive, toRefs, getCurrentInstance} from 'vue'
```

```
export default {
  name: 'movieList',
  components: {
    MovieIndexHeader,
    CommonFooter,
    MoviesList
  },
  setup () {
    let { proxy } = getCurrentInstance();
    const data = reactive({
      movieItems: []
    });
    // 获取所有电影
    proxy.$axios.get('http://localhost:3000/movie/list').then((res) => {
      data.movieItems = res.data.data;
      console.log(res)
    })
    return {
      ...toRefs(data)
    }
  },
}
</script>
</script>

<style lang="css" scoped>
  .container {
    width: 100%;
    margin: 0 auto;
  }
  .contentMain{
    padding-top: 150px;
  }
  .contentText{
    font-size: 15px;
    padding-top: 20px;
  }
</style>
```

通过服务器端的 get 请求可以获取相关的数据内容，然后赋值给相关的变量，并且使用 v-for 循环赋值给列表组件。

8.7.6　电影详情页面功能

电影详情页的逻辑主要涉及两个组件：一个组件用来获取电影信息，另一个组件通过 movie_id 获取相关评论和评论内容。

首先是电影内容的显示，通过在导航栏 URL 中携带的一个 ID 值来获取服务器的内容，使用 post 方式，请求 http://localhost:3000/movie/detail 地址，使用发送的 ID 作为请求参数并且将获取的内容显示出来。

（1）获取 URL 的参数，即单击后的 ID 值，并将其赋值给变量，代码如下：

```
import { useRoute } from 'vue-router'
const route = useRoute();
data.movie_id = route.query.id
movie_id = route.query.id
```

（2）通过$axios 进行 post 请求，代码如下：

```
 proxy.$axios.post('http://localhost:3000/movie/detail', { id: movie_
id }).then((res) => {
  data.detail = res.data.data;
 });
```

除了显示相关的电影内容外，本页面还有两个功能，一个是点赞功能，一个是获取下载地址功能。

1．点赞功能

通过 v-on 绑定一个 support()方法，该方法在 JavaScript 代码中进行申明，需要在 export default 的 setup()中新增一个方法。support()方法的定义如下：

```
const support = (event) => {
    proxy.$axios.post('http://localhost:3000/movie/support', { id: movie_
id }).then((data1) => {
      let data_temp = data1.data
      console.log(data_temp)
      if (data_temp.status === 0) {
        proxy.$axios.post('http://localhost:3000/movie/showNumber',
{ id: movie_id }).then((data2) => {
          //          console.log(data2)
          data.detail['movieNumSuppose'] = data2.data.data.movieNumSuppose
        })
      } else {
        alert(data_temp.message)
      }
    })
  }
```

向服务器发送点赞请求后，需要在原本的单击次数上加 1，让使用者看到增加的数字，如图 8-16 所示。

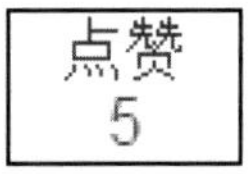

| 点赞 |
| 5 |

图 8-16　点赞功能

2．获取下载地址

获取下载地址非常简单，通过 ID 发送请求后，直接跳转到下载地址即可。代码如下：

```
//    电影下载
const movieDownload = (event) => {
  proxy.$axios.post('http://localhost:3000/movie/download', { movie_
id: movie_id }).then((data1) => {
      if (data1.status    1) {
      alert(data1.message)
      } else {
```

```
            window.location = data1.data;
        }
    })
}
```

使用 movieDownload 接口并不是为了获得相关的下载地址直接播放电影，这里为了在后台做一些操作（如获取下载地址后，将该地址赋值到一个下载按钮上，用户可以根据需要去下载）或者统计数据（如统计用户下载该部电影的总次数）。

统计下载数量功能的完整代码如下：

```
<template
<!--此页面需要-->
  <div class="container">
    <div>
      <movie-index-header ></movie-index-header> <!-- 展示引入的 header 组件 -->
    </div>
    <div class="contentMain">
      <div class="">
        <h1>{{detail.movieName}}</h1>
        <div class="viewNum">下载次数：{{detail.movieNumDownload}}</div>
      </div>
      <div class="">
      <button v-on: click=movieDownload()>单击下载</button>
      </div>
      <div>
        <img class="headerImg" v-bind: src=detail.movieImg>
      </div>
       <div v-on: click="support()" class="btnPosition">
       <div class="SupportBtn">点赞<div>{{detail.movieNumSuppose}}</div>
       </div>
       </div>
    </div>
    <div>
    <comment v-bind: movie_id="movie_id"></comment>
</div>
    <div>
      <common-footer></common-footer>  <!--  展示引入的 footer 组件 -->
    </div>
  </div>
</template>
<script>
import MovieIndexHeader from '../components/MovieIndexHeader'
import CommonFooter from '../components/CommonFooter'
import Comment from '../components/Comment.vue'
import { reactive, toRefs, getCurrentInstance } from 'vue'
import { useRoute } from 'vue-router'
let movie_id = 0
export default {
  name: 'MovieDetail',
  components: {
    MovieIndexHeader,
    CommonFooter,
    Comment,
```

```
    },
    setup () {
      let { proxy } = getCurrentInstance();
      const data = reactive({
        detail: [],
        movie_id: '',
      });
      const route = useRoute();
      data.movie_id = route.query.id
      movie_id = route.query.id
      proxy.$axios.post('http://localhost:3000/movie/detail', { id: movie_
id }).then((res) => {
        data.detail = res.data.data;
      });
      const support = (event) => {
        proxy.$axios.post('http://localhost:3000/movie/support', { id: movie_
id }).then((data1) => {
          let data_temp = data1.data
          console.log(data_temp)
          if (data_temp.status === 0) {
            proxy.$axios.post('http://localhost:3000/movie/showNumber',
{ id: movie_id }).then((data2) => {
              //              console.log(data2)
              data.detail['movieNumSuppose'] = data2.data.data.movieNumSuppose
            })
          } else {
            alert(data_temp.message)
          }
        })
      }
      //电影下载
      const movieDownload = (event) => {
        proxy.$axios.post('http://localhost:3000/movie/download', { movie_
id: movie_id }).then((data1) => {
          if (data1.status == 1) {
            alert(data1.message)
          } else {
            window.location = data1.data;
          }
        })
      }
      return {
        ...toRefs(data),
        support,
        movieDownload
      }
    },
}
</script>

<style lang="css" scoped>
  headerImg{
    height: 200px;
  }
  .container {
```

```
    width:  100%;
    margin:  0 auto;
  }
  .contentMain{
    padding-top:  150px;
  }

  .btnPosition{
    padding-left:  48%;
  }
  .SupportBtn{
    border:  solid 1px #000;
    width:  60px;
  }
  .viewNum{
    font-size:  10px;
  }
</style>
```

　　最后，本页面还需要一个评论组件，代码如下，通过 v-bind 将 movie_id 传递给组件用于获取相关的内容，此外，这里还要对已经完成的 Comment.vue 进行更新。代码如下：

```
<template>
<div>
<label >评论</label>
<hr>
<div>
    <li v-for="item in items">
    {{ item.username }}评论: {{item.context}}
  </li>
</div>

<div style="padding:  5px">
    <textarea v-model="context" style="width:  80%;height: 50px ;"
    placeholder="内容"></textarea>
</div>
<div style="padding-top:  10px">
    <button v-on: click="send_comment">评论</button>
</div>
</div>

</template>
<script>
import { getCurrentInstance, reactive, toRefs } from 'vue'
export default {
  props: ['movie_id'],
  setup (props,ctx) {
    let {proxy} = getCurrentInstance();
    const data = reactive({
      items: [],
      context: '',
```

```
});
    // 获取所有的评论,并且可以进行自由评论,对于文章详情页也可以使用
    proxy.$axios.post('http://localhost:3000/movie/comment', { id: props.
movie_id }).then((res) => {
      if (res.data.status == 0) {
        data.items = res.data.data
      } else {
        alert("获得失败")
      }
    });

  const send_comment = (event) => {
      let send_data;
      if (typeof (localStorage.getItem('username') != "undefined")) {
        send_data = {
          movie_id: props.movie_id,
          context: data.context,
          username: localStorage.getItem('username')
        }
      } else {
        send_data = {
          movie_id: props.movie_id,
          context: data.context,
        }
      }
      proxy.$axios.post('http://localhost:3000/users/postCommment', send_
data).then((res) => {
          console.log(res)
        alert(res.$(selector).removeData(element).message)
      });
    }
    return {
        ...toRefs(data),
        send_comment
      }
  }
}
</script>
<style lang="css" scoped>
</style>
```

通过组件传递的 ID 获得评论内容，当用户输入新的评论内容之后，将 v-model 绑定的数据通过 post 方式将请求发送到相关的 API 地址中，并且输出返回信息，具体的评论效果如图 8-17 所示。

图 8-17　评论效果

8.7.7 新闻页面功能

新闻页面本质上和电影详情页的实现逻辑几乎一致，评论组件的复用也证明了页面组件的优势。

利用唯一产生的 ID 作为评论对应的值，就可以在任何一个页面中增加评论功能。方法是传递不同且唯一的 ID 并使用 v-bind 来绑定每个组件的值。完整的代码如下：

```
<template>
  <div class="container">
    <div>
      <movie-index-header ></movie-index-header> <!-- 展示引入的 header 组件 -->
    </div>
    <div class="contentMain">
        <h1>{{detail.articleTitle}}</h1>
        <div>{{detail.articleTime}}</div>
        <div class="contentText">{{detail.articleContext}}</div>
    </div>
        <comment v-bind: movie_id="article_id"></comment>
    <div>
      <common-footer></common-footer>  <!-- 展示引入的 footer 组件 -->
    </div>
  </div>
</template>
<script>
import MovieIndexHeader from '../components/MovieIndexHeader'
import CommonFooter from '../components/CommonFooter'
import Comment from '../components/Comment.vue'
import { reactive, toRefs, getCurrentInstance } from 'vue'
import { useRoute } from 'vue-router'
let article_id = 0
export default {
  name: 'newDetail',
  components: {
    MovieIndexHeader,
    CommonFooter,
    Comment,
  },
  setup () {
    let {proxy} = getCurrentInstance();
    const data = reactive({
      detail: [],
      article_id: '',
    });
    const route = useRoute();
    // 获取数据，需要获得主页推荐、主页新闻列表和主页电影列表数据
    article_id = route.query.id
    data.article_id = article_id
    proxy.$axios.post('http://localhost:3000/articleDetail', { article_
id: article_id }).then((res) => {
      data.detail = res.data.data[0];
```

```
      data.detail.articleTime = new Date(parseInt(data.detail.articleTime)).
  toLocaleString();
    })
    return {
      ...toRefs(data)
    }
  }
}
</script>

<style lang="css" scoped>
  .container {
    width: 100%;
    margin: 0 auto;
  }
  .contentMain{
    padding-top: 150px;
  }
  .contentText{
    font-size: 15px;
    padding-top: 20px;
  }
</style>
```

8.7.8　用户登录页面功能

　　用户通过用户登录页面登录后，需要在 Session 中存储相关的 username 和 token 值。

　　本例中的用户登录页面包括用户注册和忘记密码两个功能，单击相应按钮可以跳转到相关的页面。用户登录时需要使用 v-model 绑定变量，当用户单击"登录"按钮时将用户名和密码发送至服务器提供的 API 上。代码如下：

```
const userLogin = (event) => {
    proxy.$axios.post('http://localhost:3000/users/login', { username:
data.username, password: data.password }).then((res) => {
      if (res.data.status == 1) {
        alert(res.data.message)
      } else {
      // console.log(res)
      let save_token = {
        token: res.data.data.token,
        username: data.username,
      }
      localStorage.setItem('token', res.data.data.token);
      localStorage.setItem('username', res.data.data.user[0].username);
      localStorage.setItem('_id', res.data.data.user[0]._id);
      router.go(-1)
    }
  });
}
```

　　用户登录成功后，使用 localStorage 存储用户的登录信息，可以在 Chrome 中查看这些信息，如图 8-18 所示。

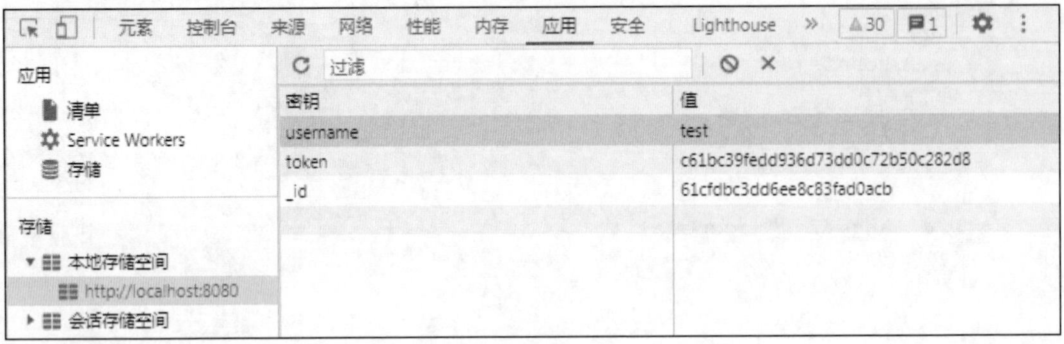

图 8-18　控制台

跳转页面使用 vue-router 的 useRouter()方法，然后再调用 push()方法，其中，URL 为需要跳转的地址。

```
const router = useRouter();
router.push({path: url })
```

登录与注册页面的完整代码如下：

```
<template>
  <div>
    <div>
    <div>
    <div class="box">
          <label>输入用户名：</label>
    <input v-model="username" placeholder="用户名">
</div>
    <div class="box">
    <label>密码：</label>
    <input v-model="password" placeholder="密码">
    </div>
    <div  class="box">
    <button v-on: click=userLogin()>登录</button>
    <button style="margin-left: 10px" v-on:click=userRegister()>注册</button>
    <button  style="margin-left:  10px" v-on: click=findBackPassword()>
    忘记密码</button>
</div>

</div>
</div>


</div>

</template>
<script>
import { reactive, toRefs, getCurrentInstance } from 'vue'
```

```
import { useRouter } from 'vue-router'
export default {
  setup () {
    let {proxy} = getCurrentInstance();
    const router = useRouter();
    const data = reactive({
      username: '',
      password: '',
    });
    const userLogin = (event) => {
      proxy.$axios.post('http://localhost:3000/users/login', { username:
data.username, password: data.password }).then((res) => {
        if (res.data.status == 1) {
          alert(res.data.message)
        } else {
          // console.log(res)
          let save_token = {
            token: res.data.data.token,
            username: data.username,
          }
          localStorage.setItem('token', res.data.data.token);
          localStorage.setItem('username', res.data.data.user[0].username);
          localStorage.setItem('_id', res.data.data.user[0]._id);
          router.go(-1)
        }
      });
    }
    //  注册跳转页面
    const userRegister = (event) => {
      router.push({ path: 'register' })
    }
    //  找回密码
    const findBackPassword = (event) => {
      router.push({ path: 'findPassword' })
    }
    return {
      ...toRefs(data),
      userLogin,
      userRegister,
      findBackPassword
    }
  }
}
</script>
<!-- 样式规定 -->
<style>
  .box{
    display: flex;
    justify-content: center;
    align-items: center;
    padding-top: 10px;
  }
</style>
```

用户登录成功后会自动跳转到主页，同时在 userMessage.vue 的提示中会显示登录的用户名称。

8.7.9　用户注册页面功能

用户注册页面需要将用户的注册信息发送至服务器提供的 API 上，使用 v-model 绑定 name 和用户输入的值，同时还需要对输入密码和重复输入密码进行对比，当用户输入的两次密码不同时弹出提示，如果两次一致，则将表单传入服务器中。完整的代码如下：

```
<template>
  <div>
    <div>
    <div>
    <div class="box">
            <label>输入用户名: </label>
    <input v-model="username" placeholder="用户名">
</div>
    <div class="box">
    <label>输入密码: </label>
    <input v-model="password" placeholder="密码">
    </div>
       <div class="box">
    <label>重复输入密码: </label>
    <input v-model="rePassword" placeholder="密码">
    </div>
    <div class="box">
    <label>输入邮箱: </label>
    <input v-model="userMail" placeholder="邮箱">
    </div>
       <div class="box">
    <label>输入手机: </label>
    <input v-model="userPhone" placeholder="手机">
    </div>
       <div  class="box">
    <button v-on: click=userRegister()>注册</button>
</div>
</div>
</div>
</div>
</template>
<script>
import {reactive, toRefs, getCurrentInstance} from 'vue'
import {useRouter} from 'vue-router'
  export default {
    setup(){
      let {proxy} = getCurrentInstance();
      const router = useRouter();
      const data = reactive({
        username:'',
        password:'',
```

```
      userMail:'',
      userPhone:'',
      rePassword:'',
    });
    // 注册方法
    const userRegister = (event) => {
      if(data.password!=data.rePassword){
        alert("两次密码不一致")
      }else{
        let sendDate={
          username: data.username,
          password:data.password,
          userMail:data.userMail,
          userPhone:data.userPhone,
        }
        proxy.$axios.post('http://localhost:3000/users/register',
sendDate).then((res) => {
          if(res.data.status==1){
            alert(res.data.message)
          }else{
            alert(res.data.message)
            router.go(-1)
          }
        })
      }
    }
return {
    ...toRefs(data),
    userRegister
    }
    }
  }
</script>
<style>
  .box{
    display: flex;
    justify-content: center;
    align-items: center;
    padding-top: 10px;
  }
</style>
```

用户注册成功弹出的提示如图 8-19 所示，然后跳转到登录页面。

图 8-19　用户注册成功

8.7.10　用户密码找回功能

前面我们完成了相关的页面功能编写，这里需要定义一个显示不同表单的变量，用来控制不同表单（如修改密码表单和找回密码表单）的显示与隐藏，初始化时 showRePassword 为 false，showUserInfo 为 true。

用户密码找回功能的基本逻辑是：当用户重置密码时，进入密码重置页面，先隐藏输入密码的文本框（使用 v-show），当用户相关信息验证成功后，再显示重置密码的文本框，用户在其中输入需要更改的密码后，显示密码更改成功提示。完整的代码如下：

```
<template>
  <div>
    <div>
    <div v-show="showUserInfo">
    <div class="box">
          <label>输入用户名：</label>
    <input v-model="username" placeholder="用户名">
</div>
    <div class="box">
    <label>输入邮箱：</label>
    <input v-model="userMail" placeholder="邮箱">
    </div>
    <div class="box">
    <label>输入手机：</label>
    <input v-model="userPhone" placeholder="手机">
    </div>

    <div class="box">
    <button v-on: click=checkUser()>找回密码</button>
</div>


</div>
<div v-show="showRePassword" >
    <div class="box" >
    <label>输入新密码：</label>
    <input v-model="repassword" placeholder="输入新密码">
    </div>
     <div class="box">
    <button v-on: click=changeUserPassword()>修改密码</button>
</div>
</div>
</div>


</div>

</template>
<script>
```

```
import { reactive, toRefs, getCurrentInstance } from 'vue'
export default {
  setup () {
    let { proxy } = getCurrentInstance();
    const data = reactive({
      userMail: '',
      userPhone: '',
      username: '',
      repassword: '',
      showRePassword: false,
      showUserInfo: true,
    });
    const checkUser = (event) => {
      proxy.$axios.post('http://localhost:3000/users/findPassword',
{ username: data.username, userMail: data.userMail, userPhone: data.
userPhone }).then((res) => {
        if (res.data.status == 1) {
          alert(res.data.message)
        } else {
          alert(res.data.message)
          data.showRePassword = true
          data.showUserInfo = false
        }
      })
    }
    const changeUserPassword = (event) => {
      proxy.$axios.post('http://localhost:3000/users/findPassword',
{ username: data.username, userMail: data.userMail, userPhone: data.
userPhone, repassword: data.repassword }).then((res) => {
        if (res.data.status == 1) {
          alert(res.data.message)
        } else {
          alert(res.data.message)
          this.$router.go(-1)
        }
      })
    }
    return {
      ...toRefs(data),
      checkUser,
      changeUserPassword
    }
  }

}
</script>
<!-- 样式规定 -->
<style>
  .box{
    display: flex;
    justify-content: center;
    align-items: center;
    padding-top: 10px;
  }
</style>
```

页面显示效果如图 8-20 所示。

单击"找回密码"按钮后，系统自动将 showUserInfo 重置为 false 状态，showRePassword 重置为 true 并显示更新密码页面，如图 8-21 所示。

图 8-20　密码验证页

图 8-21　更新密码页

8.7.11　用户详情页逻辑

用户详情页的逻辑是获取用户的详细内容，需要对 http://localhost:3000/showUser 发起一个 post 请求，以取得 user_id。

在本例的设计中，当用户单击"忘记密码"按钮时才会显示密码修改页面，然后让用户自行更新密码。完整的代码如下：

```
<template>
 <div class="container">
 <div>
    <movie-index-header ></movie-index-header> <!-- 展示引入的header 组件 -->
 </div>
 <div class="userMessage">
  <user-message></user-message>
 </div>
<!--用户的相关信息-->

<div>
  <div class="box">用户名：{{detail.username}}</div>
</div>
<div>
  <div class="box">用户邮箱：{{detail.userMail}}</div>
</div>
<div>
  <div class="box">用户电话：{{detail.userPhone}}</div>
</div>
<div>
  <div class="box">用户状态：{{userStatus}}</div>
</div>
<div>
  <button v-on: click=ShowChangeUserPassword()>修改密码</button>
</div>
<div  v-show="showRePassword" >
```

```
    <div class="box" >
    <label>输入旧密码：</label>
    <input v-model="password" placeholder="输入旧密码">
    </div>
    <div class="box" >
    <label>输入新密码：</label>
    <input v-model="repassword" placeholder="输入新密码">
    </div>
     <div  class="box">
    <button v-on: click=changeUserPassword()>修改密码</button>
</div>
</div>
<div style="padding-top: 10px">
  <router-link to="/sendEmail">
    <button>发送站内信</button>
</router-link>

</div>
    <common-footer></common-footer>  <!-- 展示引入的 footer 组件 -->
  </div>
</template>
<script>
import MovieIndexHeader from '../components/MovieIndexHeader'
import CommonFooter from '../components/CommonFooter'
import UserMessage from '../components/UserMessage'
import { reactive, toRefs,getCurrentInstance } from 'vue'
import { useRoute, useRouter } from 'vue-router'
export default {
  name: 'userInfo',
  components: {
    MovieIndexHeader,
    CommonFooter,
    UserMessage
  },
  setup() {
    let {proxy} = getCurrentInstance();
    const router = useRouter();
    const data = reactive({
          items: [],
      detail:[],
      userStatus:'',
      showRePassword:false,
      password:'',
      repassword:''
    });
      const route = useRoute();
    let userId=route.query.id
    if(userId){
      proxy.$axios.post('http://localhost:3000/showUser',{user_id: userId}).
then((res) => {
        if( res.data.status==1){
          alert(res.data.message)
        }else{
          data.detail  =res.data.data;
```

```
          if(res.data.data.userStop){
            data.userStatus="用户已经被封停"
          }else{
            data.userStatus="用户状态正常"
          }
        }
      console.log( res.data.data)
      })
    }else{
      alert("用户信息错误")
    }
    ShowChangeUserPassword = (event) =>{
      data.showRePassword=true
    },
    changeUserPassword = (event) => {
      let token=localStorage.token
      let user_id=localStorage._id
proxy.$axios.post('http://localhost:3000/users/findPassword',{token:
token,user_id:user_id,repassword:data.repassword,password:data.
password})).then((res) => {
          if(res.data.status==1){
            alert(res.data.message)
          }else{
            alert(res.data.message)
            router.go(-1)
          }
        })
      }
      return{
        ...toRefs(data),
        ShowChangeUserPassword,
        changeUserPassword
      }
  },
}
</script>
<style lang="css" scoped>
  .box{
    display: inline-flex;
  }
  .container {
    width: 100%;
    margin: 0 auto;
  }
  .userMessage{
    padding-top: 60px;
    margin-top: -10px;
    margin-left: -10px;
  }
</style>
```

　　需要注意，这里对用户状态进行了相应的处理（如用户是正常状态还是封停状态，可以根据开发需要自定义多种用户状态），在更改用户密码的方法中，通过给后台 API 发送不同的请求参数，实现了更改登录密码时不需要输入相关资料的功能。

8.7.12 站内信逻辑

站内信页面涉及两个相关组件，一个是用来显示站内信列表的组件，另一个是用来发送输入内容的文本框组件。

首先是站内信列表组件，只需要显示在页面中传递的相关参数即可。完整的代码如下：

```
<template>
<div class="message">
 <div>
    {{title}}
</div>
<div>
    {{fromUser}}
</div>
<div>
    {{context}}
</div>
</div>
</template>
<script>
//逻辑代码部分
export default {
  props: ['title', 'fromUser','context']
}
</script>
<style lang="css" scoped>
  .message{
    border: 1px solid;
  }
</style>
```

可以看出，只需要在 props 中增加显示的内容即可。

接下来是发送站内信的组件，此时需要获取用户输入的内容，并将其发送给后台 post 请求。完整的代码如下：

```
<template>
<div>
<div>
<input v-model="toUserName" placeholder="发送用户名">
</div>
    <div style="padding: 10px">
     <input v-model="title" placeholder="发送标题">
</div>

    <div style="padding: 5px">
     <textarea v-model="context" style="width: 80%;height: 50px;
     placeholder="内容"></textarea>
</div>
```

```html
<div style="padding-top: 10px">
    <button v-on: click="send_mail">发送站内信</button>
</div>
</div>

</template>
<script>
import MovieIndexHeader from '../components/MovieIndexHeader'
import CommonFooter from '../components/commonFooter'
import UserMessage from '../components/UserMessage'
import EmailList from '../components/EmailList.vue'
import SendTalkBox from '../components/SendTalkBox.vue'
import {getCurrentInstance} from 'vue'
export default {
  name: 'sendEmail',
  components: {
    MovieIndexHeader,
    CommonFooter,
    UserMessage,
    EmailList,
    SendTalkBox,
  },
  setup () {
    let {proxy} = getCurrentInstance();
    const data = reactive({
      receive_items: [],
      send_items: [],
      detail: [],
    });
    let userId = localStorage._id
    let send_data = {
      token: localStorage.token,
      user_id: localStorage._id,
      receive: 0
    }
    let receive_data = {
      token: localStorage.token,
      user_id: localStorage._id,
      receive: 1
    }
    if (userId) {
      proxy.$axios.post('http://localhost:3000/users/showEmail', send_
data).then((res) => {
        if (res.data.status == 1) {
          alert(res.data.message)
        } else {
          data.send_items = res.data.data;
        }
        console.log(res.data.data)
      })
      proxy.$axios.post('http://localhost:3000/users/showEmail', receive_
data).then((res) => {
        if (res.data.status == 1) {
          alert(res.data.message)
```

```
      } else {
        data.receive_items = res.data.data;
      }
      console.log(res.data.data)
    })
  } else {
    alert("用户信息错误")
  }
},
}
</script>
<style lang="css" scoped>
</style>
```

上述代码给后端发送用户信息和需要接收的用户名，然后通过 API 接口进行站内信的发送。站内逻辑接口没有实现模糊查询功能，因此对于该方式的后台 API，一定要输入正确的用户名才能成功发送和接收站内信。

剩下的就是页面的内容了，只需要在页面中引入列表和输入框即可。在页面中访问网址 http://localhost:3000/users/showEmail，通过不同的参数获取发送的内容和接收的内容。完整的代码如下：

```
<template>
  <div class="container">
  <div>
      <movie-index-header ></movie-index-header> <!-- 展示引入的 header 组件 -->
  </div>
  <div class="userMessage">
    <user-message></user-message>
  </div>
<!--用户的相关信息-->
<label>收件箱</label>
<div>
  <email-list v-for="item in receive_items" : title="item.title" :
  fromUser="item.fromUser" : context="item.context"></email-list>
</div>
<label>发件箱</label>
<div>
  <email-list v-for="item in send_items" : title="item.title" : fromUser=
"item.fromUser" : context="item.context"></email-list>
</div>

<send-talk-box></send-talk-box>
    <common-footer></common-footer>  <!-- 展示引入的 footer 组件 -->
  </div>
</template>

<script>
import MovieIndexHeader from '../components/MovieIndexHeader'
import CommonFooter from '../components/commonFooter'
import UserMessage from '../components/UserMessage'
import EmailList from '../components/EmailList.vue'
import SendTalkBox from '../components/SendTalkBox.vue'
```

```javascript
import { reactive, toRefs, getCurrentInstance } from 'vue'
// 逻辑代码部分
export default {
  name: 'showEmail',
  components: {
    MovieIndexHeader,
    CommonFooter,
    UserMessage,
    EmailList,
    SendTalkBox,
  },
  setup () {
    const { proxy } = getCurrentInstance();
    const data = reactive({
      receive_items: [],
      send_items: [],
      detail: [],
    });
    let userId = localStorage.getItem('_id')
    let send_data = {
      token: localStorage.getItem('token'),
      user_id: localStorage.getItem('_id'),
      receive: 0
    }
    let receive_data = {
      token: localStorage.getItem('token'),
      user_id: localStorage.getItem('_id'),
      receive: 1
    }

    if (userId) {
      proxy.$axios.post('http://localhost:3000/users/showEmail', send_data).
        then((res) => {
          if (res.data.status == 1) {
            alert(res.data.message)
          } else {
            data.send_items = res.data.data;
          }
          console.log(res.data.data)
        })
      proxy.$axios.post('http://localhost:3000/users/showEmail', receive_
data).then((res) => {
          if (res.data.status == 1) {
            alert(res.data.message)
          } else {
            data.receive_items = res.data.data;
          }
          console.log(res.data.data)
        })
    } else {
      alert("用户信息错误")
    }
    return {
      ...toRefs(data)
    }
```

```
    }
  }
</script>

<style lang="css" scoped>
  .box{
    display: inline-flex;
  }
  .container {
    width: 100%;
    margin: 0 auto;
  }
  .userMessage{
    padding-top: 60px;
    margin-top: -10px;
    margin-left: -10px;
  }
</style>
```

8.8　小结与练习

8.8.1　小结

　　本章其实是对第 7 章的补充，更新了第 7 章所有页面的逻辑代码。读者需要理解逻辑代码并能够自行编写后台的逻辑功能代码，最后能成功运行，实现用户管理操作等后台功能。

8.8.2　练习

　　1. 根据示例完成前台的所有页面逻辑和页面显示效果逻辑的编码工作。
　　2. 根据示例自行实现后台管理页面的逻辑编码工作。

第4篇
页面优化

▶▶ 第9章 让页面变得更加美观

第9章　让页面变得更加美观

通过前面几章的学习，整个电影网站项目的开发工作就基本完成了。细心的读者可能已经发现，整个项目的 UI 部分可谓是简陋不堪，只是为了实现相关的功能，完全没有考虑到 UI 的美观和实用。本章要介绍的就是页面的优化技术。

9.1　使用 CSS 美化 Vue.js

网页的美化主要靠 CSS（Cascading Style Sheets，层叠样式表）来完成。Vue.js 也可以借助 CSS 实现更好的效果。本节就来介绍一下 CSS 的概念和使用。

9.1.1　什么是 CSS

层叠样式表是一种用来表现 HTML 或 XML 等文件样式的计算机语言。CSS 不仅可以静态地修饰网页，还可以配合各种脚本语言动态地对网页各元素进行格式化。CSS 能够对网页中的元素位置进行像素级的精确控制，几乎支持所有的字体、字号和样式的编辑能力。下面介绍 CSS 的特点和优势。

1. 丰富的样式定义

CSS 提供了丰富的文档样式外观以及设置文本和背景的功能；允许为任何元素创建边框，可以设置元素边框与其他元素间的距离（外边距），以及元素边框与元素内部子元素之间的距离（内边距）；允许随意改变文本的大小写方式、修饰方式及其他页面效果。

2. 易于使用和修改

CSS 可以将样式定义在 HTML 元素的 style 属性中，也可以将其定义在 HTML 文档的 header 部分，还可以将样式声明在一个专门的 CSS 文件中，供 HTML 页面引用。总之，CSS 样式表可以将所有的样式声明统一存放，统一管理。

另外，可以将相同样式的元素进行归类，使用同一个样式进行定义，也可以将某个样式应用到所有同名的 HTML 标签中，还可以将一个 CSS 样式指定到某个页面元素中。如果要修改样式，只需要在样式列表中找到相应的样式声明进行修改即可。

3．多页面应用

CSS 样式表可以单独存放在一个 CSS 文件中，这样开发者就可以在多个页面中使用同一个 CSS 样式表。CSS 样式表理论上不属于任何页面文件，在任何页面文件中都可以引用 CSS 样式表，这样就可以实现多个页面风格的统一。

4．层叠

简单地说，层叠就是对一个元素多次设置同一个样式，其使用的是最后一次设置的属性值。例如，对一个站点中的多个页面使用了同一套 CSS 样式表，如果在某些页面中的某些元素想使用其他样式，就可以针对这些样式单独定义一个样式表应用到页面中。这些后来定义的样式将对前面的样式设置进行重写，在浏览器中看到的是最后设置的样式效果。

5．页面压缩

在使用 HTML 定义页面效果的网站中，往往需要大量或重复的表格以及由 font 元素形成的各种规格的文字样式，这样做的后果是会产生大量的 HTML 标签，从而增加页面文件的大小。而将样式的声明单独放到 CSS 样式表中，可以大大减小页面文件的大小，这样在加载页面时使用的时间也会大大减少。另外，CSS 样式表的复用也很大程度地缩减了页面的文件大小，减少了加载的时间。

电影网站的所有页面都使用了简单的 CSS 进行了样式调整。虽然 CSS 的使用非常简单，但是如何合理地调整样式和整体网站的 UI，让其更加美观，才是页面样式优化的重中之重。

对于一个程序员而言，也许并不擅长用户界面优化，也不喜欢一次次地修改界面，也很难做到设计良好而风格统一的 UI。但是不用担心，在代码的世界里，总会有很多"大牛"已经造好了"轮子"供开发者使用，这就是开源的力量，由此可以让开发者使用一些更加简单、易用的 UI 框架进行项目开发。

9.1.2　如何在项目中使用 CSS

其实在前面所讲的页面中我们已经使用了大量的 CSS 元素，简单地编写了页面需要显示的内容。如果读者需要更深入地理解 CSS 的知识，请参阅 CSS 文档，或者登录 W3School 网站学习 CSS 的知识，网址是 http://www.w3school.com.cn/。

如果读者开发过网站或写过基本的静态页面，应该能理解如何在一个项目中使用 CSS 样式。在 Vue.js 中，使用原生的 CSS 也是非常简单的一件事情，因为 Vue.js 支持 CSS 的书写方式。

例如，可以尝试在 Vue.js 的页面中直接使用 CSS 样式，如下方的 <div>：

```
<div class="divTest">CSS 测试
</div>
```

定义 CSS 的代码如下：

```
. divTest{
    Width:100px;
    Height:100px;
}
```

这样就完成了 div 的样式定义。但对开发者而言，所有的样式如果都需要手写是非常烦琐的，而且难度也非常高，这时就该用到现有的开源 UI 框架库了。

9.2　动态绑定 class

操作元素的 class 列表和内联样式（通过 style 设置内联样式）是数据绑定的常见需求。因为 class 和 style 等都是属性，所以可以用 v-bind 来处理——只需要通过表达式计算出字符串结果即可。但是字符串拼接麻烦且易错，因此在将 v-bind 用于 class 和 style 属性时，Vue.js 做了专门的增强功能，如 class 和 style 可以通过表达式动态绑定类和样式。表达式结果的类型除了字符串之外，还可以是对象或数组。

对于一个具体项目的 UI 美化，可以参见 9.6 节。

9.2.1　绑定对象语法

开发者通过传给 v-bind:class 一个对象，可以动态地切换 class。

【示例 9-1】绑定样式的使用。

```
<div v-bind:class="{ active: isActive }"></div>
```

上面的语法表示 active 这个类存在与否，取决于数据属性 isActive 是否为真值（truthy）。

💭注意：这里读者一定要区分真值（truthy）和 true 的区别。例如，任意一个字符串本身就是一个真值，即其本身存在即为真值，而 true 只是一个 boolean 类型，供逻辑判断使用。在 JavaScript 中有 truthy 值和 falsy 值的概念——除了 boolean 值为 true 和 false 外，所有类型的 JavaScript 值均可用于逻辑判断。规则是：所有的 falsy 值进行逻辑判断时均为 false，falsy 值包括 false、undefined、null、正负 0、NaN 和""；
其余的数据值均为 truthy，在代码中进行逻辑判断时得到的结果均为 true。值得注意的是，Infinity、空数组和"0"都是 truthy 值。

可以通过一个简单的 JavaScript 代码来验证上面这种情况。

```
//字符串 0 为真值
let x = "0";
if(x){
//当 x 值为 true 时，执行输出语句
  console.log("string 0 is Truthy.")
} else {
  console.log("string 0 is Falsy.")
}
//当 x 值为 false 时，执行下面的代码
  let x1 = 0;
if(x1){
  console.log("0 is Truthy.")
} else {
//当 x 值为 true 时，执行输出语句
  console.log("0 is Falsy.")
}
//空数组也为真值（存在）
let y = [];
if(y){
//当 y 值为 true 时，执行输出语句
  console.log("empty array is Truthy.")
} else {
  console.log("empty array is Falsy.")
}
```

代码执行效果如图 9-1 所示。

图 9-1　输出效果

开发者可以在对象中传入更多的属性动态地切换多个样式。此外，v-bind:class 指令也可以与普通的 class 属性共存，代码如下：

```
<div class="static"
    v-bind:class="{ active: isActive, 'text-danger': hasError }">
</div>
```

例如，在下面的变量 data 中指定的数据和普通的 class 属性可以共存，代码如下：

```
data: {
  isActive: true,
  hasError: false
}
```

渲染结果如下：

```
<div class="static active"></div>
```

当 isActive 或 hasError 发生变化时，class 列表将相应地更新。如果 hasError 的值为 true，class 列表将变为"static active text-danger"。

绑定的数据对象不必内联定义在模板里。

```
<div v-bind:class="classObject"></div>
data: {
  classObject: {
    active: true,
    'text-danger': false
  }
}
```

渲染的结果和上面一样。也可以绑定一个返回对象的计算属性，这是一个常用的模式，代码如下：

```
<div v-bind:class="classObject"></div>
data: {
  isActive: true,
  error: null
},
computed: {
  classObject: function () {
    return {
      active: this.isActive && !this.error,
      'text-danger': this.error && this.error.type === 'fatal'
    }
  }
}
```

9.2.2　绑定数组语法

可以把一个数组传给 v-bind:class，这样就可以应用一个样式（class）列表。

【示例 9-2】绑定数组样式的使用。

```
<div v-bind:class="[activeClass, errorClass]"></div>

data: {
  activeClass: 'active',
  errorClass: 'text-danger'
}
```

渲染如下：

```
<div class="active text-danger"></div>
```

如果在一个项目开发中，需要开发者根据条件切换列表中的 class 以达到不同的布局，那么可以使用三元表达式，代码如下：

```
<div v-bind:class="[isActive ? activeClass : '', errorClass]"></div>
```

上述代码将始终添加 errorClass，但是只有在 isActive 的判断为 true 时才添加 activeClass。当有多个条件样式时这样写有些烦琐，因此可以使用对象语法来达到简化代码的作用。

改写后的代码如下：

```
<div v-bind:class="[{ active: isActive }, errorClass]"></div>
```

这里分为两种使用情况：在组件上使用和直接使用内联样式。如果需要在一个自定义组件上使用 class 属性，则这些样式类会被添加到根元素上且元素上已经存在的类不会被覆盖。

当使用内联样式时同样可以绑定数组语法和对象语法。

注意：v-bind:style 的对象语法十分直观，看着非常像 CSS，但其实是一个 JavaScript 对象。CSS 属性名可以用驼峰式（camelCase）或短横线分隔（kebab-case，记得用单引号括起来）来命名。

下面可以通过一段代码来说明。通过对 style 样式的绑定，以及在 data 中指定文字的大小和颜色来获得相应的效果。

```
<div v-bind:style="{ color: activeColor, fontSize: fontSize + 'px' }"></div>

// 对于样式对象进行赋值
data: {
  activeColor: 'red',
  fontSize: 30
}
```

因为绑定的样式其实是 JavaScript 对象，所以可以直接绑定一个样式对象，这样会让模板更清晰。改写后的代码如下，可以达到与前面同样的效果，但是代码改写后更易理解了。

```
<div v-bind:style="styleObject"></div>
// 直接在 data 中定义一个内联样式对象
data: {
  styleObject: {
    color: 'red',
    fontSize: '13px'
  }
}
```

当然，对象语法常常结合返回对象的计算属性来使用，这样可以让整个页面变得更加动态且适合更多的应用场景和环境。

注意：v-bind:style 的数组语法可以将多个样式对象应用到同一个元素上，直接传递一个相应的数组即可以应用。代码如下：

```
<div v-bind:style="[baseStyles, overridingStyles]"></div>
```

9.2.3　自动添加前缀

当 v-bind:style 使用需要添加浏览器引擎前缀的 CSS 属性时（如 transform），Vue.js 会自动侦测并添加相应的前缀。这个特性极大减少了对于全浏览器适配的工作量，让开发者不需要顾虑如何适配不同的浏览器。

【示例 9-3】新建一个 index.html 文件，引入 Vue.js，然后使用 v-bind 语法来绑定样式并且指定样式的 transform 属性。

```html
<!DOCTYPE html>
<html lang="en">

<head>
    <meta charset="UTF-8">
    <title>自动添加前缀</title>
    <!--引入需要的 Vue.js 等相关的内容-->
    <script src="https://cdn.bootcdn.net/ajax/libs/vue/3.0.0/vue.global.js"></script>
</head>

<body>
    <!-- 定义显示的节点 -->
    <div id="app">
        <!--设立一个 div，其长宽均为 100px，背景为绿色-->
        <div style="padding: 100px">
            <!--对这个 div 绑定一个 transform 属性-->
            <div style="width: 100px;height: 100px;background: green;color:#fff" v-bind:style="{transform:transformVal}">旋转 div</div>
        </div>
    </div>

</body>
<script>
    const App = {
        setup() {
            // 逻辑代码，定义相关变量
            const data = Vue.reactive({
                //赋值样式属性
                transformVal: 'rotate(7deg)'
            })
            return {
                ...Vue.toRefs(data)
            }
        }
    }
    // 逻辑代码部分，建立 Vue.js 实例
    const app = Vue.createApp(App).mount('#app')
</script>

</html>
```

执行代码，显示效果如图 9-2 所示。此时使用的浏览器为 Chrome 浏览器。

⚠️注意：需要指出，浏览器前缀是不同浏览器为了兼容 CSS 3 新特性而出现的一种临时解决方案。随着浏览器版本的逐步更新，所有的 CSS 3 几乎都已经被统一而不需要

前缀了。为了解决不同版本的适配问题，还是应当对老版本的浏览器进行适配。

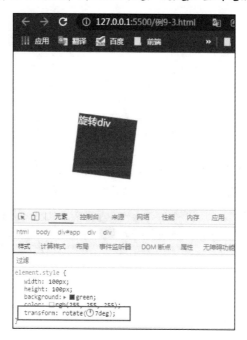

图 9-2　旋转后的效果

9.2.4　绑定多重值

从 Vue.js 2.3.0 起，开发者可以为 style 绑定的属性提供一个包含多个值的数组，这常用于多个带前缀的值，可以新建一个 index.html 进行测试。

【示例 9-4】引用 Vue.js 对一个 div 的 style 属性传入一个 flexbox 的属性数组，代码如下：

```html
<!DOCTYPE html>
<html>
<head>
    <meta charset="utf-8">
    <title>绑定多重值</title>
    <script type="text/javascript" src="http://vuejs.org/js/vue.min.js">
</script>
</head>
<body>
<div id="app">
    <!--设立一个div-->
    <div>
        <!--对于这个div绑定一个display属性-->
        <div v-bind:style="{ display: ['-webkit-box', '-ms-flexbox',
        'flex'] }">绑定多重值</div>
    </div>
```

```
    </div>
    <script>
        new Vue({
            el: '#app',
            data: {

            }
        })
    </script>
    </body>
    </html>
```

这样写只会渲染数组中最后一个被浏览器支持的值。在本例中，如果浏览器支持不带浏览器前缀的 flexbox，那么就只会渲染 display: flex。

可以打开审查元素查看样式，页面显示如图 9-3 所示。

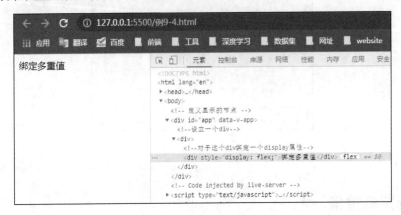

图 9-3　绑定多重值

9.3　丰富多彩的模板和 UI 框架

本节将会介绍相关的前端框架，从常用的一般网页的 UI 框架到专门为 Vue.js 设计的前端框架，带领读者体验前端世界的丰富多彩。

9.3.1　常用的 UI 框架

有很多针对 Vue.js 的特性制作的相关主题和 UI，大大减少了个人开发者开发应用界面 UI 的难度。作为一种新的开发技术，Vue.js 受到了许多大公司的追捧，这些公司在完成自己公司产品开发的同时，将自己设计开发的 UI 库也返还给了 Vue.js 的开发社区。这使得开源软件的发展越来越完善，也使得个人开发者上手的难度越来越小。

下面是对于一些常见的 Vue.jsUI 组件库的介绍。

1．Element组件库

Element 是饿了么平台前端团队推出的基于 Vue.js 2.0 的后台组件库，它能够帮助开发者更轻松、快速地开发 Web 项目。在发展 UI 的同时，饿了么平台也制作了更简单的网站快速成型工具，使开发者甚至设计师和产品经理也可以方便地使用基于 Vue.js 2.0 的桌面端组件库，色彩风格也非常适合现阶段国内应用和网页系统。随着 Vue.js 3.x 的出现，Element 也发布了适合 Vue.js 3.x 版本的 Element UI，也称为 Element Plus。Element 官网就使用了该框架进行开发，如图 9-4 所示。

图 9-4　Element 网站主页

- Element 的官方网址是 http://element-cn.eleme.io/#/zh-CN。
- Element Plus 的网址是 https://element-plus.gitee.io/zh-CN/。
- GitHub 的网址是 https://github.com/ElemeFE/element。
- 开源协议采用 MIT 协议。

2．iView组件库

iView 是一套基于 Vue.js 的高质量 UI 组件库，其有自己的设计原则，并且众多公司都在使用，包括 TalkingData、阿里巴巴、京东等公司。

iView 提供了高质量、功能丰富的 UI 库和插件，并允许使用友好的 API，自由、灵活地使用页面空间。iView 的文档非常完善，且提供了定制化的主题。

TalkingData 作为 iView 的开发方，主页同样使用 iView 作为开发 Vue.js 的 UI 库，效果如图 9-5 所示。

- iView 的官方网址为 https://www.iviewui.com/。
- GitHub 的网址为 https://github.com/iview/iview。
- 开源协议采用 MIT 协议。

图 9-5　TalkingData 官网

3．Vuetify组件库

Material Design（简称 MD）是近年非常流行的设计风格，由 Google 领头并提出设计风格规范，在设计界的影响非常大。当下所有的 UI 界面都出现了符合 MD 的设计版本，当然，Vue.js 作为前端库也出现了大量符合 MD 的组件库，Vuetify 就是其中之一。

Vuetify 官网的设计如图 9-6 所示。

图 9-6　Vuetify 官网设计页面

- Vuetify 的官方网址为 https://vuetifyjs.com/zh-Hans/。
- GitHub 的网址为 https://github.com/vuetifyjs/vuetify。
- 开源协议采用 MIT 协议。

Vue.js 的 UI 组件库是非常丰富的，这里只介绍了几个常用的组件库，很多不常用但功能非常强大的 UI 组件就要靠读者自己来发现了。其他常见的组件库如图 9-7 所示。

图 9-7　常用的 UI 组件库

9.3.2　如何使用专门为 Vue.js 准备的 UI 框架

一般而言，市面上所有知名的 UI 框架均存在于 NPM 库中，如果用户需要使用这些 UI 框架，只需要在项目中添加相应的框架包的版本号，然后再使用相关的命令进行安装即可。接下来会演示如何使用这些框架。

9.4　使用 Element Plus 建立精美的应用

本节以 Element Plus 为例，介绍如何使用 UI 组件库，Element Plus 支持的组件如图 9-8 所示。

图 9-8　Element Plus 支持的组件

Element UI 的新版本 Element Plus 已经实现了对 Vue.js 3.x 版本的支持，这使得整个 Element UI 更有活力。

9.4.1　安装 Element Plus

Element Plus 的安装方式和 Vue.js 类似，分为两种：CDN 方式和 NPM 方式。

1．CDN方式

打开网址 https://unpkg.com/element-plus，在其中可以看到 Element Plus 最新版本的资源，在页面上引入 JavaScript 和 CSS 文件即可开始使用 Element Plus。

在浏览器中输入上面的网址，网页会自动跳转至最新的版本，也可以直接右键单击来保存该版本的文件，如图 9-9 所示。

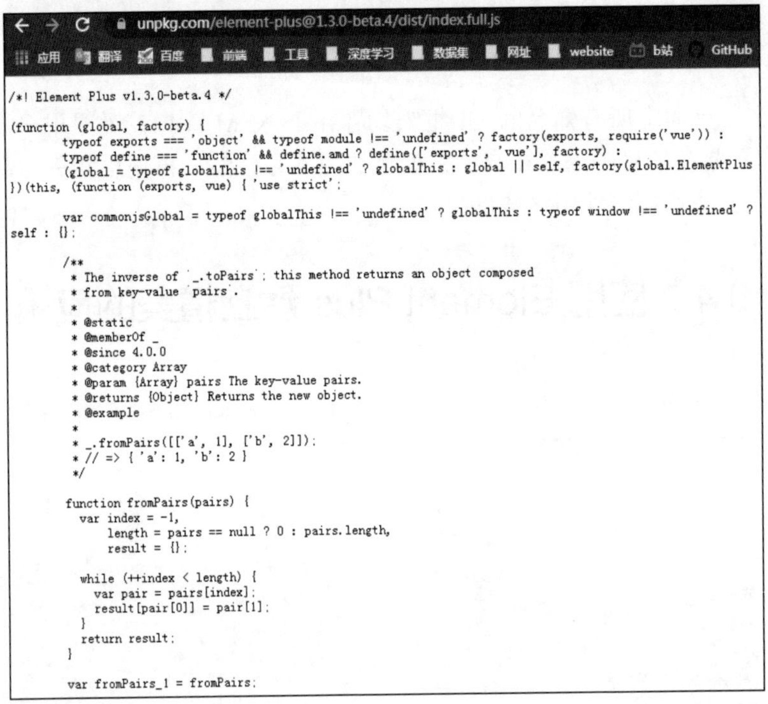


```
/*! Element Plus v1.3.0-beta.4 */

(function (global, factory) {
        typeof exports === 'object' && typeof module !== 'undefined' ? factory(exports, require('vue')) :
        typeof define === 'function' && define.amd ? define(['exports', 'vue'], factory) :
        (global = typeof globalThis !== 'undefined' ? globalThis : global || self, factory(global.ElementPlus
})(this, (function (exports, vue) { 'use strict';

        var commonjsGlobal = typeof globalThis !== 'undefined' ? globalThis : typeof window !== 'undefined' ?
self : {};

        /**
         * The inverse of `_.toPairs`; this method returns an object composed
         * from key-value `pairs`.
         *
         * @static
         * @memberOf _
         * @since 4.0.0
         * @category Array
         * @param {Array} pairs The key-value pairs.
         * @returns {Object} Returns the new object.
         * @example
         *
         * _.fromPairs([['a', 1], ['b', 2]]);
         * // => { 'a': 1, 'b': 2 }
         */

        function fromPairs(pairs) {
          var index = -1,
              length = pairs == null ? 0 : pairs.length,
              result = {};

          while (++index < length) {
            var pair = pairs[index];
            result[pair[0]] = pair[1];
          }
          return result;
        }

        var fromPairs_1 = fromPairs;
```

图 9-9　最新版本文件

之后直接在页面中引入这个文件即可，代码如下：

【示例 9-5】以 CDN 方式引用 Element Plus。

```
<head>
  <!-- 导入样式 -->
  <link rel="stylesheet" href="https://unpkg.com/element-plus@1.3.0-
beta.4/dist/index.css" />
```

```
<!-- 导入 Vue.js 3 -->
<script src="https://unpkg.com/vue@3.2.26/dist/vue.global.js"></script>
<!-- 导入组件库 -->
<script src="https://unpkg.com/element-plus@1.3.0-beta.4/dist/index.
full.js"></script>
</head>
```

然后可以使用一个示例来测试是否正确引用了 Element Plus。新建一个 HTML 文件并命名为 elementPlusTest.html，代码如下：

```
<!DOCTYPE html>
<html lang="en">

<head>
    <meta charset="UTF-8">
    <title>自动添加前缀</title>
    <!-- 导入样式 -->
    <link rel="stylesheet" href="https://unpkg.com/element-plus@1.3.0-
beta.4/dist/index.css" />
    <!-- 导入 Vue.js 3 -->
    <script src="https://unpkg.com/vue@3.2.26/dist/vue.global.js"></script>
    <!-- 导入组件库 -->
    <script src="https://unpkg.com/element-plus@1.3.0-beta.4/dist/index.
full.js"></script>

</head>

<body>
    <!-- 定义显示的节点 -->
    <div id="app">
        <el-button type="primary" @click="show">点击弹出!</el-button>
        <el-dialog v-model="visible" title="Welcome">欢迎使用 ElementUI:
Element Plus</el-dialog>
    </div>

</body>
<script>
    const App = {
        setup() {
            // 逻辑代码部分，定义相关变量
            const data = Vue.reactive({
                visible: false
            });
            const show = () => {
                data.visible = true;
            }
            return {
                ...Vue.toRefs(data),
                show
            }
        }
```

```
}
// 逻辑代码部分，建立 Vue.js 实例
const app = Vue.createApp(App)
app.use(ElementPlus);
app.mount('#app')
</script>

</html>
```

代码成功运行后会出现一个按钮,单击该按钮会弹出一个欢迎使用 ElementUI:Element Plus 的消息框，如图 9-10 所示，说明成功引用了 Element Plus。

图 9-10　Element Plus 测试

2. NPM方式

官方并不推荐 CDN 这样的引用方式，因为使用 NPM 方式可以更好地使用所有控件，并且可以非常方便地进行包管理,还能结合 Webpack 进行类似全球化的语言设置或其他功能设置。

采用 NPM 安装 Element Plus 的方式也很简单、便捷，只需要使用以下命令，即可成功安装。

```
$ npm install element-plus --save
```

9.4.2　Element Plus 的用法

如果通过包管理器安装 Element Plus，并希望配合使用 Webpack 等打包工具，则可以直接使用 Vue Cli 脚手架工具。在 Vue Cli 脚手架工具中可以直接选择 ElementUI 框架（注意 Vue.js 2.x 版本使用的是 ElementUI, Vue.js 3.x 版本使用的是 Element Plus），使用 Vue.js 2.x 可以快速搭建 ElementUI 的应用，如果是 Vue.js 3.x 版本，则 ElementUI 会自动选择适合该版本的 Element Plus。

可以通过命令脚手架命令 vue create elementplus-demo 搭建 Vue.js 3.x 版本的项目，如图 9-11 所示。

图 9-11　选择 3.x 版本

搭建完成后，使用 cd 命令进入项目，通过 npm install element-plus --save 命令安装 Element Plus，安装完成后的效果如图 9-12 所示。

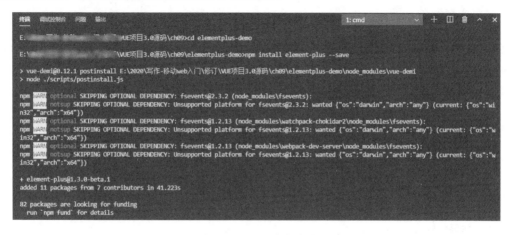

图 9-12　NPM 安装方式

安装成功后，修改 main.js 文件，引入 Element Plus 插件，最后通过 npm run serve 命令运行开发环境，修改效果如图 9-13 所示。

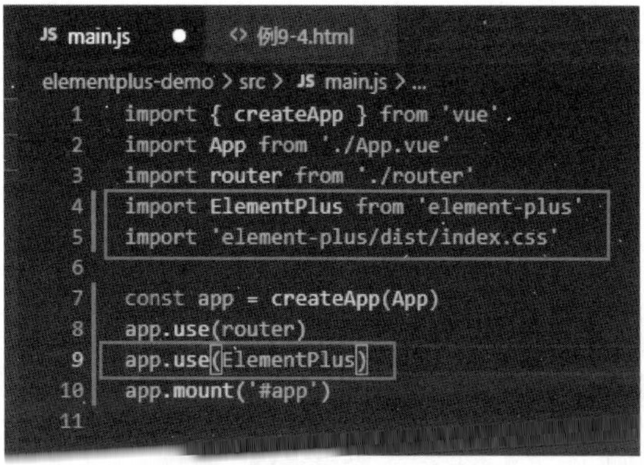

```
JS main.js        ● <> 例9-4.html
elementplus-demo > src > JS main.js > ...
  1   import { createApp } from 'vue'.
  2   import App from './App.vue'
  3   import router from './router'
  4   import ElementPlus from 'element-plus'
  5   import 'element-plus/dist/index.css'
  6
  7   const app = createApp(App)
  8   app.use(router)
  9   app.use(ElementPlus)
 10   app.mount('#app')
 11
```

图 9-13　引入 Element Plus 插件

注意：上述创建的项目工程使用的是 Vue.js3+ vue-router + Element Plus 框架。

9.4.3　应用 Element Plus 自定义主题

Element Plus 默认提供了一套主题，CSS 命名采用 BEM 的风格，方便使用者覆盖样式，使用者也可以通过 Element Plus 提供的四种方法自定义主题，以更加贴合业务的需要和多样化的视觉要求。

Element Plus 的样式是基于 Sass 的，其主题文件 theme-chalk 使用 SCSS 编写而成。可以在 packages/theme-chalk/src/common/var.scss 文件中查找 SCSS 的变量。

修改主题有两种方法，下面具体介绍。

1. 变量覆盖

变量覆盖可以通过 SCSS 来完成。如果项目中使用了 SCSS，那么可以直接修改 Element Plus 的样式变量。需要在项目中新建一个目录，这里直接在 src 目录下建立一个新的 SCSS 文件如 index.scss，代码如下：

```
@forward 'element-plus/theme-chalk/src/common/var.scss' with (
  $colors: (
    'primary': (
      'base': green,
    ),
  )
);

// 如果想导入所有样式:
@use "element-plus/theme-chalk/src/index.scss" as *;
```

然后在项目入口文件（main.js）中引入前面创建的 SCSS 文件来替换 Element Plus 内置的 CSS，代码如下：

```
import { createApp } from 'vue'
import App from './App.vue'


import ElementPlus from 'element-plus'
import './index.scss'
import router from './router'

const app = createApp(App)
app.use(router)
app.use(ElementPlus)
app.mount('#app')
```

可以使用官方的示例程序用来尝试修改主题。也可以新建一个样式文件，如 element-variables.scss，在其中写入以下内容：

```
/* 改变主题颜色变量 */
$--color-primary: teal;

/* 如果要改变 icon 字体路径变量，则必须有下面这句代码 */
$--font-path: '~element-plus/lib/theme-chalk/fonts';

@import "~element-plus/packages/theme-chalk/src/index";
```

然后在项目的入口文件中，直接引入以上样式文件即可：

```
import Vue from 'vue'
import ElementPlus from 'element-plus'
import './element-variables.scss'
import App from './App.vue';

const app = createApp(App)
app.use(ElementPlus)
```

首先需要如 9.4.2 小节一样成功创建并运行项目，然后进入根目录，在 src 目录下再新建一个 index.scss 文件，输入以下代码：

```
/* 改变主题颜色变量 */
@forward 'element-plus/theme-chalk/src/common/var.scss' with (
  $colors: (
    'primary': (
      'base': #60f016,
    ),
  )
);
@use "element-plus/theme-chalk/src/index.scss" as *;
```

⚲注意：在默认的主题中，文字的主题颜色是蓝色的（#409eff），我们将其改成了绿色（#60f016）。

这样，一个样式文件就完成了，但此时项目依旧没有使用该主题，还需要在 main.js 文件中引入这个主题。打开 main.js 文件，在其中添加以下代码引入样式。

```
import './index.scss'
```

此时默认的蓝色主题就会被修改为绿色，在 Helloworld.vue 页面添加一个默认的按钮，按钮就会由蓝色变为绿色：

```
<el-button type="primary">修改默认主题的颜色为绿色</el-button>
```

保存代码，等待程序自动重启并编译，更改后的样式如图 9-14 所示，主题的主页颜色变成了绿色。

2．通过安装工具来修改主题

通过安装工具修改主题的方法适用于项目没有使用 SCSS 的情况，此时可以使用命令行主题工具进行深层次的主题定制。首先选择全局安装或本地安装主题生成器，推荐使用本地安装方式，这样可以使项目被别人使用时自动安装依赖。

图 9-14　更改后的效果

使用 npm i element-theme -chalk -D 命令安装主题生成器，然后通过 NPM 或 GitHub 安装 theme-chalk 主题：

```
#通过 npm
npm i element-theme-chalk -D

# 通过 GitHub
npm i https://github.com/ElementUI/theme-chalk -D
```

theme-chalk 安装成功后，如果是全局安装，则可以直接使用 et 命令行工具，如果是安装在当前目录下，则需要通过 node_modules/.bin/et 访问 et 命令行。运行 et -i 初始化变量文件并输出到 element-variables.scss：

```
et -i [自定义输出文件]

>:whit_very_check_mark: Generator variables file
```

然后直接编辑 element-variables.scss 文件，如修改主题色为红色，保存变量文件后，使用 et 命令构建主题。

```
$--color-primary: red;
```

最后在代码里直接引用命令行工具生成的主题 theme/index. css 文件即可。

注意：第二种修改主题的方式略显烦琐，因为本例使用的是脚手架工具直接构建项目，所以推荐使用第一种方法来修改主题。

9.5　常用的组件

任何一种 UI 组件库，之所以被称为组件库，是因为它不但能设计样式和颜色，而且还提供了非常多的开箱即用组件。本节以 iView 组件库为例编写一些小例子，在 9.6 节中会对项目进行优化。

9.5.1　Layout 布局组件

通过 Element Plus 基本的 24 分栏，能够迅速、简便地创建栅格布局。如果读者使用过 Bootstrap 这样的 UI 框架，应该对栅格系统非常熟悉了。24 栅格将一排区域进行了 24 等分，使开发者可以轻松应对大部分的布局问题。24 栅格的比例示意如图 9-15 所示。

如果需要一个平分的样式，可以使用 row 行样式在水平方向创建一行之后，将一组 col 分格样式插入 row 行样式中，然后设置 col 分格样式的 span 参数，指定跨越的范围，其范围是 1~24（这里为了进行等分，所以选择 12），通过 gutter 属性来指定列之间的间距，默认值为 0，通过制定 col 组件的 offset 属性可以指定分栏偏移的栏数，最后在每个 col 分格中输入自己的内容。

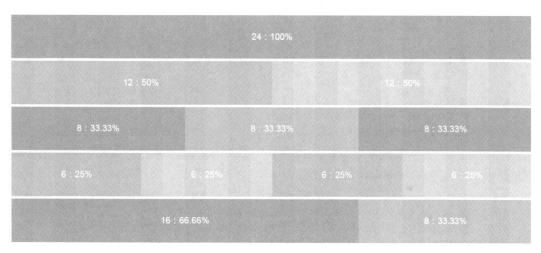

图 9-15　24 栅格的比例示意

【示例 9-6】在前面建立的基本框架中进行测试。在 9.4 节的项目代码基础上找到 src/views/index.vue 文件，然后修改代码，通过更改主页的显示内容来测试栅格布局。修改后的代码如下：

```
<template>
  <div class="index">
    <!--定义行-->
    <el-row type="flex" justify="space-around" align="middle">
      <!--左侧的标志和按钮-->
      <el-col span="12">
        <h1>
          <img src="../assets/logo.png" />
        </h1>
```

```
        <p>Welcome to your element plus app!</p>
        <el-button type="ghost" @click="handleStartLeft">
          左侧 element plus
        </el-button>
      </h2>
    </el-col>
    <!--右侧的标志和按钮-->
    <el-col span="12">
      <h1>
        <img src="../assets/logo.png" />
      </h1>
      <h2>
        <p>Welcome to your iView app!</p>
        <el-button type="ghost" @click="handleStartRight">右侧 element
plus</el-button>
      </h2>
    </el-col>
  </el-row>
  </div>
</template>

<script>
import { ElMessage } from 'element-plus'
export default {
  name: 'Home',
  setup () {
    const handleStartLeft = () => {
      ElMessage('单击左侧的 element plus');
    }
    const handleStartRight = () => {
      ElMessage('单击右侧的 element plus');
    }
    return {
      handleStartLeft,
      handleStartRight
    }
  }
}
</script>

<style scoped>
.index {
  width: 100%;
  position: absolute;
  top: 0;
  bottom: 0;
  left: 0;
  text-align: center;
}
h1 {
  height: 150px;
}
h1 img {
  height: 100%;
```

```
}
h2 {
  color: #666;
  margin-bottom: 200px;
}
h2 p {
  margin: 0 0 50px;
}
.ivu-row-flex {
  height: 100%;
}
</style>
```

这样就完成了一个基本的栅格布局，刷新页面后系统会自动显示出更改后的效果，由原来的一个居中标志，变成了一行的两个标志，如图 9-16 所示。

注意：栅格布局同样也支持类似 Bootstrap 的响应式布局，可以预设 5 个响应尺寸（xs、sm、md、lg 和 xl），设置之后，即会在不同的尺寸下获得更好的显示效果，可以调整浏览器尺寸来查看效果。

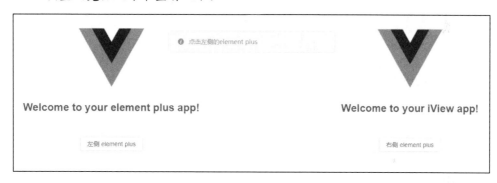

图 9-16　平分栅格

9.5.2　按钮

按钮是 UI 组件不可或缺的一部分，任何交互都需要按钮的参与，最简单的按钮只有一个单击功能，并没有考虑更好的交互和样式，而 Element Plus 中的按钮提供了丰富的色彩和样式。

Element Plus 按钮类型有：默认按钮、朴素按钮、圆角按钮和圆形按钮。可以通过设置 type 为 primary、success、warning、danger、info 和 text 创建不同样式的按钮，如不设置则为默认样式。

Element Plus 可以更改按钮的默认形状或直接更改按钮的图标（如搜索按钮），还可以更改按钮的尺寸（大尺寸、默认尺寸和小尺寸，即 large、default、small 3 种）。通过设置 Icon 属性在 Button 内嵌入一个图标（Icon）或者直接在 Button 内使用 Icon 组件即可。

使用 Button 的 Icon 属性，图标位置将在最左边。如果需要自定义图标位置，可以在 Element Plus 的 Icon 组件里找到 Element Plus 提供的内置图标，通过向右方添加<i>标签来添加图标。也可以使用自定义图标，需要使用 Icon 组件<el-icon></el-icon>。通过设置 circle 属性为 true，可将按钮设置为圆形。通过设置 size 为 large、default 或 small，可以将按钮设置为大尺寸、默认尺寸和小尺寸，如不设置则为默认尺寸，即中间的尺寸。

【**示例 9-7**】我们依旧在 9.5.1 小节的主页示例中测试按钮，在<template></template>标签的最底层<div class="mian"></div>中增加新的代码段如下：

```
<el-row type="flex" justify="center" align="middle">
    <el-col span="24">
        <!--圆形按钮 primary-->
        <el-button type="primary" circle><el-icon><Edit /></el-icon>圆形
</el-button>
        <!--默认按钮 primary-->
        <el-button type="primary"><el-icon><Search /></el-icon>搜索</el-
button>
        <!--朴素搜索文字按钮 plain-->
        <el-button circle><el-icon><Edit /></el-icon>编辑</el-button>
        <!--圆角按钮，图标-->
        <el-button round >圆角</el-button>
        <!--文字按钮-->
        <el-button type="text">文字按钮</el-button>
        <!--info 按钮，大-->
        <el-button type="info" size="large"><el-icon><Search /></el-icon>
搜索</el-button>
        <!--成功按钮，默认-->
        <el-button type="success"><el-icon><Search /></el-icon>搜索</el-
button>
        <!--警告按钮，小-->
        <el-button type="warning" size="small">搜索</el-button>
    </el-col>
</el-row>
```

成功保存代码后，刷新页面，按钮效果如图 9-17 所示。

图 9-17　按钮修改效果

9.5.3　表单组件

iView 为每一个项目提供了非常多的交互式表单组件，整个表单组件都非常好用，下面介绍常用的几种组件。

1．Input输入框

Input 输入框是基本的表单组件，支持 input 和 textarea，并在原生控件基础上进行了功能扩展，可以组合使用。

🔔注意：Input 输入框类表单组件可以使用 v-model 指令进行双向数据绑定。

Input 输入框允许直接设置 style 来改变输入框的宽度，默认为 100%。输入框有 3 种尺寸：大、默认（中）、小。通过设置 size 为 large、small 来设置大尺寸或小尺寸，不设置的话为默认（中）尺寸。通过 icon 属性可以在输入框右边设置一个图标，单击该图标会触发 on-click 事件。当 type 属性为 textarea 时是文本域，用于多行输入，rows 属性可以控制文本域默认显示的行数。

对于需要设置为不可用状态的表单组件，直接添加该组件的不可使用（disabled）属性即可。

2．Radio单选按钮

Radio 单选按钮用于一组可选项的单项选择或者切换到选中状态，使用 v-model 指令属性可以双向绑定数据。

结合 el-radio-group 元素和子元素 el-radio 可以实现单选组，为 el-radio-group 绑定 v-model，再为每一个 el-radio 设置好 label 属性即可。每个 Radio 单选按钮的内容可以自定义，如不填写则默认使用 label 的值。

单选按钮组合使用时可以设置属性 type 为 button 来应用按钮的样式，同样也可以设置按钮的尺寸，即通过调整 size 属性来控制按钮的大小（size、large、small）。

3．Checkbox复选框

Checkbox 复选框用于一组可选项的多项选择或者切换为某种状态。

checkbox-group 元素能把多个复选框管理为一组，只需要在 Group 中使用 v-model 绑定 Array 类型的变量即可。只有一个选项时的默认值类型为 Boolean，当选中某选项时值为 true。每个复选框的内容可以自行定义，如不填写则默认使用 label 的值，通过设置 Checkbox 的 disabled 属性可以禁用该复选框。

4．Select选择器

Select 选择器是使用模拟的增强下拉选择器来代替浏览器原生的选择器，其支持单选、多选、搜索及键盘快捷操作。这些快捷操作可以使用 v-model 属性实现双向绑定数据。当选择单个选项时，value 只接受字符串和数字类型；当选择多个选项时，value 只接受数组类型。Select 选择器组件会自动根据值的大小选则值来返回选中的数据。

通过设置 size 属性为 large 和 small，可以将输入框设置为大尺寸和小尺寸，如果不设置的话则为默认（中）尺寸，也可以通过 disabled 属性设置是否禁用输入框。

【示例 9-8】在 9.5.2 小节的代码中使用 el-option-group 对备选项进行分组，label 属性为分组名，在 index.vue 的最底层<div></div>标签中添加以下代码：

```
    <el-row class="sle">
     <!--选择器-->
     <el-select v-model="model7">
       <el-option-group label="水果">
         <el-option v-for="item in list1" :value="item.value" :key="item.
value">{{ item.label }}</el-option>
       </el-option-group>
       <el-option-group label="蔬菜">
         <el-option v-for="item in list2" :value="item.value" :key="item.
value">{{ item.label }}</el-option>
       </el-option-group>
     </el-select>
```

除了设置样式以外，还需要在<script></script>代码中更新 data 值，代码如下：

```
// 定义相关的变量
<script>
import { reactive, toRefs } from 'vue'
export default {
  name: 'Home',
  setup () {
    const data = reactive({
      model7: '',
      list1: [
        {
          value: '苹果',
          label: 'apple'
        },
        {
          value: '梨',
          label: 'pear'
        },
      ],
      list2: [
        {
          value: '卷心菜',
          label: 'cabbage'
        },
      ],
    });
    return {
      ...toRefs(data),
    }
  }
}
</script>
```

代码保存成功后，刷新页面，可以看到，在主页中出现了一个下拉列表框，效果如图 9-18 所示。

通过设置属性 multiple 可以开启多选模式。在多选模式下，model 接受数组类型的数据，所返回的也是数组。通过设置属性 filterable 可以开启搜索模式，单选和多选都支持搜索模式。多选搜索时，可以使用键盘的 Delete 键快速删除最后一个已选项。

图 9-18　选择器分组

5．日期时间选择器

Element Plus 自带了方便好用的日期时间选择器，使用户不必去网上寻找相关的插件。

使用日期选择器，设置 type 属性为 date 或 daterange，可分别选择单个日期时间或日期时间范围。使用时间选择器，设置 type 属性为 time 或 timerange，可分别选择单个时间或时间范围类型。

6．表单

了解了这么多表单组件后，那我们就来制作一个简单但功能比较完善的表单页面吧。这里还是在前面内容的基础上进行开发，由于本例内容比较多，所以新建一个路由和文件来编写相关的代码。

首先，打开项目根目录下的 views 文件夹，然后新建一个文件 formExample.vue，在其中编写代码如下：

```
<style scoped>
.index {
  width: 80%;
  position: absolute;
  top: 10%;
  bottom: 0;
  left: 10%;
  text-align: center;
}
h1 {
 height: 150px;
}
h1 img {
  height: 100%;
}
h2 {
  color: #666;
   margin-bottom: 200px;
}
h2 p {
  margin: 0 0 50px;
}
```

```
.ivu-row-flex {
  height: 100%;
}
</style>

<template>
  <div class="index">
      <el-form :model="formItem" :label-width="80">
          <el-form-item label="Input">
              <!--input 组件-->
              <el-input v-model="formItem.input" placeholder="Enter
something..."></el-input>
          </el-form-item>
          <el-form-item label="Select">
              <!--select 组件-->
              <el-select v-model="formItem.select">
                  <el-option value="beijing">New York</el-option>
                  <el-option value="shanghai">London</el-option>
                  <el-option value="shenzhen">Sydney</el-option>
              </el-select>
          </el-form-item>
          <el-form-item label="DatePicker">
              <el-row>
                  <el-col span="11">
                  <!--日期选择组件-->
                  <el-date-picker type="date" placeholder="Select date"
v-model="
                      formItem.date"></el-date-picker>
                  </el-col>
                  <el-col span="2" style="text-align: center">
                  -</el-col>
                  <el-col span="11">
                  <!--时间选择组件-->
                  <el-time-picker type="time" placeholder="Select time"
v-model="
                      formItem.time"></el-time-picker>
                  </el-col>
              </el-row>
          </el-form-item>
          <el-form-item label="Radio">
              <!--单选组件-->
              <el-radio-group v-model="formItem.radio">
                  <el-radio label="male">Male</el-radio>
                  <el-radio label="female">Female</el-radio>
              </el-radio-group>
          </el-form-item>
          <el-form-item label="Checkbox">
              <!--多选组件-->
              <el-checkbox-group v-model="formItem.checkbox">
                  <el-checkbox label="Eat"></el-checkbox>
                  <el-checkbox label="Sleep"></el-checkbox>
                  <el-checkbox label="Run"></el-checkbox>
                  <el-checkbox label="Movie"></el-checkbox>
              </el-checkbox-group>
```

```
        </el-form-item>
        <el-form-item label="Switch">
            <!--开关组件-->
         <el-switch v-model="formItem.switch" size="large"
         active-text="Open" inactive-text="Close" />
        </el-form-item>
        <el-form-item label="Slider">
            <!--滑动组件-->
            <el-slider v-model="formItem.slider" range></el-slider>
        </el-form-item>
        <el-form-item label="Text">
            <!--文本框组件-->
            <el-input v-model="formItem.textarea" type="textarea" :
autosize="{minRows: 2,maxRows: 5}"
                    placeholder="Enter something..."></el-input>
        </el-form-item>
        <el-form-item>
            <el-button type="primary">Submit</el-button>
            <el-button type="danger" style="margin-left: 8px">Cancel
</el-button>
        </el-form-item>
    </el-form>
  </div>
</template>

//逻辑代码部分
<script>
import { reactive, toRefs } from 'vue'
export default {
  name: 'Home',
  setup () {
    const data = reactive({
      formItem: {
                input: '',
                select: '',
                radio: 'male',
                checkbox: [],
                switch: true,
                date: '',
                time: '',
                slider: [20, 50],
                textarea: ''
            }
    });
    return {
      ...toRefs(data)
    }
  }
}
</script>
```

接着在 router.js 中定义相关路由，在 router.js 的 router 数组中加入如下代码：

```
  {
    path: '/formExample',
```

```
    meta: {
      title: '表单测试'
    },
    component: () => require('../views/formExample.vue')
  }
```

保存所有代码后，等待程序自动重启，刷新页面，接着访问网址 http://localhost:8080/formExample 进入该页面，效果如图 9-19 所示，一个完整的表单就完成了。

图 9-19　完整的表单

注意：在 Form 内，每个表单域由 FormItem 组成，可包含的控件有 Input、Radio、Checkbox、Switch、Select、Slider、DatePicker、TimePicker、Cascader、Transfer、InputNumber、Rate、Upload、AutoComplete 和 ColorPicker。

给 FormItem 设置属性 label 即可显示表单域的标题，但是需要给 Form 设置 label-width 才可以正常显示。给 FormItem 设置 label-for 属性可以指定原生的 label 标签的 for 属性，配合控件的 element-id 属性设置，可以在单击 label 时聚焦控件。

9.5.4　表格

一个设计合理的表格能极大提高网站的可用性。Web 只支持基本的表格式，Element Plus 则添加了大量的功能，可以展示结构化数据，支持对表格进行排序、筛选、分页、自定义和导出 CSV 等操作。

【示例 9-9】在上一个项目的基础上重新写一个表格的展示页面。在 views 文件夹下新建一个 tableExample.vue 文件，用于编写页面的代码，文件内容如下：

```
<style scoped>
.index {
  width: 80%;
  position: absolute;
```

```
    top: 10%;
    bottom: 0;
    left: 10%;
    text-align: center;
  }
  h1 {
    height: 150px;
  }
  h1 img {
    height: 100%;
  }
  h2 {
    color: #666;
    margin-bottom: 200px;
  }
  h2 p {
    margin: 0 0 50px;
  }
  .ivu-row-flex {
    height: 100%;
  }
}
</style>
<template>
  <div class="index">
    <el-table :data="tableData" size="small" ref="table">
    <el-table-column prop="name" label="名称" />
    <el-table-column prop="show" label="显示" sortable />
      </el-table>
    <br />
    <el-button type="primary" size="large" @click="exportData(1)">
      导出所有的数据
    </el-button>
    <el-button type="primary" size="large" @click="exportData(2)">
      导出筛选后的数据
    </el-button>
  </div>
</template>
<script>
//逻辑代码部分
<script>
import { reactive, toRefs, ref } from 'vue'
export default {
  name: 'Home',
  setup () {
    const table = ref(null);
    const data = reactive({
      tableData: [
        {
          "name": "Name1",
          "show": 7302,
        },
        {
          "name": "Name2",
          "show": 4720,
```

```
        },
        {
          "name": "Name3",
          "show": 7181,
        },
        {
          "name": "Name4",
          "show": 9911,
        },
        {
          "name": "Name5",
          "show": 934,
        },
        {
          "name": "Name6",
          "show": 6856,
        },
        {
          "name": "Name7",
          "show": 5107,
        },
        {
          "name": "Name8",
          "show": 862,
        },
      ]
    });
    const exportData = (type) => {
      if (type === 1) {
        table.exportCsv({
          filename: 'The original data'
        });
      } else if (type === 2) {
        table.exportCsv({
          filename: 'Sorting and filtering data',
          original: false
        });
      }
    }
    return {
      ...toRefs(data),
      exportData
    }
  }
}
</script>
```

在 router.js 中命名该文件的访问路由，在 router.js 文件的 roter 数组中增加如下代码：

```
{
  path: '/tableExample',
  meta: {
    title: '表格测试'
  },
  component: () => require('../views/tableExample.vue')
}
```

代码保存后，输入路由路径 http://localhost:8080/tableExample 并访问，结果如图 9-20 所示。单击"导出所有的数据"按钮，会自动下载该表单数据，文件类型为.cvs 文件。

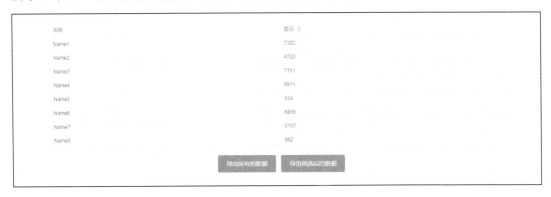

图 9-20　表格展示

9.6　使用 Element Plus 美化项目

本章已经介绍了那么多的 UI 组件，那么我们的电影项目应当如何优化呢？

本节将使用 Element Plus 对原生样式的页面进行改写，使用原生的 Vue.js 构建工具结合 Element Plus 进行项目美化。

9.6.1　在项目中使用 Element Plus

首先在根目录下安装 Element Plus，进入 book_view 文件夹的根目录（package.json 文件所在目录），运行 npm install element-plus --save，安装 Element Plus，如图 9-21 所示。Element Plus 安装后会在 package.json 的 dependencies 中增加新的依赖包。

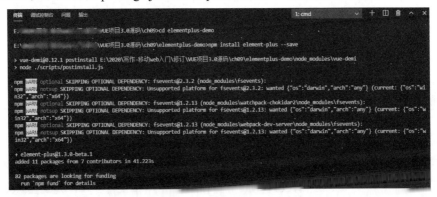

图 9-21　安装 Element Plus

接着在项目入口页面的 **main.js** 文件中添加配置，这样才能正确引用 Element Plus 的 UI 组件。

【**示例 9-10**】Element Plus 的使用。

```
import { createApp } from 'vue'
import App from './App.vue'
import router from './router'
import ElementPlus from 'element-plus'
import 'element-plus/dist/index.css'

const app = createApp(App)
app.use(router)
app.use(ElementPlus)
app.mount('#app')

//路由文件
import { createRouter, createWebHashHistory } from 'vue-router'
import Home from '../views/Home.vue'

const routes = [
  {
    path: '/',
    name: 'Home',
    component: Home
  }
]

const router = createRouter({
  history: createWebHashHistory(),
  routes
})

export default router
```

📖**注意**：借助插件 babel-plugin-import 可以实现按需加载组件，而不是整体引用所有的包，这样可以极大地减少文件的占用。

成功引入 Element Plus 组件后，运行程序，可以看到，项目主页的样式已经改变了，但还没有达到我们想要的效果，所以后面要继续改写主页。

📖**注意**：使用 Element Plus 组件一定需要前缀加 el。

在非 template/render 模式下（如使用 CDN 引用时），组件名要分隔，如 datepicker 必须要写成 date-picker。

9.6.2　主页样式改造

主页的样式由一个导航栏构成，在原来的代码中使用了简单的 div 进行分块，这里可以使用 Card 作为页面的分块内容，使用 Menu 作为页面导航（Navigation）。

首先改写公用的 Header 部分。修改 MovieIndexHeader.vue 中的内容，这里直接使用 Element Plus 提供的导航菜单 Menu。完整的代码如下：

```
<template>
  <div class="header">
    <el-menu
      :default-active="1"
      class="el-menu-demo"
      mode="horizontal"
      background-color="#545c64"
      text-color="#fff"
      active-text-color="#ffd04b"
    >
      <el-menu-item index="1">
        <router-link to="/">
          <div class="header_menu"><el-icon><home-filled /></el-icon>主
页</div>
        </router-link>
      </el-menu-item>

      <el-menu-item>
        <router-link to="/movieList">
          <div class="header_menu"><el-icon><list /></el-icon>电影</div>
        </router-link>
      </el-menu-item>
    </el-menu>
  </div>
</template>

<script>
import { HomeFilled,List} from '@element-plus/icons'
//逻辑部分代码
export default {
    components: {
    HomeFilled,
    List,
    },

}
</script>
```

接下来需要更改登录条目，对于登录状态的处理并不需要增加其他插件，只需要稍微调整一下登录按钮的颜色，使其更符合主题样式即可。此外，因为不同浏览器的页面高度不同，还需要调整一下页面定位。

将绝对定位的登录按钮改写成栅格布局，以<el-row>标签和<el-col>标签作为定位，这里使用的为<el-row>和<el-col>标签。

◇注意：在编写主页代码时已设置登录按钮使用绝对定位进行布局，现在需要改为栅格布局，因此需要在 index.vue 中改写代码，只需要删除 userMessage 这个样式即可。

更改后的代码如下：

```
<template>
  <div v-if="!isLogin" class="header">
    <el-row>
      <el-col span="2" offset="22">
        <router-link to="/loginPage">
          <div class="header_menu">
            <Icon type="person" />登录
          </div>
        </router-link>
      </el-col>
    </el-row>
  </div>
  <div v-else class="header">
    <el-row>
      <el-col span="2" offset="22">
        <router-link :to="{path: '/userInfo', query:{ id: id }}">
          <div class="header_menu">
            <Icon type="person" />
            已登录：{{username}}
          </div>
        </router-link>
      </el-col>
    </el-row>
  </div>
</template>
```

不需要对原来的任何逻辑代码进行更改，可以直接使用 JavaScript 代码完成新页面的
业务逻辑编码，为了美观性，将页面样式稍微调整一下。代码如下：

```
<style lang="css" scoped>
.header{
  width: 100%;
  height: 30px;
  left: 0;
  top: 0;
  color: #000;
  background-color: #c3bbbb;
}
  .header_menu{
    padding-top: 6px;
    color:#fff;
    font-size:12px;
  }
</style>
```

📢注意：读者不一定需要和示例中的代码保持一致，只需要在更新样式时不断地调试即
可，这样可以获得更好的样式和布局搭配。

之后是对下方列表的改造，这里使用基本的 Card 组件改写 index.vue，部分代码如下。
首先对主要显示部分的代码进行改动，利用栅格布局，设计每一个 Card 控件的大小，并
且合理布局出相应的空格。

```
<div class="contentMain" >
  <el-row>
```

```
<!--改写成栅格布局-->
<el-col :span="11" :offset="1">
<!--使用 card 组件-->
  <el-card>
    <p slot-name="title">
        电影
    </p>
      <ul class="cont-ul">
        <movies-list v-for="item in movieItems" :key="item._id" :id=
"item._id" :movieName="item.movieName" :movieTime="item.movieTime">
</movies-list><!--引入 MovieList-->
      </ul>
  </el-card>
</el-col>
<el-col :span="11" :offset="1">
<!--使用 card 组件-->
  <el-card>
    <p slot-name="title">
                新闻
    </p>
      <ul class="cont-ul">
        <!-- list 组件展示区，用 v-for 遍历数据，:xx="xxx"用于向子组件传递数据-->
        <news-list v-for="item in newsItems" :key="item._id" :id=
"item._id" :articleTitle="item.articleTitle" :articleTime="item.
articleTime"></news-list>
      </ul>
  </el-card>
</el-col>
</el-row>
</div>
```

在 Card 控件中设置页面标题为电影和新闻，并且合理选择用到的图标。对页面的样式进行微调，修改后的 CSS 样式代码如下：

```
<style lang="css" scoped>
  .container {
    width: 100%;
    margin: 0 auto;
  }
  .contentMain{
    padding-top: 15px;
  }
  .userMessage{
    margin-top:0px;
    margin-left: 0px;
  }
  .contentPic{
    padding-top:5px;
  }

  .cont-ul {
    padding-top: 0.5rem;
    background-color: #fff;
  }
```

```
  .cont-ul::after {
    content: '';
    display: block;
    clear: both;
    width: 0;
    height: 0;
  }
</style>
```

代码保存成功后，单击"刷新"按钮就可以看到最新的页面了，如图 9-22 所示，相比之前的页面是不是美观了许多呢？

图 9-22　主页改造后

主页改造完毕，下一小节将对登录页和按钮进行 Elememnt Plus 组件的重构。

9.6.3　登录页样式改造

登录页主要是对表单的操作和美化，使用简单的表单加上原来的绑定元素就可以完成登录页面的改写，使用 flex 布局方式，可以让页面的所有内容均保证在网站视图的中间位置。

改写主页涉及多个组件文件，而登录页面的修改只需要修改登录页面文件 loginPage.vue 即可。完整的代码如下：

```
<template>
  <div>
    <div class="box">
      <div style="width: 30%;padding-top: 10%">
        <label>LOGIN</label>
        <div>
```

```
            <el-input type="text" v-model="username" placeholder="用户名">
</el-input>
      </div>
      <div class="box">
        <el-input type="password" v-model="password" placeholder="密码">
</el-input>
      </div>
    </div>
  </div>

  <div class="box">
    <el-button type="primary" v-on:click="userLogin">登录</el-button>
    <el-button type="primary" style="margin-left: 10px" v-on:click=
"userRegister">注册</el-button>
    <el-button type="primary" style="margin-left: 10px" v-on:click=
"findBackPassword">忘记密码</el-button>
  </div>
  </div>
</template>

<script>
import { reactive, toRefs, getCurrentInstance } from 'vue'
import { useRouter } from 'vue-router'
export default {
  setup () {
    let {proxy} = getCurrentInstance();
    const router = useRouter();
    const data = reactive({
      username: '',
      password: '',
    });
    const userLogin = (event) => {
    proxy.$axios.post('http://localhost:3000/users/login', { username:
data.username, password: data.password }).then((res) => {
        if (res.data.status == 1) {
          alert(res.data.message)
        } else {
          // console.log(res)
          let save_token = {
            token: res.data.data.token,
            username: data.username,
          }
          localStorage.setItem('token', res.data.data.token);
          localStorage.setItem('username', res.data.data.user[0].username);
          localStorage.setItem('_id', res.data.data.user[0]._id);
          router.go(-1)
        }
    });
    }
    // 注册跳转页面
    const userRegister = (event) => {
      router.push({ path: 'register' })
    }
    // 找回密码
```

```
      const findBackPassword = (event) => {
        router.push({ path: 'findPassword' })
      }
      return {
        ...toRefs(data),
        userLogin,
        userRegister,
        findBackPassword
      }
    }
  }
</script>

<style>
.box {
  display: flex;
  justify-content: center;
  align-items: center;
  padding-top: 10px;
}
}
</style>
```

LOGIN

| user |
| ··· |

登录　注册　忘记密码

代码保存后，等待程序自动重启成功，然后刷新页面，可以看到更新后的页面样式如图 9-23 所示。

图 9-23　改造后的登录页面

9.7　小结与练习

9.7.1　小结

本章介绍了大量的 UI 组件库，并对 Element Plus 库进行了深入介绍，然后使用 Element Plus 对前面的电影项目进行了界面优化。

本章的重点并不是如何使用 UI 组件库，而是让读者知道，在 Vue.js 乃至整个开发环境中，合理运用现有的插件和框架是非常简单而且方便的事情。这并不是一味地图省事或为了加快项目进程，而是通过应用其他开发者的代码，加深自己对代码的理解能力。只有对新鲜的事物保持强烈的好奇心，才能真正成为一个合格的程序"猿"。

9.7.2　练习

本章对两个比较有特色的页面进行了美化，但整个项目并没有完全更新页面样式，请读者根据 Element Plus 的文档对所有页面进行美化。具体要求如下：

1. 对其他页面使用 Element Plus 组件库进行美化。
2. 使用其他 UI 组件库进行页面美化。